复杂地质赋存环境与冲击地压互馈机制

Correlation Mechanism between Complex Geological Environment and Coal Bursts

王宏伟　姜耀东　著

科学出版社

北　京

内 容 简 介

煤矿冲击地压是指井巷或工作面周围煤(岩)体由于弹性应变能的瞬时释放而产生的突然、急剧且剧烈的动力破坏现象，是特定地质赋存条件下的煤(岩)体系统由于采矿活动在变形破坏过程中能量的稳定态积聚、非稳定态释放的非线性动力学过程。本书主要围绕煤矿复杂地质赋存环境与冲击地压的相关性展开研究，分析煤岩冲击倾向性、高水平原岩应力场、断层和褶皱构造、巨厚坚硬覆岩、孤岛工作面开采等因素诱发冲击地压的机制，揭示煤矿复杂地质赋存环境诱发冲击地压的内因和外因，为实现冲击地压的预测和防治提供理论支撑。

本书可供从事冲击地压机理、预警和防治的科研工作者及工程技术人员阅读，也可供高等院校工程力学、矿业工程、岩土工程等专业的师生教学参考。

图书在版编目(CIP)数据

复杂地质赋存环境与冲击地压互馈机制 = Correlation Mechanism between Complex Geological Environment and Coal Bursts / 王宏伟，姜耀东著. —北京：科学出版社，2021.8

ISBN 978-7-03-065087-0

Ⅰ. ①复… Ⅱ. ①王… ②姜… Ⅲ. ①煤矿-复杂地层-矿山压力-冲击地压 Ⅳ. ①TD324

中国版本图书馆CIP数据核字(2020)第080745号

责任编辑：李 雪 乔丽维 / 责任校对：王 瑞
责任印制：吴兆东 / 封面设计：无极书装

科 学 出 版 社 出版
北京东黄城根北街16号
邮政编码: 100717
http://www.sciencep.com

北京九州迅驰传媒文化有限公司 印刷
科学出版社发行 各地新华书店经销
*
2021年8月第 一 版 开本：720 × 1000 1/16
2021年8月第一次印刷 印张：14
字数：280 000

定价：128.00 元

(如有印装质量问题，我社负责调换)

前言

我国能源赋存的基本特点是贫油、少气、相对富煤，煤炭在我国一次能源的生产和消费结构中的比例分别为76%和66%。煤炭作为我国主体能源地位在相当长一段时期内无法改变，仍将长期担负确保国家能源安全和经济持续健康发展的重任，是国民经济和社会平稳较快发展的有力支撑。

但是，随着煤炭开采深度增加和开采强度不断加大，冲击地压等动力灾害事故已成为国内外煤矿安全开采领域面临的主要灾害之一，造成了大量的人员伤亡事故和严重的生态环境破坏。为此，全国范围内普遍开始重视对煤矿冲击地压机理、监测装备和防治技术研发的投入。2009年9月，科技部启动国家重点基础研究发展计划(973计划)“煤炭深部开采中的动力灾害机理与防治基础研究”(2010CB226800)重大项目，重点研究动力灾害的发生机理及预警防治理论，揭示动力灾害的发生机制和时空演化规律。2016年7月，科技部再次启动国家重点研发计划“煤矿典型动力灾害风险判识及监控预警技术研究”(2016YFC0801400)项目，探索冲击地压动力效应与复杂地质构造条件及原岩应力环境之间的相互作用机制，分析在地质演变过程中裂隙煤岩体的力学特性、变形破坏特征和工程动力响应规律，揭示冲击地压动力灾害多物理场耦合灾变机制，促进典型动力灾害风险判识及监控预警能力的提升，实施重大灾害灾变隐患的在线监测、多网融合传输方法，智能判识和实时准确预警。这一系列国家级科研项目的开展，为深部煤矿安全开采提供了关键理论与技术保障。

本书是在前人研究成果的基础上，根据作者多年来在煤岩冲击失稳方面的研究成果和工程实践完成的。全书采用现场调研、现场测试、室内力学试验、相似模拟试验以及数值分析等多种研究手段，综合分析复杂地质赋存环境诱发冲击地压的机理，揭示煤矿复杂地质赋存环境诱发冲击地压的内因和外因；并基于北京昊华能源有限责任公司、开滦集团有限责任公司、义马煤业集团股份有限公司、龙煤集团有限责任公司及山东能源集团有限公司等企业的典型冲击地压矿井的现场调研结果，研究煤岩冲击倾向性、高水平原岩应力环境、断层和褶皱构造、巨厚坚硬覆岩、孤岛工作面开采等因素对冲击地压的影响机制。通过开展冲击倾向性煤体细观试验研究和原岩应力测试，研究冲击倾向性煤样的细观结构特征，建立冲击倾向性煤样物理力学参数数据库，研究煤的冲击倾向性指数与黏聚力之间的关系，并指出高水平原岩应力和冲击倾向性为能量积聚提供理想的内部环境。

复杂地质构造是孕育冲击地压的重要环境，本书研究单体断层构造滑动失稳区域的应力场、位移场和能量场的动态演化特征，分析工作面回采与断层滑移的相互作用规律，并得到断层失稳诱发冲击地压的前兆信息，建立单体断层滑移失稳时应力场与能量场、位移场与能量场之间的协同关系，揭示单体断层失稳诱发冲击地压的外因。同时，本书研究双体断层赋存条件下的工作面上覆岩层的运移规律和断层的滑移特征，确定双断层影响区域和非影响区域的边界，从应力和应变速率的角度分析采动与断层的相互作用规律，揭示双体断层赋存诱发冲击地压的外因，总结双断层赋存时断层瞬时失稳诱发冲击地压的前兆信息。本书建立褶皱向斜构造赋存条件下的相似模型和数值模型，研究工作面回采过程中向斜构造区域的矿压显现规律，分析向斜构造附近位移场和应力场的演化特征，揭示褶皱构造不均匀应力场诱发冲击地压的外因。本书分析巨厚坚硬覆岩的动态运移特征，研究巨厚坚硬覆岩非稳定运移与采动应力分布的关系，确定导致构造影响区域顶板大面积垮落的主要因素，揭示巨厚坚硬覆岩失稳垮落诱发冲击地压的外因。孤岛工作面由于其独特的应力分布，是冲击地压发生的高频区域，本书根据典型冲击地压矿井孤岛工作面的地质条件，研究孤岛工作面煤岩体能量释放的动态演化特征和激增机制，确定孤岛工作面发生冲击地压的危险区域，揭示孤岛工作面开采诱发冲击地压的外因。

本书作者的研究工作得到国家自然科学基金面上项目“断层构造和冲击倾向性耦合诱发冲击地压机理研究”(41872205)、北京市自然科学基金面上项目“京西关闭矿井复杂地质构造精细化建模和数据库构筑研究”(8202041)、国家重点研发计划“煤矿典型动力灾害风险判识及监控预警技术研究”(2016YFC0801400)、国家自然科学基金青年科学基金项目“断层构造与孤岛工作面冲击地压的互馈机制研究”(41502184)、北京市自然科学基金青年科学基金项目“京西矿区复杂构造诱发冲击地压机理研究”(2164067)、中国矿业大学(北京)“越崎青年学者”项目(2018QN13)、深部岩土力学与地下工程国家重点实验室开放课题“逆断层构造成因和特征及其诱发冲击地压机理研究”(SKLGDUEK1722)、中央高校基本科研业务费(2014QL01)等项目的资助，在此表达最诚挚的感谢。

本书是作者及其团队多年来在煤矿冲击地压方面研究成果和工程实践的系统总结，得到北京昊华能源股份有限公司、大同煤矿集团公司、开滦(集团)有限责任公司、义马煤业集团股份有限公司、龙煤矿业控股集团有限责任公司相关领导和工程技术人员的大力支持，在此一并表示衷心的感谢。本书的出版参阅了大量科研工作者的研究成果和文献，在此谨向文献的作者表示感谢。本书的部分成果是在中国矿业大学(北京)煤炭资源与安全开采和深部岩体力学与地下工程两个国家重点实验室完成的，感谢实验室工作人员给予的指导和帮助。感谢课题组研究生的辛勤工作，博士研究生石瑞明和邓代新负责本书的插图和文字排版工作，使本书得以尽快与读者见面。

由于复杂地质赋存环境与冲击地压互馈机制仍有待深入研究和探讨，加之作者能力有限，书中难免存在不足之处，敬请读者批评指正。

作　者

2021年1月

目　录

第1章　复杂地质赋存环境与冲击地压

煤矿冲击地压是指井巷或工作面周围煤(岩)体由于弹性应变能的瞬时释放而产生的突然、急剧且剧烈的动力破坏现象，是特定地质赋存条件下的煤(岩)体系统由于采矿活动在变形破坏过程中能量的稳定态积聚、非稳定态释放的非线性动力学过程。煤矿冲击地压不仅危害程度大，影响面广，而且是诱发其他煤矿重大事故的根源。复杂地质赋存环境是冲击失稳灾害的主要动力源泉。因此，开展复杂地质赋存环境下冲击地压发生机理研究具有十分重要的科学意义。

1.1　冲击地压机理的研究背景及意义

随着煤炭开采深度的增加和开采强度的不断增大，冲击地压等典型动力灾害事故已成为国内外煤矿安全开采领域面临的主要灾害之一[1,2]。近年来，我国煤矿冲击地压矿井数量快速增加，由2012年的142处迅速增至2017年的177处煤矿发生过冲击地压事故，造成了大量的人员伤亡和严重的生态环境破坏，如图1-1所示。在国内，2019年8月2日，河北省唐山煤矿风井煤柱区F5010联络巷发生冲击地压事故，致7人死亡；2018年10月20日，山东省龙郓煤矿1303泄水巷

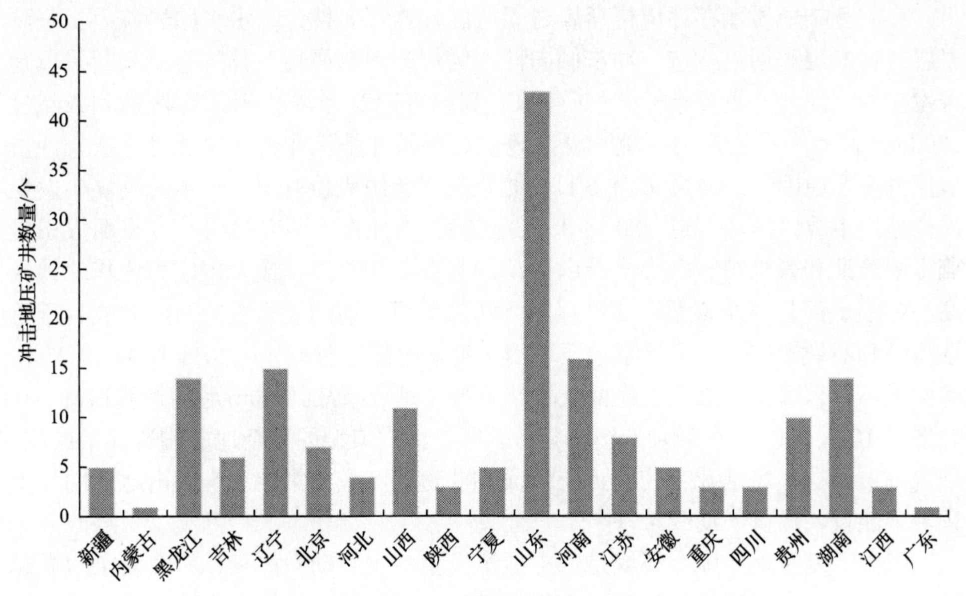

图1-1　我国部分冲击地压矿井数量分布(截至2017年1月)

掘进工作面附近发生冲击地压事故，造成 21 人死亡。在国外，2014 年，澳大利亚 Austar 矿的首个长壁综放工作面发生冲击地压事故，造成 2 人死亡；2007 年，美国 Utah 州的 Crandall Canyon 煤矿发生严重的冲击地压事故，造成 9 人死亡[3,4]。因此，冲击地压等动力灾害机理、预测和防治等方面的研究是目前煤炭资源安全开采的研究热点。

研究表明[5]，深部煤矿冲击地压是特定地质赋存条件下的煤岩(体)系统由于采矿活动在变形破坏过程中能量的稳定态积聚、非稳定态释放的非线性动力学过程，是其外部荷载环境、内部结构、构造及其物理力学性质的综合反映，其形成过程非常复杂，涉及地质、采矿、地球物理、岩石力学和非线性动力学等交叉学科。2016 年 12 月，国家发展改革委、国家能源局在《煤炭工业发展“十三五”规划》中指出，强化科技创新，加强煤矿灾害机理基础研究，重点支持矿井带压开采及冲击地压预测防治，推进复杂地质条件下煤矿安全开采等重大技术示范工程，为煤矿安全开采提供基础保障[6]。为此，2009 年 9 月和 2016 年 7 月，科技部分别启动了国家重点基础研究发展计划(973 计划)“煤炭深部开采中的动力灾害机理与防治基础研究”(2010CB226800)重大项目和国家重点研发计划“煤矿典型动力灾害风险判识及监控预警技术研究”(2016YFC0801400)项目[7,8]，探索煤矿冲击地压动力效应与复杂地质构造条件、原岩应力环境及煤岩细观组分之间的相互作用机制，通过定量描述地质赋存环境与煤矿动力灾害的相关性，揭示地质构造和原岩应力场对煤矿深井动力灾害成灾的作用机制，为深部煤矿安全开采提供了关键理论与技术保障，并为相关科学问题的研究打下了良好的基础。

煤矿复杂地质赋存环境包括煤岩固有的冲击倾向性、高水平原岩应力、坚硬岩层、逆断层和褶皱构造。冲击倾向性作为煤岩固有属性，其一直是判断采场是否发生冲击地压的重要指标[9]。近年来，我国有近 50 个矿井开采深度达到或超过 1000m，高水平原岩应力环境和复杂地质赋存条件是除冲击倾向性之外诱发冲击地压的主要原因。2004 年 6 月 6 日，北京昊华能源股份有限公司木城涧煤矿发生冲击地压事故，破坏巷道 500 多米，造成 12 人死亡。研究表明[10]，京西煤田受燕山中晚期和喜马拉雅山多次造山运动的复合叠加改造，最大主应力比华北地区高 39.9%，而且煤炭资源主要赋存于倒转型地层和逆断层为主的挤压型或者压扭性褶皱和断裂构造带中，复杂地质环境下冲击事故十分频繁。2011 年 11 月 3 日，河南义马千秋煤矿 21221 工作面发生严重冲击地压事故，380m 巷道严重破坏，同时造成 10 人死亡、60 余人受伤。义马矿区是国内典型的复杂地质构造异常区域，域内 F_{16} 断层失稳活化，使附近工作面和巷道高度应力集中，为冲击地压的发生积聚了能量，提供了动载条件[11]。

因此，复杂地质赋存环境是冲击地压发生的主要动力源泉，研究复杂地质赋存环境下冲击倾向性煤体的瞬时失稳机理不仅可以探究煤体具有冲击倾向性的原因，还能够掌握诱导冲击倾向性煤体失稳的机理，对研究冲击地压发生机理具有十分重要的科学意义和工程指导价值。

1.2　地质构造与冲击地压相关性

深部煤矿冲击地压是煤岩固有属性、内部结构、外部荷载和地质构造综合作用的结果，其形成过程非常复杂。针对复杂地质赋存环境下冲击失稳机理，国内外学者做了大量的研究。

1.2.1　煤岩冲击倾向性对冲击地压的影响

冲击地压事故的发生有很多因素，但普遍认为，冲击地压与煤岩冲击倾向性密切相关，可以称为煤的固有属性。一般来讲，煤的冲击倾向性由一组指标决定，包括单轴抗压强度、弹性能量指数、冲击能量指数和动态破坏时间。Kidybiński[12]利用这四个指标研究了煤岩体积聚和释放弹性应变能的能力，评估了煤的冲击倾向性，并对煤的冲击倾向性进行了分类。Lippmann 等[13]基于研究岩石材料的渐进破裂过程和单轴压缩试验中的应力-应变曲线，分析了这四种冲击倾向性指数报告的文献，并比较了它们的优势和局限性。Haramy 和 Kneisley[14]指出，煤具有储存应变能的能力，并强烈建议采用弹性能量指数来评估煤的冲击倾向性。Singh[15]进行了一系列试验来探索可用于衡量煤的冲击倾向性的参数，他引入了冲击能量指数作为衡量煤的冲击倾向性的参数。Lee 等[16]使用弹性能量指数来评估隧道中存在的高冲击倾向性。苏承东等[17]利用上述 4 个指标评价了城郊煤矿煤层的冲击倾向性，并研究了这些指标之间的相关性。王宏伟等[18]通过这些指标研究了煤的固有性质，并研究了导致冲击倾向性的内外因素之间的关系。

为了深入了解冲击倾向性与冲击地压之间的关系，除了这四个指标之外，学者还进行了大量基于能量积聚和释放的研究获得新的冲击倾向性指数，如剩余能量指数、修正脆性指数、能量耗散指数、冲击能量速度、能量释放速度。张绪言等[19]提出了剩余能量释放速度指数来评估煤岩体每秒释放的能量。齐庆新等[20]指出，煤材料的脆性指数和含水率也可用于研究煤的冲击倾向性。在研究冲击应变能与波速之间关系的基础上，蔡武[21]引入了冲击应变能指数来定量绘制中国煤矿冲击地压风险等值线。Faradonbeh 和 Taheri[22]旨在通过基于遗传算法的神经网络、C4.5 算法和基因表达编程三个新指标来评估冲击地压的风险。通过考虑当前可用的数据库，Afraei 等[4]提出了综合预测变量，结合煤层的上覆岩层厚度、抗拉强度和脆性比来评估冲击地压的风险。Gale[23]指出冲击地压与能量有关，综合运用破坏速度、应变能抗力、地震能和气体能量指数来评估冲击倾向性风险。宫凤强等[24]提出了残余弹性能量指数来定量研究储存弹性能量密度、耗散能量密度和总输入能量密度之间的关系。

实际上，煤的冲击倾向性与煤的细观组分和微观结构密切相关。张志镇和高峰[25]发现，冲击倾向性与岩石材料的不均匀程度有关。冯增朝和赵阳升[26]指出，具有冲击倾向性的煤的内部性质取决于其微观均匀程度。潘结南等[27]揭示了岩石内部的组成和结构对岩石的冲击倾向性有重要作用，发现岩体的强度和杨氏模量随着非晶石英含量的增加而增加，随着蒙脱石和高岭石含量的增加而减少。苏承东等[28]进行了一系列单轴压缩试验，发现具有强冲击倾向性的煤样中的裂纹扩展极为剧烈。王宏伟等[29]指出，具有强冲击倾向性的煤样含有大量的非结晶石英。宋晓艳[30]采用扫描电子显微镜和电磁辐射的方法研究了煤样的强度、组分和微观结构，指出冲击倾向性煤的破坏特征是脆性破坏。

1.2.2 高水平原岩应力场环境对冲击地压的影响

研究地质构造及其演化特征对于分析冲击地压机理至关重要，而地壳岩石圈应力状态和原岩应力场的分布规律是研究地质构造特征及诱发冲击动力失稳的基础。从 20 世纪 90 年代开始，在以 Zoback[31]为首的多国科学家的共同努力下，启动了“世界应力图”编制项目，建立了全球构造应力数据库，全面系统地反映地壳岩石圈应力场的总体和分区特征。我国学者在大量现场实测的基础上，对中国大陆及邻区现代构造应力场分布特征同样做了深入的研究。谢富仁等[32]以《中国大陆地壳应力环境基础数据库》海量数据为基础，总结了中国大陆及邻区现代构造应力场的基本特征，并将构造应力场划分为四级应力区，初步分析了控制中国大陆及邻区现代构造应力场分布的动力学环境。研究结果显示，华北应力区主要力源为太平洋板块向西部欧亚大陆的俯冲作用，应力结构变化复杂，最大主压应力以由东向西方向为主。

关于国内地区地壳应力场分布等方面的研究，学者也开展了大量的研究工作。秦向辉等[33]在北京地区开展了 5 个深孔原岩应力测量，分析了北京地区地壳浅表层应力状态，指出北京地区的原岩应力结构与主要断层等地质构造密切相关，同时研究发现，京西地区断层存在失稳滑动的可能性。潘一山等[34]测定了大安山地区原岩应力场分布特征，测量结果与华北地区区域构造应力场变化规律基本一致，为矿区深部开采中巷道支护和冲击地压防治提供了理论依据和可靠的基础数据。徐志斌等[35]在实测京西矿区不同规模的断层和褶皱构造的基础上，指出由于地壳运动，京西煤田的挤压应力场由南东向指向北西向，在京西大安山—千军台一带形成了多种褶皱和逆断层构造。在上述研究成果的基础上，徐志斌和洪流[36]采用有限元分析法，进一步论述了京西煤田燕山早期逆冲推覆构造的特征及组合样式，为京西煤田安全开采和动力灾害防治提供了理论依据。

1.2.3　复杂地质构造与冲击地压相关性

断层和褶皱构造的孕育、发展到最终形成，从根本上来说是一个处于非稳定状态下的构造应力场随着时间和空间推移不断演化的过程。实践证明，由于地壳岩层运动过程中断层和褶皱构造各处的残余构造应力分布极不均匀，在工作面采掘扰动的影响下，极易造成煤和岩石中累积的能量瞬时释放。

据统计，发生在地质构造(主要指断层、褶皱、相变)附近的冲击地压次数占所有冲击地压发生次数的70%以上。因此，冲击地压和复杂地质构造的相关性也成为当前的研究热点。窦林名等[37]研究了冲击地压的主要影响因素，针对地质构造，将冲击地压分为褶曲构造型和断层构造型。姜福兴等[38]基于复杂多样的地质和开采环境，指出工作面开采时遇到断层、褶皱的向斜核部或翼部、构造相变带等区域时，发生冲击地压的可能性极大。张平松等[39]通过地震类透射 CT 方法探测了工作面中的断层构造，指出断层和煤层变薄区等是影响煤矿安全生产的主要地质因素。Guo 等[40]在分析大量冲击地压案例的基础上，指出地质构造失稳扰动是诱发冲击地压的主要形式。来兴平等[41]通过现场监测和理论分析研究了断层诱发矿区动力灾害的机理，确定了断层带动压影响的剧烈区域。张宏伟等[42]利用地质动力区划和构造凹地反差强度评价方法，建立了冲击地压地质动力条件评价方法和指标体系。韩军[43]分析了地质构造、新构造运动、原岩应力场、地壳应变能等参数，从构造动力环境、地质动力环境、原岩应力环境和能量环境等方面揭示了复杂地质构造区域冲击地压的形成机制。国外，Rice[44]从地震学的角度指出断层区域的摩擦和剪切在动力灾害中占主导作用。Christopher 和 Michael[45]指出，必须同时考虑原岩应力、地质构造、开采技术等综合因素，才能较为准确地预测冲击地压的发生。Sainoki 和 Mitri[46]在考虑断层倾角、落差、断层面粗糙程度等因素的基础上，采用断层滑移量、移动速度和断层面上剪应力等参量揭示了逆断层作为主要的挤压型地质构造诱发冲击地压的机理。

1.2.4　巨厚顶板瞬时失稳诱发冲击地压的机理

上覆岩层运移会导致矿山压力的变化，而影响覆岩运动的主要因素有覆岩结构、岩层组合状态和覆岩的力学性质。若覆岩中含有巨厚坚硬岩层，则在煤层回采过程中，采场的矿山压力变化会更加显著，采场的危险性更高。其原因为巨厚坚硬岩层的厚度大、强度大，使得其发生垮落滞后，初次垮落步距相对较大。随着工作面的推进，厚硬岩层逐渐积聚弹性能，当采空区达到顶板垮落步距的极限值时，厚硬岩层的突然垮落带来覆岩的大面积坍塌，采场矿压发生强突变。

Alejano 等[47]研究了在复杂地质条件下分层岩体发生的顶板垮落现象，指出支承压力的松弛或丧失是顶板大变形的主要原因。Zimmer 和 Sitar[48]使用地震波探测复杂地质构造处顶板瞬时失稳情况，提出了如何确定在复杂地质条件下顶板垮落的原因。谢和平等[49]从能量的角度出发，揭示了能量突变在岩石或岩体变形破裂过程中起着根本作用。蒋金泉和李洪[50]采用理论推导、现场测量与数值模拟共同分析的方法，研究了覆岩巨厚硬岩地层特征、矿山压力显现和岩层缝隙发育特征，发现破碎和迁移后的厚硬岩层之间发生明显的分离现象，在工作面上方的岩层、开切眼上方的岩层和采空区中部上方的岩层形成三个明显的破裂带。姜福兴等[51]分析了上覆地层的垮落和迁移规律，研究了厚岩层的构造形态。并由此得出大采高引起了采空区顶板的失稳，岩体产生的铰接平衡状态发生变化，岩块滑落，诱发矿震；或由于顶板岩层的垮落边界向外移动，在厚层岩层高水平原岩应力区域造成大规模岩块的不稳定，引起强烈的矿震。齐庆新等[52]以义马矿区两个工作面为实际工程研究背景，通过数值模拟井间覆岩结构应力分布，进一步加深对巨厚砾岩和大型顶板条件下相邻矿井煤层回采过程中冲击地压发生机理的认识。高明涛和王玉英[53]通过对新汶矿区较为坚硬的顶板进行实测，制定合理的爆破方案并对由砂岩组成的坚硬顶板进行有效的爆破卸压，对现场的应力监测表明有效的爆破卸压可以减少冲击地压事故的发生。此外，一些学者通过构建周期来压力学模型，利用物理模拟和现场实测等方法，探讨了巨厚坚硬岩层的运动规律与冲击地压活动的相互关联。

1.2.5　孤岛工作面开采诱发冲击地压的机理

为了避免连续工作面之间的干扰和安全开采的需要，采区内工作面之间有时需要采用跳采接续方式。另外，由于煤层开采的地质条件限制，如断层等构造的存在，切割了煤层的连续性，全国各大矿区都普遍存在多种形式的孤岛工作面。孤岛工作面及其周围巷道附近应力集中程度高，顶板运动剧烈，加上地质构造的影响，极易发生冲击地压。

关于孤岛工作面发生冲击地压的理论分析主要有孤岛-顶板受力系统的失稳机理、主关键层理论和突变理论等。将孤岛工作面和顶板作为受力系统分析其失稳机理在国内外取得了一定的进展，有学者[54,55]将采空区煤柱-顶板作为分析对象，基于 Winkler 假设，将坚硬顶板视为弹性板，将煤柱等效为连续均匀分布的支撑弹簧，从而形成煤柱-顶板相互作用系统，同时，将煤柱视为应变软化介质，采用近似的 Weibull 分布描述它的损伤本构模型，依据板壳理论和非线性动力学理论对采空区煤柱-顶板系统失稳机理进行了研究，得出了系统失稳的突变机制，并给出了系统失稳的数学判据和力学条件。秦四清和王思敬[56]将坚硬顶板视为弹性梁，把煤柱视为应变软化介质，研究了坚硬顶板和煤柱组成的力学系统失稳的演化过程。通过对建立的尖点突变模型的分析发现，系统失稳主要取决于系统的刚度比 k 与材料的均匀性或脆性指标 m，并给出了失稳的充要条件力学判据和失稳突跳量的表达式。同时，根据材料损伤与声发射累计计数的对应关系，建立了煤柱-顶板失稳演化过程中声发射率的动力学模型。张益东等[57]将孤岛工作面两侧采空区上覆岩层中主关键层受采动影响是否充分视为区分条件，并将主关键层设为三种不同边界条件下的薄板模型，分析了孤岛工作面主关键层破断的机理。关于孤岛工作面及煤柱冲击破坏的突变理论近几年的研究成果较多，高明仕等[58]应用突变理论，建立了煤柱受载失稳发生冲击地压的检点突变模型，得到了在刚度比和全位移两个变量控制空间下煤柱发生冲击地压动力现象的分歧点集，得出预测预报煤柱失稳发生冲击破坏的临界点位移公式。潘岳和张孝伍[59]基于简化的狭窄煤柱岩爆分析模型和功、能增量平衡关系，得出狭窄煤柱岩爆的折叠突变模型。而且这种突变模型的平衡方程和平衡路径所展示的全部性态可对煤柱以岩爆形式破坏或者渐进形式破坏过程的主要行为做出详细的描述，对理解围岩-煤柱系统在各阶段的行为规律有着重要作用。张勇和潘岳[60]在潘岳研究的基础上将未采煤层视为弹性地基，根据能量守恒原理得到了功、能增量平衡关系，求得围岩-煤柱系统准静态形变时的平衡方程，在分析过程中，用折叠突变总势能函数作为判别准则，计算了煤柱岩爆地震能释放量，阐明煤柱岩爆机制是由岩梁弹性能释放量超过峰后软化煤柱形变所耗的能量造成的。徐曾和等[61]通过对尖点突变模型在坚硬顶板条件下煤柱岩爆非稳定机制的分析，给出了煤柱岩爆发生的准则、岩爆时的顶板突跳和能量释放量，讨论了影响岩爆的因素及影响程度，并以此为基础讨论了岩爆发生的前兆规律与过程，提出了可监测的前兆信息。

参 考 文 献

[1] 姜耀东, 潘一山, 姜福兴, 等. 我国煤炭开采中的冲击地压机理和防治[J]. 煤炭学报, 2014, 39(2): 205-213.

[2] 袁亮. 煤炭精准开采科学构想[J]. 煤炭学报, 2017, 42(1): 1-7.

[3] Wang P, Jiang L S, Jiang J Q, et al. Strata behaviors and rock burst-inducing mechanism under the coupling effect of a hard, thick stratum and a normal fault[J]. International Journal of Geomechanics, 2018, 18(2): 1532-1546.

[4] Afraei S, Shahriar K, Madani S H. Statistical assessment of rock burst potential and contributions of considered predictor variables in the task[J]. Tunnelling and Underground Space Technology, 2018, 72: 250-271.

[5] 赵同彬, 尹延春, 谭云亮, 等. 基于颗粒流理论的煤岩冲击倾向性细观模拟试验研究[J]. 煤炭学报, 2014, 39(2): 280-285.

[6] 李宏艳, 孙中学, 齐庆新, 等. 不同冲击倾向性煤体变形破坏声发射特征[J]. 辽宁工程技术大学学报(自然科学版), 2017, 36(12): 1251-1256.

[7] 潘俊锋, 刘少虹, 杨磊, 等. 动静载作用下煤的动力学特性试验研究[J]. 中国矿业大学学报, 2018, 47(1): 206-212.

[8] Zhao Y X, Jiang Y D. Acoustic emission and thermal infrared precursors associated with bump-prone coal failure[J]. International Journal of Coal Geology, 2010, 83(1):11-20.

[9] Mark C, Gauna M. Evaluating the risk of coal bursts in underground coal mines[J]. International Journal of Mining Science and Technology, 2016, 26(1): 47-52.

[10] 刘娟红, 吴瑞东, 周昱程. 基于深地复杂应力条件下混凝土冲击倾向性试验[J]. 煤炭学报, 2018, 43(1): 79-86.

[11] Wang H W, Jiang Y D, Xue S, et al. Investigation of intrinsic and external factors contributing to the occurrence of coal bumps in the mining area of western Beijing, China[J]. Rock Mechanics and Rock Engineering, 2017, 50(4): 1033-1047.

[12] Kidybiński A. Bursting liability indices of coal[J]. International Journal of Rock Mechanics and Mining Sciences & Geomechanics Abstracts, 1981, 18(4): 295-304.

[13] Lippmann H, 张江, 寇绍全. 关于煤矿中"突出"的理论——对慕尼黑工业大学矿业力学研究的介绍(特约稿)[J]. 力学进展, 1990, (4): 452-467.

[14] Haramy K Y, Kneisley R O. Yield pillars for stress control in longwall mines—case study[J]. International Journal of Mining and Geological Engineering, 1990, 8(4): 287-304.

[15] Singh S P. Burst energy release index[J]. Rock Mechanics and Rock Engineering, 1988, 21(2): 149-155.

[16] Lee S M, Park B S, Lee S W. Analysis of rockbursts that have occurred in a waterway tunnel in Korea[J]. International Journal of Rock Mechanics and Mining Sciences, 2004, 41: 911-916.

[17] 苏承东, 高保彬, 袁瑞甫, 等. 平顶山矿区煤层冲击倾向性指标及关联性分析[J]. 煤炭学报, 2014, 39(s1): 8-14.

[18] 王宏伟, 姜耀东, 邓代新, 等. 义马煤田复杂地质赋存条件下冲击地压诱因研究[J]. 岩石力学与工程学报, 2017, 36(s2): 4085-4092.

[19] 张绪言, 冯国瑞, 康立勋, 等. 用剩余能量释放速度判定煤岩冲击倾向性[J]. 煤炭学报, 2009, 34(9): 1165-1168.

[20] 齐庆新, 彭永伟, 李宏艳, 等. 煤岩冲击倾向性研究[J]. 岩石力学与工程学报, 2011, 30(s1): 2736-2742.

[21] 蔡武. 断层型冲击矿压的动静载叠加诱发原理及其监测预警研究[D]. 徐州: 中国矿业大学, 2015.

[22] Faradonbeh R S, Taheri A. Long-term prediction of rockburst hazard in deep underground openings using three robust data mining techniques[J]. Engineering with Computers, 2019, 35(2): 659-675.

[23] Gale W J. A review of energy associated with coal bursts[J]. International Journal of Mining Science and Technology, 2018, 28(5): 755-761.

[24] 宫凤强, 闫景一, 李夕兵. 基于线性储能规律和剩余弹性能指数的岩爆倾向性判据[J]. 岩石力学与工程学报, 2018, 37(9): 1993-2014.

[25] 张志镇, 高峰. 岩石冲击倾向与其波速变化的相关性研究[C]//第十二次全国岩石力学与工程学术大会, 南京, 2012.

[26] 冯增朝, 赵阳升. 岩石非均质性与冲击倾向的相关规律研究[J]. 岩石力学与工程学报, 2003, 22(11): 1863-1865.

[27] 潘结南, 孟召平, 刘保民. 煤系岩石的成分、结构与其冲击倾向性关系[J]. 岩石力学与工程学报, 2005, 24(24): 4422-4427.

[28] 苏承东, 陈晓祥, 袁瑞甫. 单轴压缩分级松弛作用下煤样变形与强度特征分析[J]. 岩石力学与工程学报, 2014, 33(6): 1135-1141.

[29] 王宏伟, 姜耀东, 赵毅鑫, 等. 长壁孤岛工作面冲击失稳能量释放激增机制研究[J]. 岩石力学与工程学报, 2013, 32(11): 2250-2257.

[30] 宋晓艳. 煤岩物性的电磁辐射响应特征与机制研究[D]. 徐州: 中国矿业大学, 2009.

[31] Zoback M L. First-and second-order patterns of stress in the lithosphere: The world stress map project[J]. Journal of Geophysical Research: Solid Earth, 1992, 97(B8): 11703-11728.

[32] 谢富仁, 崔效锋, 赵建涛, 等. 中国大陆及邻区现代构造应力场分区[J]. 地球物理学报, 2004, 47(4): 654-662.

[33] 秦向辉, 张鹏, 丰成君, 等. 北京地区地应力测量与主要断裂稳定性分析[J]. 地球物理学报, 2014, 57(7): 2165-2180.
[34] 潘一山, 李忠华, 章梦涛. 我国冲击地压分布、类型、机理及防治研究[J]. 岩石力学与工程学报, 2003, 22(11): 1844-1851.
[35] 徐志斌, 谢和平, 吴语净. 京西煤田燕山早期挤压构造应力场有限元模拟研究[J]. 煤田地质与勘探, 1989, 17(4): 24-27, 71-72.
[36] 徐志斌, 洪流. 试论北京西山煤田逆冲推覆构造样式及成因[J]. 大地构造与成矿学, 1996, 20(4): 340-347.
[37] 窦林名, 牟宗龙, 曹安业. 煤矿冲击矿压防治[M]. 北京: 科学出版社, 2017.
[38] 姜福兴, 刘懿, 翟明华, 等. 基于应力与围岩分类的冲击地压危险性评价研究[J]. 岩石力学与工程学报, 2017, 36(5): 1041-1052.
[39] 张平松, 胡泽安, 吴荣新, 等. 煤层工作面地质构造及异常透射 CT 综合成像方法与应用[J]. 中国煤炭地质, 2017, 29(9): 49-52, 60.
[40] Guo W Y, Zhao T B, Tan Y L, et al. Progressive mitigation method of rock bursts under complicated geological conditions[J]. International Journal of Rock Mechanics and Mining Sciences, 2017, 96: 11-22.
[41] 来兴平, 郑建伟, 蒋新军, 等. 断层破碎区域煤岩体动压影响范围确定[J]. 采矿与安全工程学报, 2016, 33(2): 361-366.
[42] 张宏伟, 朱峰, 韩军, 等. 冲击地压的地质动力条件与监测预测方法[J]. 煤炭学报, 2016, 41(3): 545-551.
[43] 韩军. 煤矿冲击地压地质动力环境研究[J]. 煤炭科学技术, 2016, 44(6): 83-88, 105.
[44] Rice J R. Heating and weakening of faults during earthquake slip[J]. Journal of Geophysical Research: Solid Earth, 2006, 111(5): B05311.
[45] Christopher M, Michael G. Evaluating the risk of coal bursts in underground coal mines[J]. International Journal of Mining Science and Technology, 2016, 26(1): 47-52.
[46] Sainoki A, Mitri H S. Dynamic behaviour of mining-induced fault slip[J]. International Journal of Rock Mechanics and Mining Sciences, 2014, 66: 19-29.
[47] Alejano L R, Taboada J, García-Bastante F, et al. Multi-approach back-analysis of a roof bed collapse in a mining room excavated in stratified rock[J]. International Journal of Rock Mechanics and Mining Sciences, 2008, 45(6): 899-913.
[48] Zimmer V L, Sitar N. Detection and location of rock falls using seismic and infrasound sensors[J]. Engineering Geology, 2015, 193: 49-60.
[49] 谢和平, 彭瑞东, 鞠杨, 等. 岩石破坏的能量分析初探[J]. 岩石力学与工程学报, 2005, 24(15): 2603-2608.
[50] 蒋金泉, 李洪. 基于混沌时序预测方法的冲击地压预测研究[J]. 岩石力学与工程学报, 2006, 25(5): 889-895.
[51] 姜福兴, 温经林, 白武帅, 等. 深部条带开采高位关键层离层区周边冲击危险性研究[J]. 中国矿业大学学报, 2018, 47(1): 40-47.
[52] 齐庆新, 李一哲, 赵善坤, 等. 矿井群冲击地压发生机理与控制技术探讨[J]. 煤炭学报, 2019, 44(1): 141-150.
[53] 高明涛, 王玉英.断顶爆破治理冲击地压技术研究与应用[J]. 煤炭学报, 2011, 36(S2): 326-331.
[54] 贺广零, 黎都春, 翟志文, 等. 采空区煤柱-顶板系统失稳的力学分析[J]. 煤炭学报, 2007, 32(9): 897-901.
[55] 景锋, 盛谦, 张勇慧, 等. 中国大陆浅层地壳实测地应力分布规律研究[J]. 岩石力学与工程学报, 2007, 26(10): 2056-2062.
[56] 秦四清, 王思敬. 煤柱-顶板系统协同作用的脆性失稳与非线性演化机制[J]. 工程地质学报, 2005, 13(4): 437-446.

[57] 张益东, 张弛, 樊志强, 等. 基于板模型的孤岛工作面主关键层破断机理分析[J]. 煤炭工程, 2010, 42(9): 59-62.
[58] 高明仕, 窦林名, 张农, 等. 煤(矿)柱失稳冲击破坏的突变模型及其应用[J]. 中国矿业大学学报, 2005, 34(4): 433-437.
[59] 潘岳, 张孝伍. 狭窄煤柱岩爆的突变理论分析[J]. 岩石力学与工程学报, 2004, 23(11): 1797-1803.
[60] 张勇, 潘岳. 弹性地基条件下狭窄煤柱岩爆的突变理论分析[J]. 岩土力学, 2007, 28(7): 1469-1476.
[61] 徐曾和, 徐小荷, 唐春安. 坚硬顶板下煤柱岩爆的尖点突变理论分析[J]. 煤炭学报, 1995, 20(5): 485-491.

第2章　复杂地质环境诱发冲击地压案例分析

通过对义马煤业集团股份有限公司、龙煤矿业控股集团有限责任公司、北京昊华能源股份有限公司、开滦(集团)有限责任公司及山东能源集团有限公司典型矿井发生的冲击地压事故进行调查分析，描述高水平原岩应力、煤的冲击倾向性、复杂地质构造、工作面开采深度、顶板失稳及孤岛工作面开采等因素的致灾规律。

2.1　义马矿区冲击地压事故

2.1.1　义马矿区冲击地压事故及特征

河南义马矿区地处豫西崤熊构造区北带西端，在华北板块南部秦岭造山带的北侧，崤熊构造区处于褶皱-逆断层的构造区域范围内[1]。煤田东西长 24km，南北宽 3～7km，面积约 $110km^2$。矿区内衍生有大量走向、倾向、斜交断层和褶皱等构造，煤层分叉、合并现象严重。图 2-1 为义马矿区地质构造图。

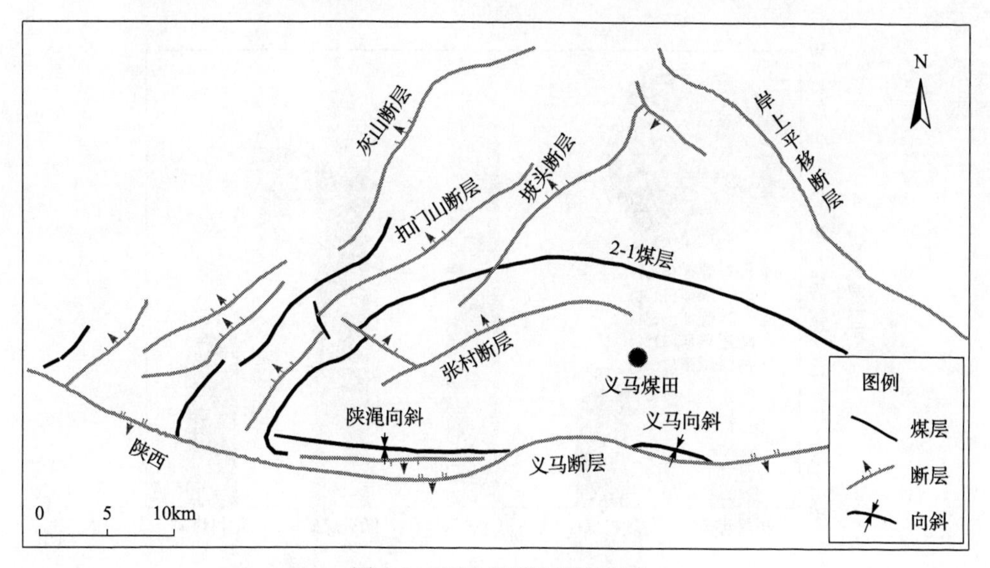

图 2-1　义马矿区地质构造图

义马矿区[2]从西向东分布的五个矿井依次为杨村煤矿、耿村煤矿、千秋煤矿、跃进煤矿和常村煤矿。煤田整体上为单一向斜构造，南以 F_{16} 陕石—义马逆断层为界，东北边界为岸上平移断层和西北的扣门山断层、灰山断层。煤田内 F_{16} 断层为压扭型逆断层，走向近东西，长度 110km，倾向南，略偏东，延展长度约 45km，浅部倾角 75°，深部倾角 15°～35°，逆冲面上陡下缓，落差 50～500m，水平错距 120～1080m。F_{16} 断层北接千秋煤矿，向东延入跃进煤矿。据现场资料统计，F_{16} 逆断层的存在诱发了多次冲击地压事故，如千秋煤矿[3]21221 工作面下巷“11.3”和 21201 工作面下巷“6.5”冲击地压事故及跃进煤矿 25110 工作面下巷“3.1”冲击地压事故都与 F_{16} 逆断层有直接的关系。图 2-2 为义马矿区各煤矿地理位置及 2006～2015 年各煤矿冲击地压发生次数。

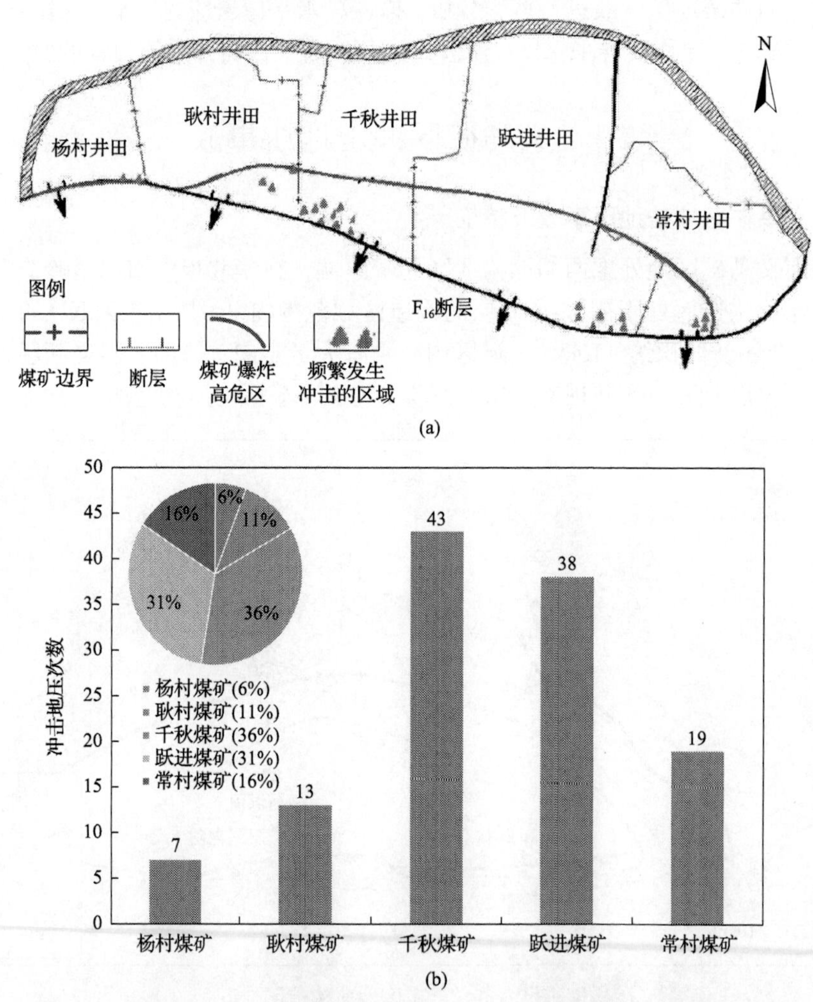

图 2-2 义马矿区各煤矿地理位置及 2006～2015 年各煤矿冲击地压发生次数

义马矿区[4]主采煤层为 2-1、2-3 煤层，其中 2-1 煤层厚 0.85～21.91m，平均厚度 3.78m；2-3 煤层厚 0.88～10.02m，平均厚度 6.45m。两煤层间距为 0.8～26.54m，平均间距为 6.7m，两煤层合并后称为 2 煤层。义马矿区岩层综合柱状图如图 2-3

所示。义马矿区 2 煤层、2-1 煤层伪顶为砂质泥岩，厚度约为 0.2m；直接顶为泥岩，裂隙和节理发育，易破碎，厚 4.4～42.2m，平均厚度 24m，由东向西逐渐加厚；2-3 煤层顶板以砂岩为主，厚 0～27m。2 煤层、2-1 煤层、2-3 煤层基本顶为坚硬砾岩，厚 380～600mm，一般为 550m，为巨厚顶板；直接底为深灰色泥岩，厚度约为 4m。底板岩性复杂，由砾岩、砂岩、粉砂岩、泥岩及含砾相土岩组成，厚 0.3～32.81m。

层厚/m	柱状	岩石名称	岩性描述
550		含砂砾岩	以砾岩为主，夹砂岩薄层，弱含水性，岩层成分为石英砂岩、火成岩屑
4		砂质泥岩	深灰色，含植物化石
0~2.5 1.5		2-1煤层	黑色，块状，夹矸为炭质泥岩
18		泥岩	暗灰色，块状，易破碎，局部裂隙、节理发育
8.4~13 11.5		2煤层	黑色，块状易碎，有较厚矸层，夹矸为炭质，砂质泥岩
4		泥岩	深灰色，含植物化石
26		砂岩	灰、浅灰色，成分以石英、长石为主

图 2-3　义马矿区岩层综合柱状图

2011 年 11 月 3 日，千秋煤矿 21221 工作面下巷掘进期间发生了强烈的冲击地压事故，巷道顶板发生大面积垮落[5]。千秋煤矿 21221 工作面埋深 800m，走向长 1500m，倾向宽 180m，下巷净断面面积 24m^2。工作面煤层倾角 3°～13°，全层厚 0.14～7.4m，平均厚度 3.6m。距 2 煤层顶板 210m 处存在巨厚坚硬砾岩顶板（厚度 550m)。21221 工作面下巷穿过 2-1 煤层和 2-3 煤层合并带区，煤层厚度变化大，原岩应力高。该工作面北与 21201 工作面采空区相邻，南与 F_{16} 逆断层相接，西为矿井边界煤柱，东与 21 采区下山煤柱相接。21221 工作面地形复杂，F_{16} 逆断层地表出露位置在工作面东部斜切穿过，该工作面采掘平面图如图 2-4 所示。

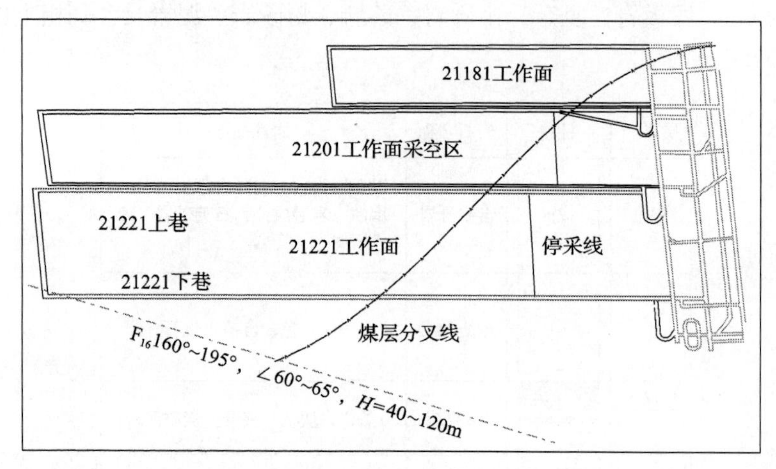

图 2-4　千秋煤矿 21221 工作面采掘平面图

2.1.2　义马矿区冲击地压诱因分析

通过深入分析义马矿区回采巷道发生的冲击地压事故[6,8]，得出影响义马矿区冲击地压事故的主要因素有义马煤田煤岩体强冲击倾向性、高水平原岩应力环境、F_{16} 断层和巨厚坚硬砾岩顶板的复杂地质赋存条件，如图 2-5 所示。

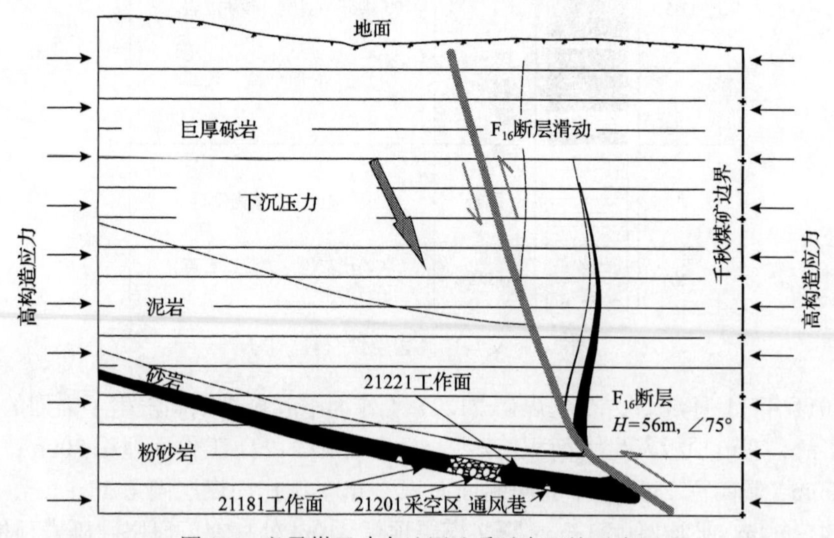

图 2-5　义马煤田冲击地压地质赋存环境示意图

1) 煤岩物理力学性质

选取千秋煤矿 2 煤层 21221 工作面的试验煤样进行煤岩冲击倾向性鉴定试验，表 2-1 为该工作面煤样的冲击倾向性鉴定结果。从表中可以看出，千秋煤矿煤层具有强冲击倾向性，是其频繁发生冲击失稳的重要内因。

表 2-1　千秋煤矿 2 煤层冲击倾向性鉴定结果

指标	动态破坏时间 D_t/ms	冲击能量指数 K_E	弹性能量指数 W_{ET}	鉴定结果
1 组	32 (强冲击)	5.65 (强冲击)	4.18 (弱冲击)	强冲击
2 组	256 (弱冲击)	2.31 (弱冲击)	3.96 (弱冲击)	弱冲击
3 组	23 (强冲击)	7.53 (强冲击)	2.35 (弱冲击)	强冲击

2) 构造应力

表 2-2 为千秋煤矿和跃进煤矿的原岩应力现场测试结果。从表中可以看出，千秋煤矿原岩应力特征呈现为 $\sigma_H > \sigma_V > \sigma_h$ 的构造型原岩应力区，跃进煤矿原岩应力特征呈现为 $\sigma_V > \sigma_H > \sigma_h$ 的重力型原岩应力区，因此千秋煤矿冲击地压次数多于跃进煤矿。义马矿区煤炭赋存属于高水平原岩应力环境，工作面开采过程中极易发生应力集中，造成冲击动力失稳[9]，这是义马矿区频繁发生冲击地压的又一重要内因。

表 2-2　千秋煤矿和跃进煤矿的原岩应力现场测试结果

地点	埋深/m	垂直应力 σ_V/MPa	最大水平应力 σ_H/MPa	最小水平应力 σ_h/MPa
千秋煤矿	630	23.75	26.27	13.58
	730	27.02	27.35	13.98
	780	29.31	34.31	17.51
跃进煤矿	800	32.70	22.91	12.36
	870	32.75	26.48	13.26
	880	32.75	26.06	13.67
	1010	37.92	26.88	15.47

3) F_{16} 逆断层的存在

F_{16} 逆断层赋存条件下水平构造应力分布极不均匀，而且在高应力环境中，断层面及附近区域容易产生应力集中，能量激增，这是冲击地压发生的主要外因[10-12]，而且动压影响下上覆巨厚砾岩顶板失稳也会诱发 F_{16} 断层的活化。

4) 巨厚坚硬覆岩的不稳定性

义马煤田上覆巨厚坚硬砾岩顶板(550m)不易破断，对工作面采场有持续且不稳定的下沉压力。若该顶板发生突然断裂或周期来压时的破断，释放的应变能对工作面和巷道的冲击力极大。而且 F_{16} 断层斜穿砾岩顶板，更加剧了巨厚顶板的不稳定性，这是导致冲击地压发生的另一重要外因。

2.2 鸡西矿区冲击地压事故

2.2.1 鸡西矿区冲击地压事故及特征

鸡西盆地[13]位于黑龙江省东部，盆地平面大致呈三角形，走向为东西—北东东向。盆地南部边界为郯庐断裂在东北地区的分支敦化—密山断裂形成的控盆断层，西部和北部为超覆边界，东部为断层边界。盆地内有南北两个不对称的单斜构造和中部恒山基底隆起，构成两拗夹一隆的构造格局，南北两个向斜内部发育有多个次级缓倾角背向斜构造，断裂系统多为正断层，断层数量多但规模不大，逆断层极少。

鸡西矿区[14]已有 100 多年的开采历史，现保持 12 个矿生产的矿井格局，其煤田总面积达 $3000km^2$ 以上。鸡西矿区城山煤矿已进入深部开采，采矿环境变得更加恶化，给矿井生产和安全带来极大的隐患，尤其是矿压显现和冲击地压灾害。井田[10]总体为单斜构造，煤层走向总的趋势为北东方向，倾向为南东方向。煤层倾角为 8°～45°，总的趋势是浅部陡、深部缓。在东二采区深部[15]，由于采掘工程控制有一轴向 NE70°的宽缓向斜构造，两翼方向长约 1000m；还有一轴向 NE20°的背斜构造，两翼方向长约 500m。井田内地质构造复杂程度为中等，断层较多，编号的断层共有 79 条，走向以北东向和北西向的两组斜交正断层为主，北西方向有 28 条，北东方向有 29 条，其次为东西方向 14 条和南北方向 8 条。这些断层互相交接或切割，使井田大致呈棋盘格式构造，井田断层密度为 2.33 条/km^2。

通过整理鸡西矿区城山煤矿的现场数据可知[16]，城山煤矿各个煤层的黏土矿物含量很高，是典型的物化膨胀性围岩，非晶质含量过高，易引起煤体强度劣化。在扫描电子显微镜下，煤体主要由片状的黏土矿物和碎屑颗粒组成，片状的黏土矿物多发育不规则的、残缺的边缘，以上均为冲击地压的发生创造了条件。

城山煤矿[17]“7.16”冲击地压事故发生于 2008 年 7 月 16 日，发生地点位于 25 煤层右四工作面上巷，如图 2-6 所示。该巷道计划工程量 670m，截至事故发生前，已施工 95m，冲击段长度 33m。顶板采用 Φ18mm 螺纹锚杆+W 形钢带支护，煤层厚度 1.0m，巷道沿煤层顶板施工，巷帮支护采用管缝锚杆+W 形钢带。该巷道冲击破坏段长度 32m，顶板钢带被冲击破坏变形 27 片，顶板锚杆被拉断 32

根，护帮锚杆全部被破坏。

(a) 巷道锚杆脱落

(b) 巷道底鼓严重

图 2-6　冲击地压之后的巷道状况

2.2.2　鸡西矿区冲击地压诱因分析

从地质条件[17-20]分析，鸡西矿区冲击地压的影响因素主要有煤层的地质构造、开采深度、顶板的岩层结构和强度及工作面煤层的冲击倾向性。

1) 煤层的地质构造

实践证明[21]，冲击地压经常发生在向斜轴部，特别是构造变化区、断层附近、煤层倾角变化带、煤层褶曲和构造应力带。煤系地层中由构造运动形成的断层、褶曲等地质构造对冲击地压的发生有较大的影响。

2) 开采深度

随着煤层开采深度的增加，煤层中的自重应力随之增加，煤岩体中积聚的弹性能也随之增加，工作面超前支撑压力随之增加，而且支撑压力的位置逐渐向煤层内部转移，使煤层发生冲击破坏的可能性增加，煤岩体发生冲击失稳的范围逐渐扩大到煤层内部。

3) 顶板的岩层结构和强度

顶板岩层结构，尤其是煤层上方坚硬，厚层砂岩顶板容易积聚大量的弹性能，是影响冲击地压发生的主要因素之一。坚硬顶板在工作面回采过程中不容易破断，由于没有及时放顶，当顶板悬空距离过大时，其破坏或滑移过程中，大量的弹性能突然释放，形成强烈振动，导致顶板及煤层发生冲击地压。

4) 工作面煤层的冲击倾向性

通过开展城山煤矿煤层及顶底板冲击倾向性鉴定试验，从动态破坏时间、冲击能量指数、弹性能量指数和单轴抗压强度四个方面对煤岩体的冲击倾向性进行了鉴定，如表 2-3 所示。试验结果显示，城山煤矿的煤样具有弱冲击倾向性，极易引发应力集中，进一步导致冲击地压的发生。

表 2-3　城山煤矿 2 煤层煤样冲击倾向性鉴定结果

煤样编号	动态破坏时间 D_t/ms	冲击能量指数 K_E	弹性能量指数 W_{ET}	单轴抗压强度 R_c/MPa	备注
1	62	2.02	3.37	12.05	
2	196	1.44	5.35	10.06	
3	572	1.06	2.78	8.38	3B 煤
4	303	1.88	4.80	7.83	
5	286	2.83	3.51	14.09	
平均值	284	1.85	3.96	10.48	
鉴定结果	弱冲击倾向性	弱冲击倾向性	弱冲击倾向性	弱冲击倾向性	

5) 原岩应力场的分布特征

从矿区的原岩应力测量结果(图 2-7)可知，鸡西矿区的原岩应力场是以水平构造应力为主导的，巷道布置方向与最大主应力方向基本平行，但与最小主应力方向垂直，而且工作面的不合理布置也加剧了冲击地压灾害的发生。

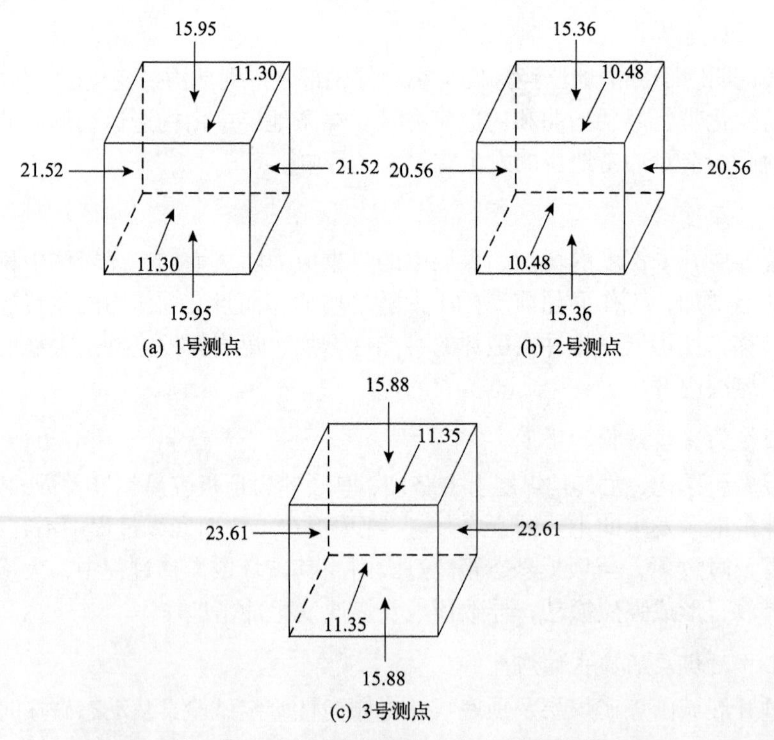

图 2-7　城山煤矿三个测点主应力大小示意图(单位：MPa)

2.3　京西矿区冲击地压事故

2.3.1　京西矿区冲击地压事故及特征

京西矿区[21-24]位于北京西部的门头沟区和房山区内，东起万寿山，西至北京市西边界，北起斋堂南到周口店，东西长约 45km，南北宽约 35km，煤田面积为 1019km^2。京西矿区下辖五个生产矿井，分别为大台煤矿、大安山煤矿、木城涧煤矿、长沟峪煤矿和门头沟煤矿。矿区地质构造复杂，受燕山和喜马拉雅山多次造山运动以及构造运动和侵蚀作用的剧烈影响，自西向东为百花山向斜、髫髻山—庙安岭向斜、九龙山—香峪向斜、石景山向斜、北岭向斜及八宝山断裂等挤压性构造带，京西煤炭资源主要赋存于以上五大向斜中。

由京西矿区不同开采水平的原岩应力实测结果(表 2-4)可知[25,26]，矿区最大主应力和最小主应力近水平，中间主应力方向与垂直应力方向一致，三者之间的大小关系为 $\sigma_H > \sigma_V > \sigma_h$，因此京西矿区原岩应力场属于构造型原岩应力区，巨大的水平挤压应力条件下形成了前面所述的褶皱和逆断层等复杂地质构造。从京西矿区 4 个生产矿井的开采水平布置来看，大台煤矿开采深度 800m，大安山煤矿开采深度 1130m，木城涧煤矿开采深度 1400m，长沟峪煤矿开采深度 710m，均属于深部开采范畴。

表 2-4　京西矿区原岩应力测试结果

测试地点	深度/m	最大主应力/MPa	中间主应力/MPa	最小主应力/MPa	侧压系数	
					K_{av}	K_{Hv}
长沟峪煤矿	462	16.78	12.36	10.58	1.11	1.36
大安山煤矿	465	19.10	12.40	8.10	1.10	1.54
	510	20.50	12.20	9.30	1.22	1.68
	580	22.60	12.60	9.20	1.26	1.79
	672	26.30	13.50	8.60	1.29	1.95
木城涧煤矿	500	15.90	10.80	8.90	1.15	1.47
	581	28.70	18.90	11.40	1.06	1.52
	740	23.10	19.60	9.80	0.84	1.18
大台煤矿	816	35.82	29.65	26.40	1.05	1.21
	884	42.56	23.84	8.85	1.08	1.79
	922	45.69	24.44	19.10	1.33	1.87

续表

测试地点	深度/m	最大主应力/MPa	中间主应力/MPa	最小主应力/MPa	侧压系数	
					K_{av}	K_{Hv}
门头沟煤矿	478	29.53	12.92	11.89	1.60	2.29
	562	23.96	15.20	12.18	1.19	1.58
	710	35.46	24.57	14.24	1.01	1.44
	719	43.31	24.83	16.70	1.21	1.74

注：K_{av}表示平均水平应力与垂直应力的比值，K_{Hv}表示最大水平应力与垂直应力的比值。

在高水平原岩应力及强开采条件下，工作面开采或者炮采振动极易诱发在长期的地质演变过程中蕴藏在向斜构造中的巨大变形能瞬间释放，尤其是倒转轴煤层倾角变化处，巨大的水平挤压应力使煤层发生瞬间突出的可能性极大。

同时，京西矿区开采年限较长，生产环节复杂，在采用跳采和规避不利地质条件的影响下，遗留了大量的孤岛工作面和残留煤柱[27-29]。2010年以来，京西矿区木城涧煤矿、大安山煤矿和长沟峪煤矿在采掘过程中发生的40次动力显现事故中，20次受孤岛工作面开采应力集中诱发，14次受断层影响，6次受采空区影响。其中，采空区发生的冲击地压是采空区相邻的煤柱瞬间失稳造成的。因此，孤岛工作面或残留煤柱也是诱发京西矿区冲击地压的主要因素，对安全生产影响最大。例如，木城涧煤矿+450水平西四采区3#煤东一工作面，因上部和东部已局部回采，同时又处于两条大断层之间，它是典型的孤岛工作面开采遇不利地质条件的案例。

2005年4月26日，木城涧东一壁工作面仅推进约63m，便发生一次强烈的冲击地压，造成人员伤亡，巷道多处产生较为严重的片帮现象，部分地段巷道失稳，给矿井的安全生产带来了极大的威胁[30-32]。同年7月25日，工作面推进到只剩28m时，因工作面上部和东部已局部回采，又处于F_{3-1}和F_{3-2}两条大断层之间，工作面实际上已呈孤岛煤柱开采状态，这些因素导致该工作面中顺槽帮发生冲击地压，长度约为25m，上顺槽变形严重，空间较小。

2.3.2　京西矿区冲击地压诱因分析

本节在分析京西煤田地质构造特征的基础上[33-35]，从倒转型褶皱和逆断层构造特征、高水平原岩应力、强冲击倾向性和孤岛工作面开采四个方面分析京西矿区冲击地压的诱发机理，得到如下结论。

(1)京西矿区强原岩应力作用下形成的地层倒转型褶皱和大中型逆断层相当发育，而且地层倒转使褶皱轴部及两翼形成了多种次级褶曲构造，伴有大量走向及倾向断裂。倒转型褶皱在长期的地质演变过程中蕴藏着巨大的变形能，尤其在褶皱轴部，常诱发冲击地压等恶性动力灾害事故。

(2) 京西矿区各矿井的原岩应力测试结果显示[36]，京西矿区最大主应力和最小主应力近水平，中间主应力方向与垂直应力近似，三大主应力均大于北京地区、华北地区和中国大陆地区的平均原岩应力水平。因此，京西矿区的高水平原岩应力特征极易诱发逆断层等构造的瞬间失稳和活化，导致冲击地压等动力灾害的发生。

(3) 京西矿区煤样的微观结构表现为糜棱状、碎粒状及角砾化结构等特征，微观结构中颗粒之间胶结较好，无明显的裂隙，煤体整体性好，承载能力高，在外载荷作用下容易存储变形能，如图 2-8 所示。而矿物中非晶质及石英含量最高，黏土矿物含量很低。因此，京西矿区各矿井主采煤层均具有强冲击倾向性。

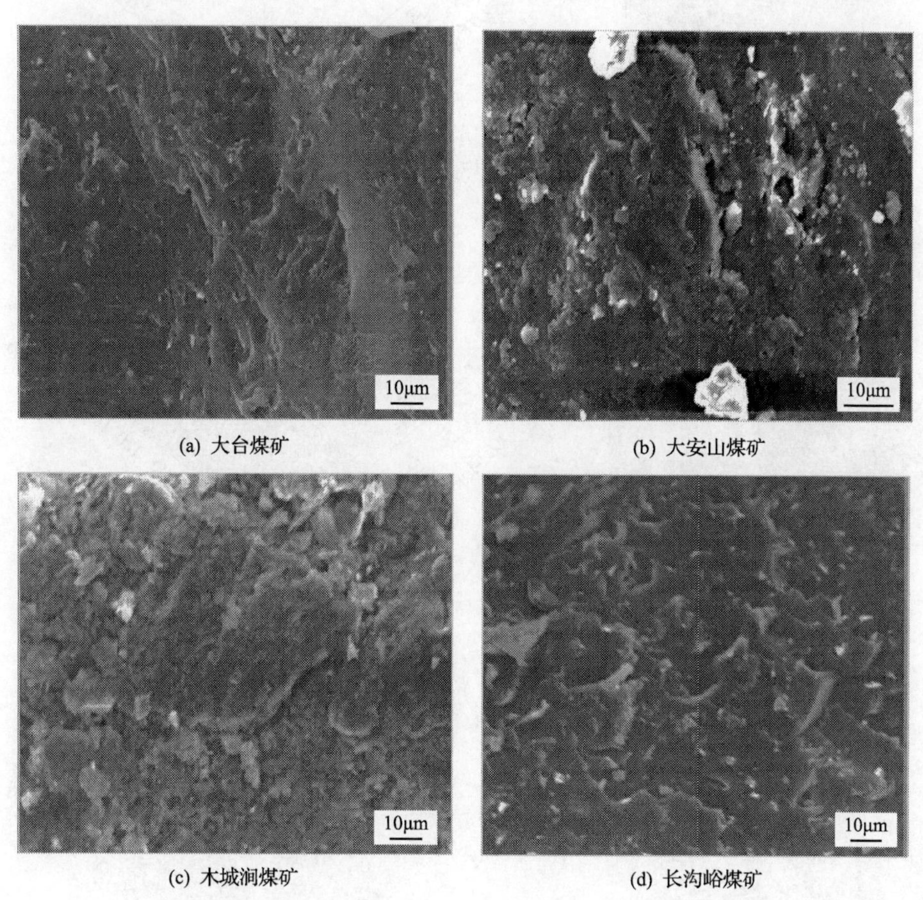

(a) 大台煤矿　(b) 大安山煤矿　(c) 木城涧煤矿　(d) 长沟峪煤矿

图 2-8　京西矿区不同煤矿煤层的扫描电子显微镜试验结果

(4) 京西矿区孤岛工作面和残留煤柱是冲击地压最主要的诱发因素。孤岛工作面应力场分布极不均匀，应力集中程度偏高，高应力集中区域位于顺槽巷道一侧与工作面的汇交处，此区域是冲击地压的多发区，如图 2-9 所示。当孤岛工作面一侧存在断层时，由于断层会发生瞬间滑移失稳和活化，采场应力将出现间歇性的应力集中，会对工作面开采造成动力冲击。

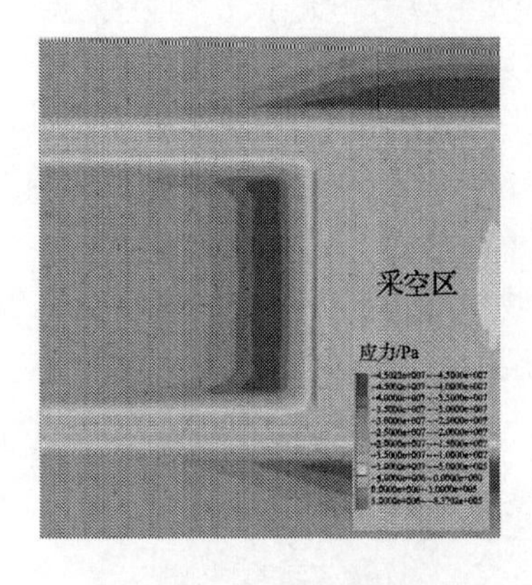

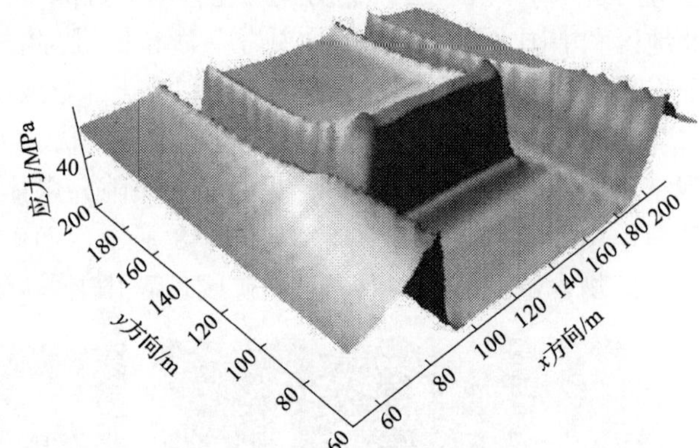

(a) 工作面在采空区附近

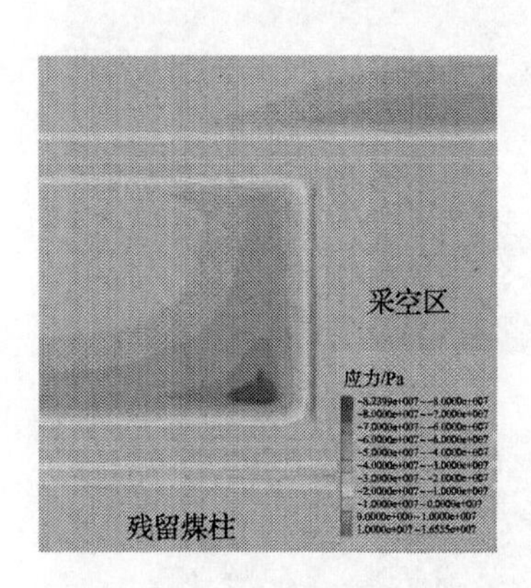

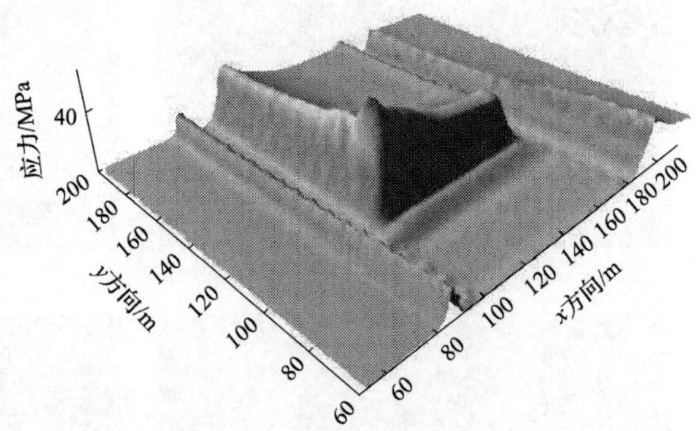

(b) 工作面在一段残留煤柱和采空区中间

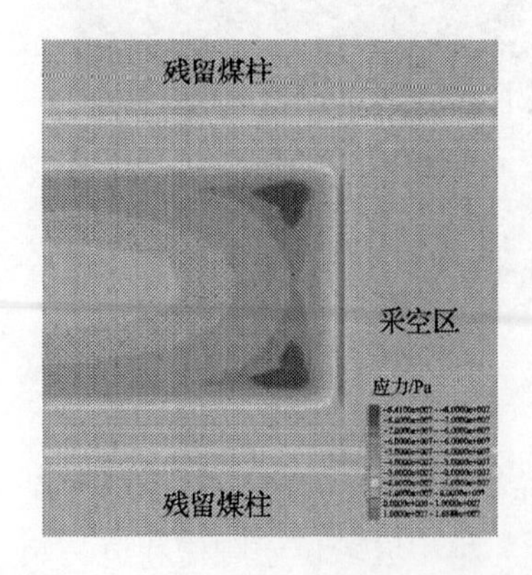

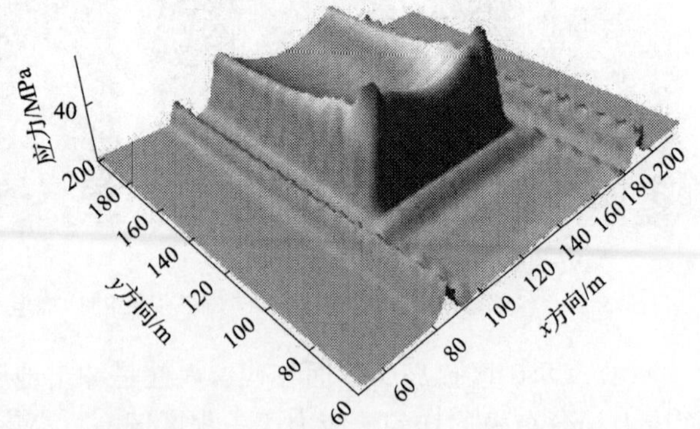

(c) 工作面在两段残留煤柱和采空区中间

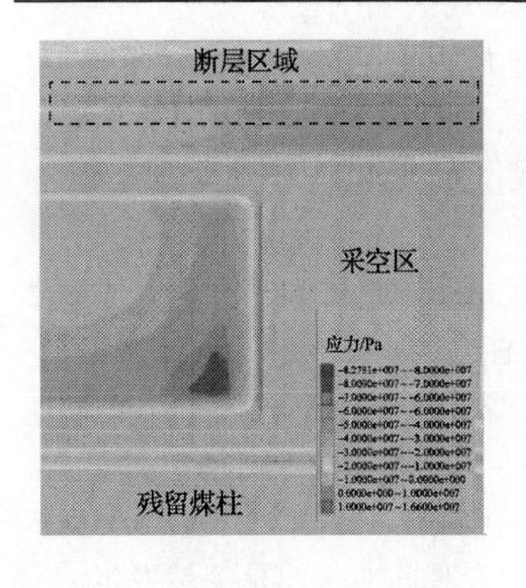

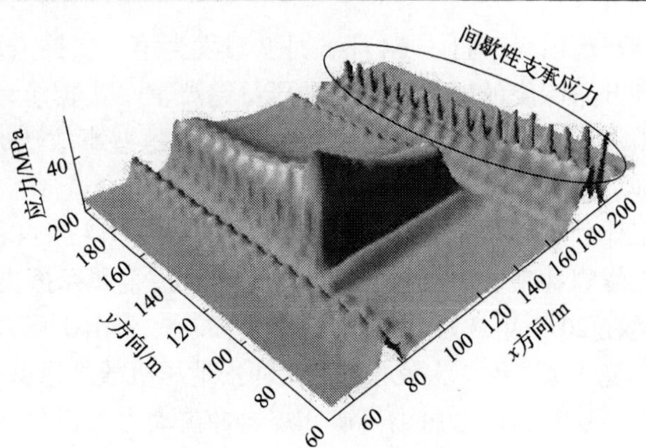

(d) 工作面靠近断层

图 2-9　孤岛工作面应力场分布图

2.4　唐山煤矿冲击地压事故

2.4.1　唐山煤矿冲击地压事故及特征

唐山煤矿[37,38]位于河北省唐山市，井田范围由市中心经西南郊延至唐山丰南区，如图 2-10 所示。井田东西长 14.5km，南北宽 3.5km，面积 37.28km^2。井田周围除东北大城山和凤凰山一带地势较高外，其余均为冲积平原，地表标高为 26.5m。地层走向大体为北东—南西，构造线平行于地层，由于井田受近东西向挤压作用，主要发育的构造为新华夏系形成的陡河断裂，井田西部地质结构复杂，复杂的褶皱和 5 条纵向断层及伴生的 41 条中心断层分布于井田内，均呈压扭性断裂，在深部合并为陡河大断裂，是唐山地区的主要发震构造，区域内构造应力较大。

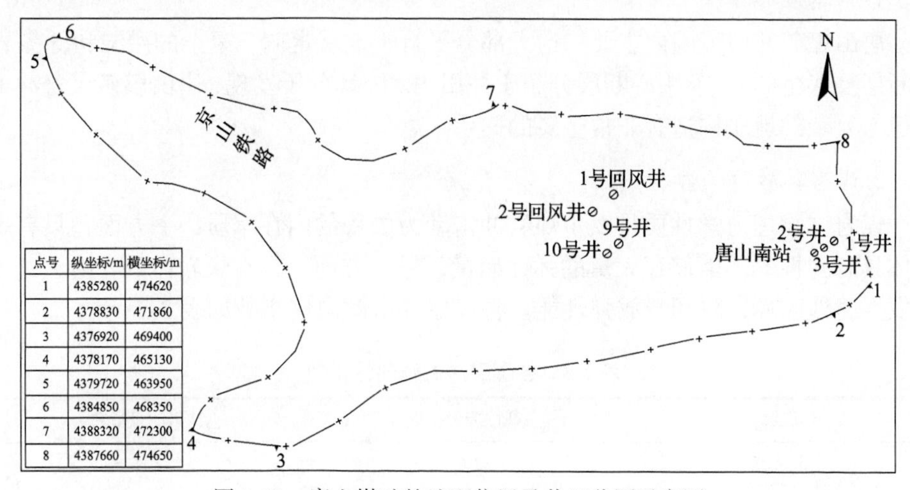

点号	纵坐标/m	横坐标/m
1	4385280	474620
2	4378830	471860
3	4376920	469400
4	4378170	465130
5	4379720	463950
6	4384850	468350
7	4388320	472300
8	4387660	474650

图 2-10　唐山煤矿的地理位置及井田范围示意图

唐山煤矿自 1964 年 6 月 7 日发生第一次冲击地压以来，随着开采面积的扩大和开采深度的增加，冲击地压日趋严重[39]。据统计，2011 年共发生了 90 多次冲击地压，其中有伤亡和破坏的 14 次，这些事故造成了严重的人员伤亡、机电设备损坏以及巷道挤压变形破坏，给生产和安全造成了极大威胁。例如，5 煤层的 5257 工作面临近收尾时已是四面临空，为回收 14 组自移式液压支架，在套棚过程中触发煤岩冲击动力失稳，40m 范围内巷道金属摩擦支柱全部折断，巷道底鼓 1m 多。而在 2019 年 8 月 2 日 12 时 30 分左右，唐山矿风井煤柱区 F5010 联络巷发生动力失稳现象，致 7 人死亡，因此冲击地压事故严重威胁了井下工作人员的生命安全。

在开滦矿区唐山煤矿，煤岩冲击动力失稳总体显现如下特征[40]。

(1)突发性。煤岩冲击动力失稳一般没有明显的宏观前兆，而是突然发生。

(2)瞬时振动性。煤岩冲击动力失稳发生过程积聚而短暂，像爆炸一样伴有巨大的响声和强烈的振动，造成电机车、泵站等重型设备被移动，人员被弹起摔倒，振动波及范围达数百米或数十千米，地面有地震感觉，但一般振动持续时间很短。

(3)巨大破坏性。煤岩冲击动力失稳发生时，顶板可能有瞬间明显下沉，但一般并不冒落。有时底板突然开裂底鼓，常有大量煤体突然破碎并从煤壁抛出，堵塞巷道，破坏支架，严重的煤岩冲击动力失稳常常造成惨重的人员伤亡和巨大的生产破坏。

2.4.2 唐山煤矿冲击地压诱因分析

随着开采深度的增加，冲击危险的增大表现为冲击频度的增加和冲击强度的增大，通过分析冲击地压事故的特征，可以得出诱发唐山煤矿发生冲击地压的主要原因有以下几个[41]。

1)构造应力

唐山煤矿井田范围内主要构造大部分平行于地层走向，复杂的褶皱和 5 条纵向断层及伴生的 41 条中心断层分布于井田内。统计分析发现，唐山煤矿煤岩冲击失稳与复杂的地质构造有非常重要的关系。

2)煤岩体物理力学性质

煤岩体物理力学性质是发生煤岩冲击动力失稳的内在本质，一方面，只有煤岩体具有弹性，才能储存大量的弹性能量，另一方面，只有煤岩体具有脆性，才能发生脆性破坏，瞬间释放弹性能。各煤层冲击倾向性指数如表 2-5 所示。

表 2-5 各煤层冲击倾向性指数

煤层	弹性能量指数	冲击能量指数
5 煤层	1.63	2.06
8、9 煤合区煤层	7.58	3.1

3) 开采技术条件

受技术条件限制，有时必须留设一定宽度的巷道保护煤柱，当两侧煤体采空后，煤层呈“孤岛”或“半岛”型，应力集中程度增加，如前面提到的 5257 工作面大巷煤柱开采过程中共发生煤岩冲击动力失稳现象 30 余次。采掘顺序不合理，也会形成高应力区。例如，在高应力煤柱中同时进行采掘等活动，极易发生煤岩冲击动力失稳。

4) 开采深度

在开采深度–530m 以上未发现煤岩冲击动力失稳现象；在–530～–600m 的“孤岛”或“半孤岛”煤柱开采的工作面，共发生煤岩冲击动力失稳现象 47 次；当开采深度达到–630m 后，正常开采顺序的工作面中也会发生煤岩冲击动力失稳现象，有 48%的煤岩冲击动力失稳发生在顺槽超前巷道内；特厚煤层第一分层工作面开采时，煤岩冲击动力失稳现象严重，在第二、三、四分层开采时则没有发生过煤岩冲击动力失稳现象。因此，在一定的开采技术条件下，存在一个发生煤岩冲击动力失稳的临界深度，只有超过该深度，才能使煤岩积聚的能量达到发生煤岩冲击动力失稳的程度。

2.5　龙郓煤矿冲击地压事故

2.5.1　龙郓煤矿冲击地压事故及特征

龙郓煤矿[42]位于巨野煤田的最北部，面积约 198km^2，为华北型石炭系、二叠系煤田。煤层厚度平均值为 6.8m，矿井设计年生产能力 240 万 t。主采煤层为 3 号煤层，根据矿井冲击倾向性鉴定结果，龙郓煤矿 3 号煤层顶板岩层属于Ⅲ类，为强冲击倾向性的顶板岩层，平均厚度 6.71m，最大厚度 7.88m，煤层平均倾角 12°。煤层顶板以泥岩、砂质泥岩及粉砂岩为主，中、细砂岩次之，局部为岩浆岩，厚 0.75～31.52m；底板以泥岩、砂质泥岩、粉砂岩为主，厚 0.74～10.30m。该矿井开拓方式为立井开拓，井下有 3 个采煤工作面，分别为 1301、1302(上)和 1308 工作面，掘进工作面有 9 个。

2018 年 10 月 20 日 23 时，龙郓煤矿 1303 泄水巷掘进工作面附近发生冲击地压事故，造成约 100m 范围内巷道出现不同程度的破坏，如图 2-11 所示。事故造成 21 人死亡、1 人受伤，直接经济损失 5639.8 万元。1303 工作面泄水巷及 3 号联络巷位于一采区南翼，其北部为一采区胶带、回风及轨道下山，南至 G220 国道保护煤柱，东部为未采掘区域，西邻为回采的 1303 工作面。该工作面掘进方式为普通掘进，巷道断面 20.8m^2，支护方式为锚索支护，设计长度 1480m，已累计掘进 428m。

图 2-11　龙郓煤矿冲击地压事故现场图(图片来源于百度百科)

2.5.2　龙郓煤矿冲击地压诱因分析

现场勘查显示，事故造成井下巷道破坏表现为两帮收敛、顶板下沉与冒落等综合破坏特征。顶板锚索梁呈严重扭转弯曲，个别锚索梁具有明显的新开裂痕迹，部分锚杆托盘与螺母仍然在锚杆杆体上，杆体弯曲变形，无明显拉伸颈缩，表明巷道破坏瞬间，锚杆、锚索承受了水平载荷作用，顶部煤体在水平冲击载荷作用下发生碎胀变形，可以推断顶煤冒落的主要原因是在破坏瞬间，巷道顶部煤体在冲击载荷作用下发生碎胀变形，导致锚杆、锚索无法对其进行有效约束。

龙郓煤矿处于郓城断裂、巨野断裂、曹县断裂和汶泗断裂的“井”字形中间区内，井田的典型构造特征为断块型，开采区位于八里庄断层与田桥断层控制的地垒构造内，该区域构造应力集中，断裂构造活动频繁。事故区域地处 3 号煤层分岔合并线及构造应力区附近。一采区实测最大水平应力为 34.5MPa，是垂直应力的 1.4～2.2 倍。

诱发龙郓煤矿发生冲击地压的原因主要有以下几个[43]：龙郓煤矿 1303 工作面泄水巷及 3 号联络巷埋深 1027～1067m，煤岩体自重应力高；龙郓煤矿 3 号煤层及其顶底板具有冲击倾向性；采掘及疏放释水、3 号煤层分岔合并及构造影响、巷道临近贯通等，形成高应力集中区；采用的防冲措施没有有效消除冲击危险；当班掘进、施工卸压钻孔扰动和田桥断层带滑移的影响；事故发生于巷道贯通期间，剩余 3m 煤柱，煤柱减小使其周边应力调整加剧；同时，掘进和帮部卸压钻孔施工对处于应力调整状态的临近贯通巷道围岩具有扰动作用；此外，山东地震台网测定，2018 年 10 月 20 日 22 时 37 分 51 秒在山东省菏泽市郓城县(北纬 35.61°，东经 116.02°)发生 1.5 级近地表、非天然地震，震源位于田桥断层带，为本次事故提供了外部动载作用。

参考文献

[1] 王宏伟, 姜耀东, 邓代新, 等. 义马煤田复杂地质赋存条件下冲击地压诱因研究[J]. 岩石力学与工程学报, 2017, 36(s2): 4085-4092.

[2] 国家煤矿安全监察局. 义马煤业集团股份有限公司千秋煤矿“11·3”重大冲击地压事故调查报告[R]. 北京: 国家煤矿安全监察局, 2012.

[3] 窦林名, 赵从国, 杨思光. 煤矿开采冲击矿压灾害防治[M]. 徐州: 中国矿业大学出版社, 2006.

[4] 姜耀东, 赵毅鑫, 刘文岗. 煤岩冲击失稳的机理和实验研究[M]. 北京: 科学出版社, 2009.

[5] 姜耀东, 潘一山, 姜福兴, 等. 我国煤炭开采中的冲击地压机理和防治[J]. 煤炭学报, 2014, 39(2): 205-213.

[6] 窦林名, 何学秋. 冲击矿压防治理论与技术[M]. 徐州: 中国矿业大学出版社, 2001.

[7] 窦林名, 何学秋. 采矿地球物理学[M]. 北京: 中国科学文化出版社, 2002.

[8] 齐庆新, 窦林名. 冲击地压理论与技术[M]. 徐州: 中国矿业大学出版社, 2008.

[9] 潘一山, 李忠华, 章梦涛. 我国冲击地压分布、类型、机理及防治研究[J]. 岩石力学与工程学报, 2003, 22(11): 1844-1851.

[10] 李志华, 窦林名, 陈国祥, 等. 采动影响下断层冲击矿压危险性研究[J]. 中国矿业大学学报, 2010, 39(4): 490-495, 545.

[11] 彭苏萍, 孟召平, 李玉林. 断层对顶板稳定性影响相似模拟试验研究[J]. 煤田地质与勘探, 2001, 29(3): 1-4.

[12] 孟召平, 彭苏萍, 冯玉, 等. 断裂结构面对回采工作面矿压及顶板稳定性的影响[J]. 煤田地质与勘探, 2006, 34(3): 24-27.

[13] 何满潮, 谢和平, 彭苏萍, 等. 深部开采岩体力学研究[J]. 岩石力学与工程学报, 2005, 24(16): 2803-2813.

[14] 何满潮, 姜耀东, 赵毅鑫. 复合型能量转化为中心的冲击地压控制理论[M]//谢和平, 彭苏萍, 何满潮. 深部资源开采基础理论研究与工程实践. 北京: 科学出版社, 2005: 205-214.

[15] 李勇. 鸡西矿区冲击地压诱发机制及防治措施研究[D]. 北京: 中国矿业大学(北京), 2013.

[16] 李志华, 窦林名, 陆振裕, 等. 采动诱发断层滑移失稳的研究[J]. 采矿与安全工程学报, 2010, 27(4): 499-504.

[17] 郝福坤. 鸡西矿区深部开采矿压显现规律及冲击地压机理研究[D]. 北京: 中国矿业大学(北京), 2011.

[18] 王涛, 姜耀东, 赵毅鑫, 等. 断层活化与煤岩冲击失稳规律的实验研究[J]. 采矿与安全工程学报, 2014, 31(2): 180-186.

[19] 王学滨, 潘一山, 海龙. 基于剪切应变梯度塑性理论的断层岩爆失稳判据[J]. 岩石力学与工程学报, 2004, 23(4): 588-591.

[20] 王学滨, 宋维源, 黄梅, 等. 考虑水致弱化及应变梯度的断层岩爆分析[J]. 岩石力学与工程学报, 2004, 23(11): 1815-1818.

[21] 郝福坤, 赵毅鑫, 王宏伟. 鸡西矿区深部开采的矿压规律及控制[M]. 北京: 煤炭工业出版社, 2013.

[22] 王学滨. 基于能量原理的岩样单轴压缩剪切破坏失稳判据[J]. 工程力学, 2007, 24(1): 153-156, 161.

[23] 王来贵, 潘一山, 梁冰, 等. 矿井不连续面冲击地压发生过程分析[J]. 中国矿业, 1996, 5(3): 61-65.

[24] 孟召平, 彭苏萍, 黎洪. 正断层附近煤的物理力学性质变化及其对矿压分布的影响[J]. 煤炭学报, 2001, 26(6): 561-566.

[25] 姜福兴, 魏全德, 王存文, 等. 巨厚砾岩与逆冲断层控制型特厚煤层冲击地压机理分析[J]. 煤炭学报, 2014, 39(7): 1191-1196.
[26] 宋义敏, 马少鹏, 杨小彬, 等. 断层黏滑动态变形过程的实验研究[J]. 地球物理学报, 2012, 55(1): 171-179.
[27] 吕进国, 姜耀东, 李守国, 等. 巨厚坚硬顶板条件下断层诱冲特征及机制[J]. 煤炭学报, 2014, 39(10): 1961-1969.
[28] 李志华, 窦林名, 曹安业, 等. 采动影响下断层滑移诱发煤岩冲击机理[J]. 煤炭学报, 2011, 36(s1): 68-73.
[29] 李志华. 采动影响下断层滑移诱发煤岩冲击机理研究[D]. 徐州: 中国矿业大学, 2009.
[30] 姜耀东, 王涛, 赵毅鑫, 等. 采动影响下断层活化规律的数值模拟研究[J]. 中国矿业大学学报, 2013, 42(1): 1-5.
[31] 潘一山, 王来贵, 章梦涛, 等. 断层冲击地压发生的理论与试验研究[J]. 岩石力学与工程学报, 1998, 17(6): 642-649.
[32] 齐庆新, 陈尚本, 王怀新, 等. 冲击地压、岩爆、矿震的关系及其数值模拟研究[J]. 岩石力学与工程学报, 2003, 22(11): 1852-1858.
[33] 李守国, 吕进国, 姜耀东, 等. 逆断层不同倾角对采场冲击地压的诱导分析[J]. 采矿与安全工程学报, 2014, 31(6): 869-875.
[34] 王涛, 王曌华, 姜耀东, 等. 开采扰动下断层滑移过程围岩应力分布及演化规律的实验研究[J]. 中国矿业大学学报, 2014, 43(4): 588-592, 683.
[35] 张科学, 何满潮, 姜耀东. 断层滑移活化诱发巷道冲击地压机理研究[J]. 煤炭科学技术, 2017, 45(2): 12-20, 64.
[36] 齐庆新, 高作志, 王升. 层状煤岩体结构破坏的冲击矿压理论[J]. 煤矿开采, 1998, (2): 14-17.
[37] 齐庆新, 史元伟, 刘天泉. 冲击地压粘滑失稳机理的实验研究[J]. 煤炭学报, 1997, 22(2): 144-148.
[38] 姜耀东, 赵毅鑫. 我国煤矿冲击地压的研究现状: 机制、预警与控制[J]. 岩石力学与工程学报, 2015, 34(11): 2188-2204.
[39] 曾宪涛. 巨厚砾岩与逆冲断层共同诱发冲击失稳机理及防治技术[D]. 北京: 中国矿业大学(北京), 2014.
[40] 谢富仁, 崔效锋, 赵建涛, 等. 中国大陆及邻区现代构造应力场分区[J]. 地球物理学报, 2004, 47(4): 654-662.
[41] 王宏伟, 姜耀东, 王文婕, 等. 长壁孤岛工作面冲击地压机理及防治技术研究[M]. 北京: 煤炭工业出版社, 2014.
[42] 王宏伟. 长壁孤岛工作面冲击地压机理及防冲技术研究[D]. 北京: 中国矿业大学(北京), 2011.
[43] Wang H W, Jiang Y D, Zhao Y X, et al. Numerical investigation of the dynamic mechanical state of a coal pillar during longwall mining panel extraction[J]. Rock Mechanics and Rock Engineering, 2013, 46(5): 1211-1221.

第 3 章　复杂地质环境诱发冲击地压的内因

诱发煤矿冲击地压的因素很多，冲击倾向性作为煤的固有属性是主要原因之一，高水平原岩应力环境(包括原岩应力场和构造应力场的异常激增)也是冲击地压发生的重要内因。本章开展原岩应力测试，研究冲击倾向性煤样微细观结构特征，鉴定典型冲击地压矿井煤样的冲击倾向性，建立冲击倾向性煤样物理力学参数数据库，研究煤的冲击倾向性指数与黏聚力之间的关系，指出高水平原岩应力和冲击倾向性为能量积聚提供了理想的内部环境，揭示了煤矿复杂地质赋存环境诱发冲击地压的内因。

3.1　高水平原岩应力环境特征

3.1.1　京西矿区

从京西矿区 4 个生产矿井的开采水平布置来看，大台煤矿开采深度 800m，大安山煤矿开采深度 1130m，木城涧煤矿开采深度 1400m，长沟峪煤矿开采深度 710m，均属于深部开采范畴。在高水平原岩应力及强开采条件下，工作面开采或者炮采振动极易诱发在长期的地质演变过程中蕴藏在向斜构造中的巨大变形能瞬间释放。

表 2-4 给出了京西矿区长沟峪煤矿、大安山煤矿、木城涧煤矿、大台煤矿、门头沟煤矿不同开采水平的原岩应力实测结果。由实测结果可知，京西矿区原岩应力场以水平应力为主导。

图 3-1 给出了京西矿区最大、中间和最小主应力随深度的变化规律。从图中可以看出，京西矿区最大、中间和最小主应力均随着深度的增加而增大，这与北京地区的原岩应力测试结果相吻合。另外，侧压系数 K_{av} 和 K_{Hv} 反映了应力分布特征与断层活动的相关性，图 3-2 为侧压系数 K_{av} 和 K_{Hv} 随深度的变化规律。由图 3-2 可知，K_{av} 平均值为 1.17，K_{Hv} 平均值为 1.63。因此，受京西矿区逆断层构造较为发育的影响，水平应力比垂直应力大。

式(3-1)～式(3-9)分别为现有公开发表的文献中关于北京地区、华北地区、中国大陆的最大、中间和最小主应力随深度的变化规律拟合结果[1-6]。为了能够突出说明京西矿区复杂地质构造条件下的高水平原岩应力特征，本节绘制了京西矿区和北京地区、华北地区、中国大陆的最大、中间和最小主应力随深度的分布图，用于对比京西矿区和其他地区的原岩应力场分布特征，如图 3-3 所示。

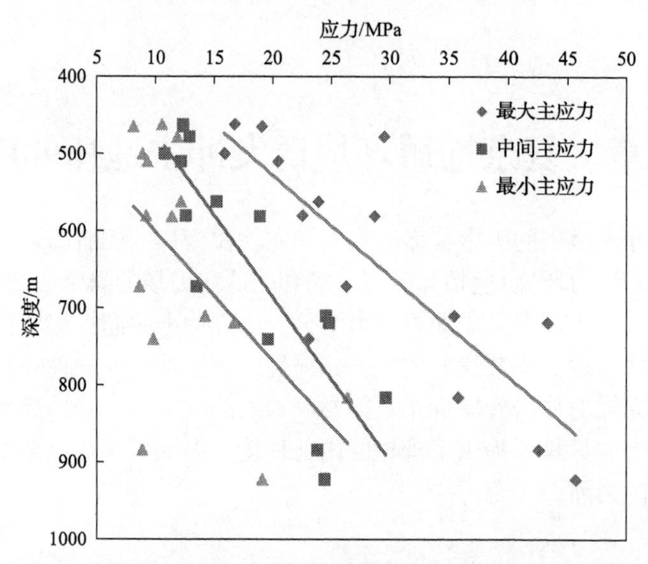

图 3-1　京西矿区最大、中间和最小主应力随深度的变化规律

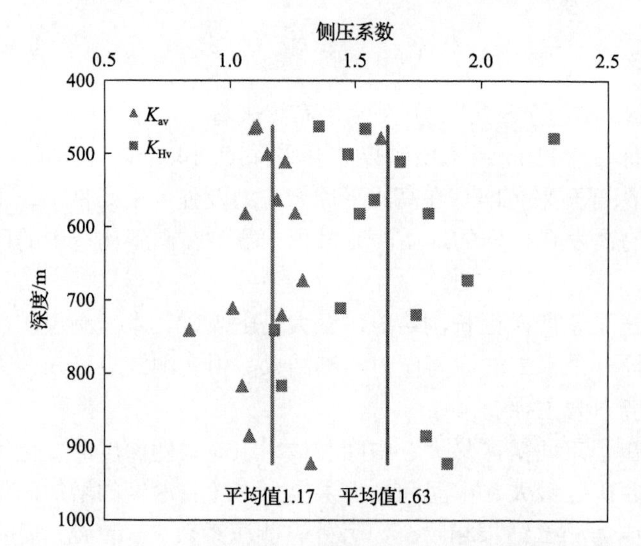

图 3-2　京西矿区侧压系数随深度的变化规律

$$\sigma_{H}^{BJ} = 0.0328H + 2.56 \tag{3-1}$$

$$\sigma_{V}^{BJ} = 0.0265H \tag{3-2}$$

$$\sigma_{h}^{BJ} = 0.0221H + 2.00 \tag{3-3}$$

$$\sigma_{H}^{NC} = 0.0233H + 4.67 \tag{3-4}$$

$$\sigma_{\mathrm{V}}^{\mathrm{NC}} = 0.0270H \tag{3-5}$$

$$\sigma_{\mathrm{h}}^{\mathrm{NC}} = 0.0162H + 2.10 \tag{3-6}$$

$$\sigma_{\mathrm{H}}^{\mathrm{CH}} = 0.0216H + 6.78 \tag{3-7}$$

$$\sigma_{\mathrm{V}}^{\mathrm{CH}} = 0.0271H \tag{3-8}$$

$$\sigma_{\mathrm{h}}^{\mathrm{CH}} = 0.0182H + 2.23 \tag{3-9}$$

式中，H 为深度，m；$\sigma_{\mathrm{H}}^{\mathrm{BJ}}$、$\sigma_{\mathrm{V}}^{\mathrm{BJ}}$、$\sigma_{\mathrm{h}}^{\mathrm{BJ}}$、$\sigma_{\mathrm{H}}^{\mathrm{NC}}$、$\sigma_{\mathrm{V}}^{\mathrm{NC}}$、$\sigma_{\mathrm{h}}^{\mathrm{NC}}$、$\sigma_{\mathrm{H}}^{\mathrm{CH}}$、$\sigma_{\mathrm{V}}^{\mathrm{CH}}$ 和 $\sigma_{\mathrm{h}}^{\mathrm{CH}}$ 分别为北京地区、华北地区和中国大陆的最大、中间和最小主应力的拟合结果，MPa。

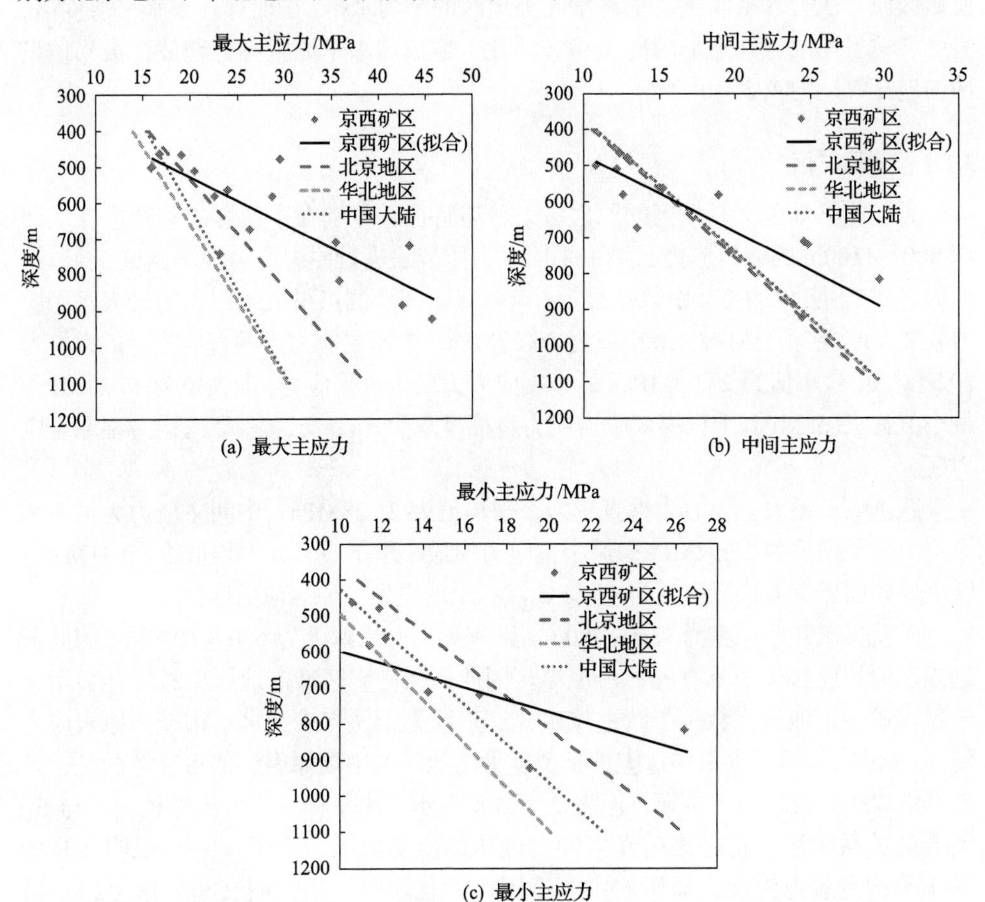

图 3-3 京西矿区原岩应力和北京地区、华北地区和中国大陆原岩应力平均水平对比

图 3-3 中数据显示，京西矿区最大、中间和最小主应力水平大体大于北京地区、华北地区和中国大陆。虽然局部深度出现差异，但总体原岩应力场呈现高水

平原岩应力显现特征。以深度 800m 为例，京西矿区最大、中间和最小主应力高于北京地区、华北地区和中国大陆的各应力水平的百分比如表 3-1 所示。

表 3-1 京西矿区原岩应力高于北京地区、华北地区和中国大陆原岩应力的百分比（单位：%）

原岩应力	北京地区	华北地区	中国大陆
最大主应力	24.4	39.9	34.1
中间主应力	53.7	37.3	75.3
最小主应力	48.9	36.8	57.2

由上述分析可知，京西矿区倒转型褶皱构造和大中型逆断层等复杂地质构造使矿区原岩应力水平高于北京和华北等地区的平均水平。在现有开采水平条件下，势必会诱发断层等构造的瞬间失稳和活化，造成高水平原岩应力释放，极易诱发冲击地压等动力灾害。

3.1.2 义马矿区

为了能够掌握义马矿区的原岩应力分布特征，分别在千秋煤矿和跃进煤矿埋深 800～1100m 的原岩应力区域中采用水力压裂法进行原岩应力现场测试，测试结果如表 2-2 所示。表 2-2 中数据显示，千秋煤矿 3 个测点最大主应力为最大水平应力，最大值为 34.31MPa，最小值为 26.27MPa；中间主应力为垂直应力，最大值为 29.31MPa，最小值为 23.75MPa；最小主应力为最小水平应力，最大值为 17.51MPa，最小值为 13.58MPa。千秋煤矿原岩应力特征呈现为 $\sigma_H > \sigma_V > \sigma_h$ 的构造型原岩应力区。

跃进煤矿最大主应力为垂直应力，平均值为 25.28MPa；中间主应力为最大水平应力，平均值为 17.92MPa；最小主应力为最小水平应力，平均值为 10.31MPa。跃进煤矿原岩应力特征呈现为 $\sigma_V > \sigma_H > \sigma_h$ 的重力型原岩应力区。

千秋煤矿开采深度为 750～980m，跃进煤矿开采深度为 650～1060m，因此跃进煤矿原岩应力场中垂直应力占主导。因此，义马矿区冲击地压事故统计显示，千秋煤矿冲击地压次数多于跃进煤矿，这是因为千秋煤矿为水平构造型原岩应力场，F_{16} 断层作用下水平构造应力是诱发冲击地压的主要原因。值得注意的是，虽然跃进煤矿垂直应力占主导，但表 2-2 数据显示，水平构造应力依然较大，与 F_{16} 断层的关系密切，也是该矿发生冲击地压的重要原因。为了进一步说明义马矿区水平构造应力为冲击地压的主要诱因，而且能够突出说明义马矿区复杂地质构造条件下的高水平原岩应力特征，本节绘制了义马矿区、华北地区、中国大陆的最大水平应力、垂直应力和最小水平应力随深度的分布图，用于对比义马矿区和其他地区的原岩应力场分布特征，如图 3-4 所示。其拟合公式见式(3-4)～

式(3-9)。

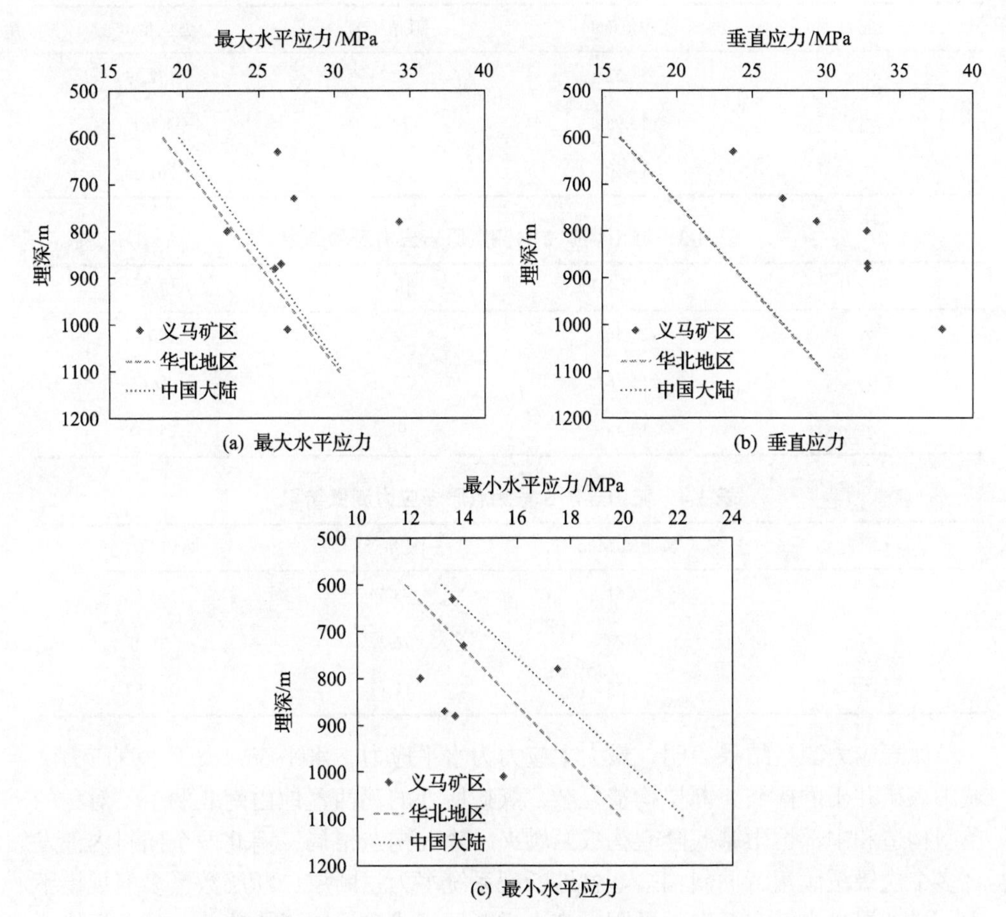

图3-4　义马矿区原岩应力与华北地区和中国大陆原岩应力对比

由图3-4可知，义马矿区的最大水平应力，尤其是垂直应力远高于华北地区和中国大陆平均水平。虽然最小水平应力的近 60%测点低于华北地区和中国大陆平均水平，但是仍然有3个测点的最小水平应力高于华北地区。以埋深880m为例，义马矿区的最大水平应力分别高于华北地区和中国大陆6.5%和3.7%；垂直应力分别高于华北地区和中国大陆42.7%和42.1%。因此，义马矿区煤炭赋存属于高水平原岩应力环境，工作面开采过程中极易发生应力集中，造成冲击动力失稳，这是义马矿区频繁发生冲击地压的又一重要内因。

3.1.3　鸡西矿区

结合城山煤矿的地质开采条件，确定了中部区为原岩应力测点的位置，现场的测量结果如表3-2～表3-4所示。

表 3-2　城山煤矿 1 号测点原岩应力测量结果

主应力	实测值/MPa	倾角/(°)	方位角/(°)
σ_1	21.52	–2.11	172.33
σ_2	15.95	77.63	83.16
σ_3	11.30	8.95	261.04

表 3-3　城山煤矿 2 号测点原岩应力测量结果

主应力	实测值/MPa	倾角/(°)	方位角/(°)
σ_1	20.56	–2.43	170.53
σ_2	15.36	79.76	82.65
σ_3	10.48	9.89	259.48

表 3-4　城山煤矿 3 号测点原岩应力测量结果

主应力	实测值/MPa	倾角/(°)	方位角/(°)
σ_1	23.61	–3.34	165.57
σ_2	15.88	76.27	80.68
σ_3	11.35	11.17	255.57

原岩应力测量结果表明，最大主应力为水平应力，水平应力大于垂直应力。城山煤矿井田的褶皱、断层构造复杂，煤矿所处的鸡西盆地由南北两个不对称的单斜构造和中部恒山基底隆起构成两坳夹一隆的构造格局，南北两个向斜内部发育多个次级缓倾角背向斜构造。盆地断裂系统多为正断层，断层数量多但规模不大，逆断层极少，东西向的平阳—麻山逆断层组成盆地二级构造单元的分界线，这些构造形迹无疑是受南东—北西主压应变的结果，表现出该煤田主要地质应力是南东—北西水平挤压应力。城山煤矿中部区附近最大主应力方向分别为172.33°、170.53°和 165.57°，且近于水平，倾角分别为–2.11°、–2.43°和–3.34°，说明城山煤矿中部区矿井附近测点最大水平挤压应力受北东—南西挤压应力的影响，其方向由南东—北西向南南东—北北西转动。

3.1.4　黄岩汇煤矿

黄岩汇煤矿位于太行山西翼，赋存倾角 3°～14°的单斜构造，矿区断层和陷落柱发育良好。采用 CSIRO 单元法进行原岩应力测量，测点见图 3-5 中 1#至 3#的三个位置。在 1#测点处测量砂质泥岩顶板的应力，在 2#测点处测量煤层应力，在 3#测点处测量砂质泥岩底板的应力。

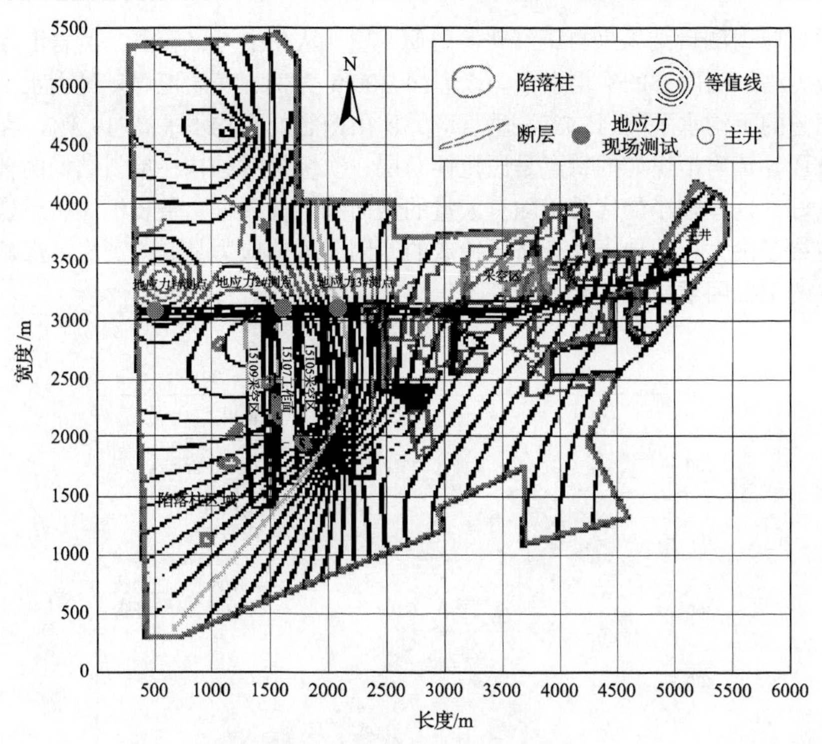

图 3-5　黄岩汇煤矿原岩应力测量

表 3-5 为黄岩汇煤矿原岩应力测量结果。结果表明，最大和最小主应力接近水平，中间主应力近似等于垂直应力，最大主应力为最大水平应力，最小主应力为最小水平应力。表中的横向应力系数 K_{av} 是平均水平应力与垂直应力的比值，通过公式 $K_{av}=(\sigma_H+\sigma_h)/(2\sigma_V)$ 计算，系数 K_{Hv} 是最大水平应力和垂直应力的比值，通过公式 $K_{Hv}=\sigma_H/\sigma_V$ 计算。从现场测量结果可以看出，K_{av} 和 K_{Hv} 的变化范围分别为 1.42～1.50 和 1.89～2.00。随着埋深的增加，最大、最小主应力和垂直应力均逐渐增加，且满足 $\sigma_H>\sigma_V>\sigma_h$，这说明水平应力占主导地位。

表 3-5　黄岩汇煤矿原岩应力测量结果

位置	埋深/m	最大主应力			中间主应力			最小主应力			侧压系数	
		大小/MPa	倾向/(°)	倾角/(°)	大小/MPa	倾向/(°)	倾角/(°)	大小/MPa	倾向/(°)	倾角/(°)	K_{av}	K_{Hv}
顶板	330	19.70	268.91	5.00	9.85	−32.16	−80.39	9.82	179.64	−8.19	1.50	2.00
煤层	305	14.70	249.72	−3.02	7.52	167.88	69.59	7.36	−21.39	20.17	1.47	1.95
底板	210	10.24	261.93	−3.97	5.41	142.66	81.92	5.12	−7.58	7.04	1.42	1.89

图 3-6 为山西省和黄岩汇煤矿的最大、中间和最小主应力分布对比，山西省

矿区原岩应力测量结果来自康红普等的研究[7]。从图中可以看出，黄岩汇煤矿的原岩应力高于山西省的平均水平。以埋深 300m 为例，黄岩汇煤矿最大水平应力比山西省的平均水平高 45.7%，垂直应力比山西省的平均水平高 19.3%。在地质构造方面，黄岩汇煤矿的特点是压扭性断层，次级褶皱结构在单斜结构的轴线上发育良好，这些较小的褶皱伴随有大量的走向和倾斜裂缝。黄岩汇煤矿原岩应力较高主要是由太行山地壳受到挤压造成的，因此构造应力是影响黄岩汇煤矿巷道稳定性的主要因素。

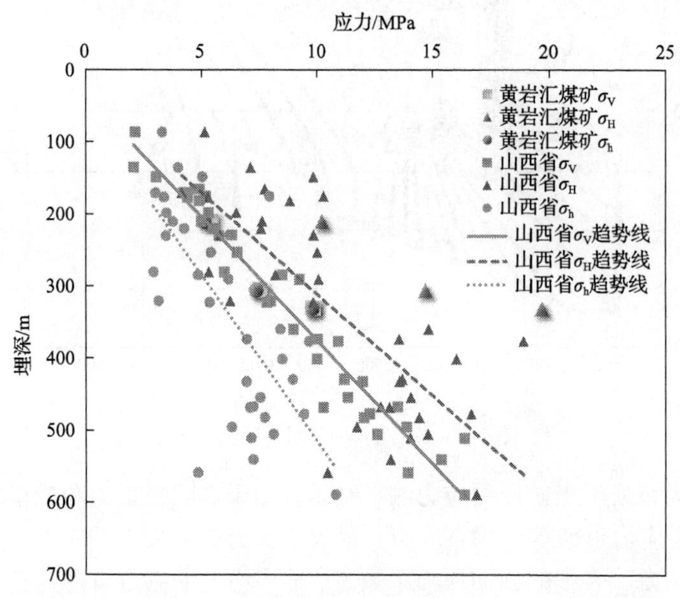

图 3-6 山西省和黄岩汇煤矿最大、中间和最小主应力分布对比

3.2 冲击倾向性煤体的细观结构特征

煤的冲击倾向性与煤的细观组分和微观结构密切相关[8-10]。Zhang 等[8]发现冲击倾向性与岩石材料的不均匀程度有关。同样，冯增朝和赵阳升[11]指出，具有冲击倾向性的煤的内部性质取决于煤样的微观均匀程度。潘结南等[12,13]揭示了岩石内部的组成和结构对岩石的冲击倾向性有重要作用，发现岩体的强度和杨氏模量随着非晶石英含量的增加而增大，随着蒙脱石和高岭石含量的增加而减小。苏承东等[14]进行了一系列单轴压缩试验，发现具有强冲击倾向性的煤样中的裂纹扩展极为剧烈。Wang 等[15]指出，具有强冲击倾向性的煤样含有大量的非结晶石英。Song 等[16]采用扫描电子显微镜(scanning electron microscope, SEM)和电磁辐射(electromagnetic radiation, EMR)的方法研究了煤样的强度、组分和微观结构。在研究中，由于均

匀的特征和平滑的截面断裂，冲击倾向性煤的破坏特征被认为是脆性破坏。

3.2.1　煤体矿物组分的 X 射线衍射分析

X 射线衍射法是测定晶体结构的重要手段。通过对材料进行 X 射线衍射，分析其衍射图谱，获得材料的成分、内部原子或分子的结构或形态等信息。近几十年来，X 射线衍射也被广泛应用于研究非晶体物质的物理结构。从现场取得巷道煤体的样本，采用 X 射线衍射法进行黏土矿物分析，来定性分析其矿物种类及相对含量，如图 3-7 和图 3-8 所示。

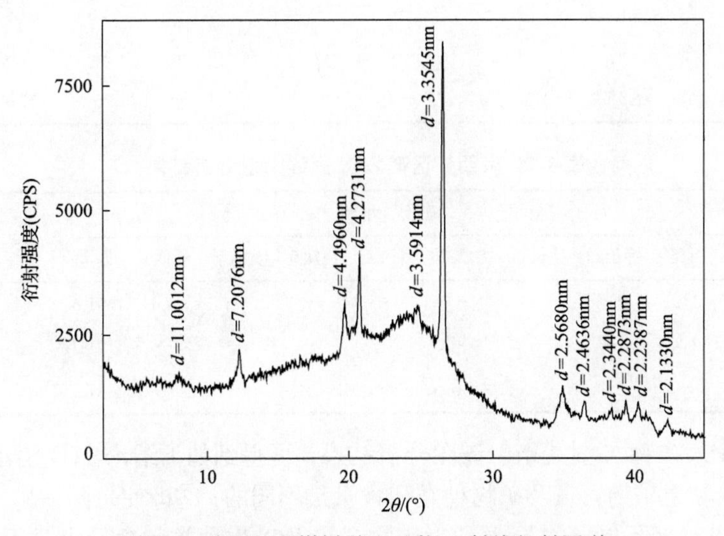

图 3-7　鸡西矿区煤样黏土矿物 X 射线衍射图谱

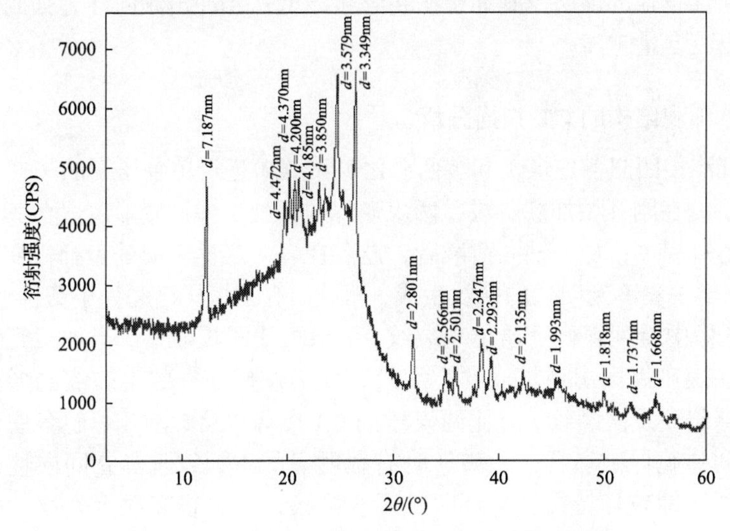

图 3-8　京西矿区煤样黏土矿物 X 射线衍射图谱

根据以上 X 射线衍射分析的结果，得出鸡西矿区和京西矿区实验煤样的黏土矿物成分及其相对含量，如表 3-6 和表 3-7 所示。

表 3-6　鸡西矿区矿物 X 射线衍射分析结果

实验号	编号	岩性	矿物含量/%									黏土矿物总量/%
			石英	钾长石	钠长石	方解石	白云石	锐钛矿	黄铁矿	菱铁矿	非晶质	
1	3#	煤	1.1	—	—	—	—	—	—	—	91.2	7.7
2	4#	煤	7.8	—	—	—	—	—	—	—	77.9	14.3
3	24#	煤	4.6	—	—	—	—	—	—	3.6	82.5	9.3
4	25#	煤	7.8	—	2.5	—	—	—	—	—	67.6	22.1
5	42#	煤	5.9	—	—	—	—	—	—	—	77.6	16.5

表 3-7　京西矿区矿物 X 射线衍射分析结果

冲击倾向性	矿物含量/%									黏土矿物总量/%
	石英	钾长石	钠长石	方解石	白云石	锐钛矿	黄铁矿	菱铁矿	非晶质	
强冲击煤	1.3	—	—	—	—	—	—	1.4	91.6	5.7
弱冲击煤	1.1	—	—	—	—	—	—	—	91.2	7.7
无冲击煤	—	—	—	1.0	—	—	—	—	81.5	7.8

根据全岩矿物 X 射线衍射谱图分析结果，可得到如下结论：①不同地质构造下，煤层内黏土矿物含量及矿物种类和含量是不同的；②即使是同一矿区的煤层，但由于成煤时期不同，煤层内黏土矿物含量及矿物种类和含量也是不一样的；③冲击倾向性越强的煤层，其黏土矿物含量越低；④冲击倾向性越强的煤层，其非晶质及石英含量越高。

3.2.2　煤体细观结构的 CT 扫描分析

选取开滦集团赵各庄煤矿和鸡西矿区城山煤矿进行单轴压缩的 CT 试验，如图 3-9 所示。在刚开始加载阶段，两煤矿煤样都处于弹性变形阶段，其内微裂纹正处在孕育过程中；加大轴向荷载后，赵各庄煤矿煤样依旧处于弹性变形阶段，从其 CT 图像中看不到明显的裂纹生成，而城山煤矿煤样已经处于塑性变形阶段，从其 CT 图像中看到煤样开始出现裂纹，裂纹处于扩展状态；当加载到峰值应力时，赵各庄煤矿煤样出现贯通的主裂纹，城山煤矿煤样的主裂纹已形成，并形成很多贯穿裂纹及次裂纹。对比两煤样的 CT 图像也可以看出，赵各庄煤矿煤样具有明显的弹脆性破坏特征，破坏时有很明显的主裂纹且具有同向性；城山煤矿煤样为弹塑性破坏特征，破坏时除了主裂纹，还有很多次生裂纹，裂纹演化方向复杂。

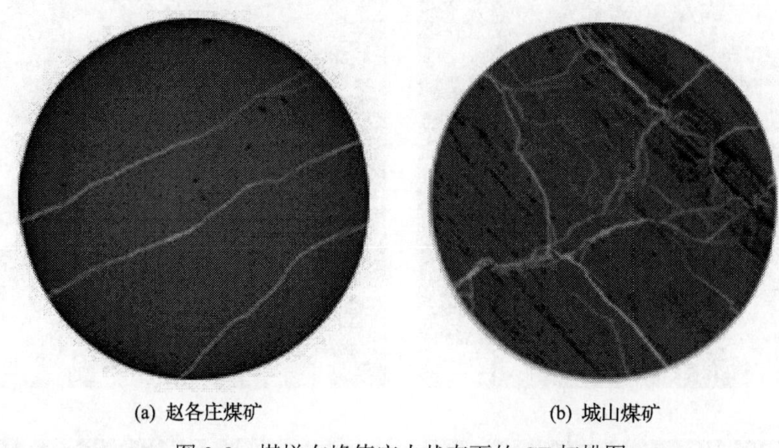

(a) 赵各庄煤矿　(b) 城山煤矿

图 3-9　煤样在峰值应力状态下的 CT 扫描图

综上所述，冲击倾向性煤体的破坏具有弹脆性破坏特征，这也解释了冲击地压的突发性，而无冲击倾向性煤体的破坏为弹塑性破坏，在主裂纹及次生裂纹的演化过程中会耗散一部分能量；冲击倾向性煤体的峰值应力比无冲击倾向性煤体的峰值应力要高。

3.2.3　煤体细观结构的 SEM 分析

扫描电子显微镜是研究岩体微观结构的一个重要手段，与光学显微镜及其他电子显微分析测试仪器相比，其具有样品制作简单快速、不破坏和损伤样品、观测视域广、图像景深大、放大倍数范围广且连续可调、能对样品表面进行多信息综合分析等特点。

图 3-10 给出了鸡西矿区不同冲击倾向性煤体表面微观形貌。分析可知：①煤体的微观结构特征和煤层宏观结构特征有一定的相似性，在一定条件下能够反映煤层宏观构造的基本特征和受力破坏历史情况；②不同冲击倾向性煤层煤样的表面微观形貌和结构特征均有一定的代表性，可以作为确定煤层冲击倾向性的辅助依据；③冲击倾向性较强的煤体，其微观结构表现为糜棱状、碎粒状及角砾化结构等特征，微观结构多样且复杂，而无冲击倾向性煤体的微观结构单一且均匀。

图 3-11 给出了京西矿区煤样微观形貌。可以看出，京西矿区煤样的微观结构表现为糜棱状、碎粒状及角砾化结构等特征，微观结构中颗粒之间胶结较好，无明显的裂隙，煤体整体性好，承载能力高，在外荷载作用下容易存储变形能。而矿物中非晶质及石英含量最高，黏土矿物含量很低。因此，京西矿区各矿井主采煤层均具有强冲击倾向性。

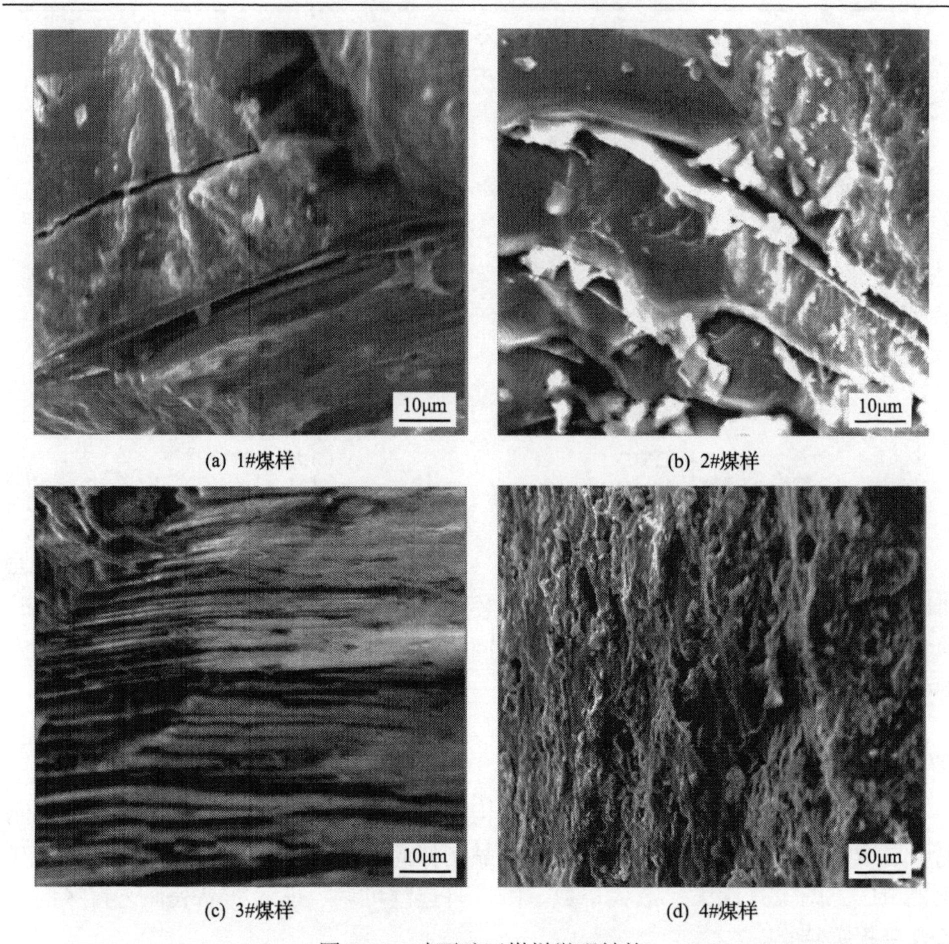

(a) 1#煤样　　(b) 2#煤样

(c) 3#煤样　　(d) 4#煤样

图 3-10　鸡西矿区煤样微观结构

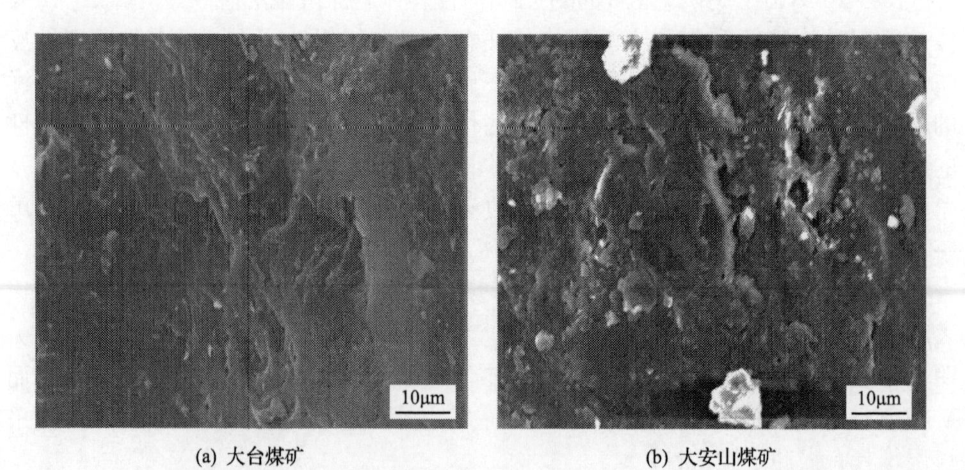

(a) 大台煤矿　　(b) 大安山煤矿

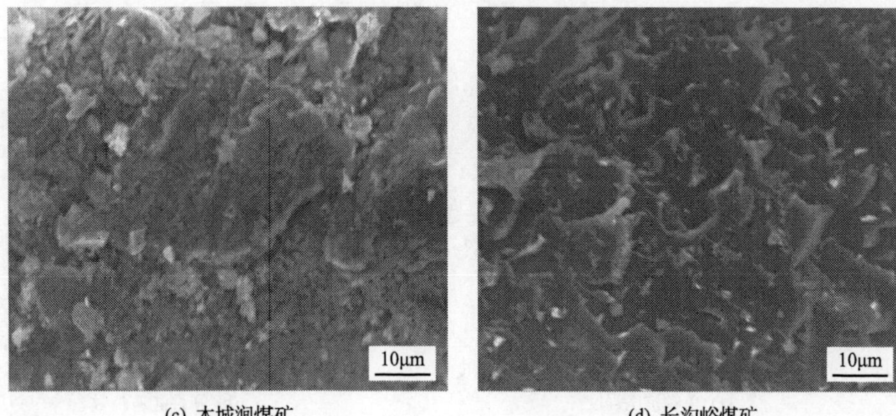

(c) 木城涧煤矿　(d) 长沟峪煤矿

图 3-11　京西矿区煤样微观形貌

3.3　煤体的冲击倾向性鉴定

冲击倾向性是煤的固有属性，通过分析煤的能量积聚能力可以对煤样发生冲击破坏的风险进行评估。根据我国目前的标准，冲击倾向性分为三个层次：强冲击倾向性、弱冲击倾向性和无冲击倾向性，用于评估煤的冲击倾向性的指标分别是单轴抗压强度(R_c)、弹性能量指数(W_{ET})、冲击能量指数(K_E)和动态破坏时间(D_t)，如表 3-8 所示。

表 3-8　中国现行标准中的冲击倾向性鉴定指标及分类

类别	Ⅰ类	Ⅱ类	Ⅲ类
动态破坏时间/ms	$D_t>500$	$50<D_t\leqslant 500$	$D_t\leqslant 50$
弹性能量指数	$W_{ET}<2$	$2\leqslant W_{ET}<5$	$W_{ET}\geqslant 5$
冲击能量指数	$K_E<1.5$	$1.5\leqslant K_E<5$	$K_E\geqslant 5$
单轴抗压强度/MPa	$R_c<7$	$7\leqslant R_c<14$	$R_c\geqslant 14$
冲击倾向性鉴定	无	弱	强

1. 单轴抗压强度

单轴抗压强度作为煤矿开采中最为常用的表征煤体力学性质的工程参数，由于可从实际工程中简单获得，且能直接指导工程，广泛应用于煤矿开采工程中的矿压、支护及冲击地压防治。因其与冲击倾向性密切相关，可以作为评估煤的冲击倾向性的指标，如图 3-12(a)所示。

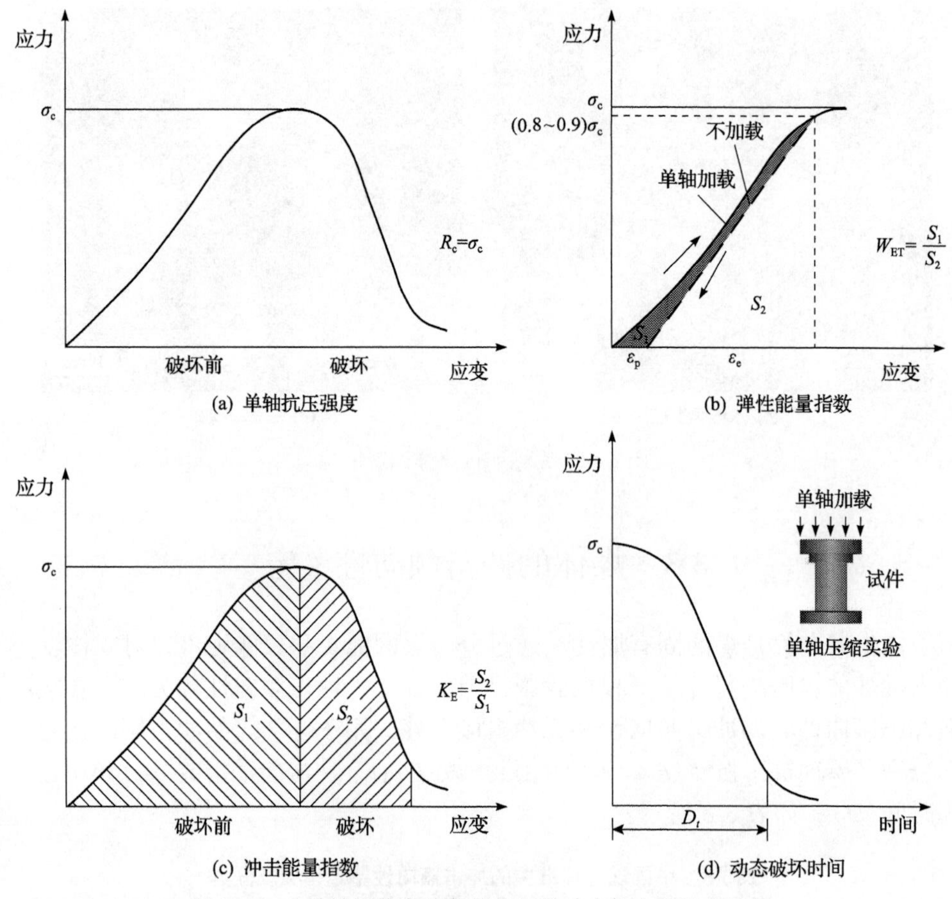

图 3-12　由单轴压缩实验获得的四种冲击倾向性鉴定指标

2. 弹性能量指数

弹性能量指数(图 3-12(b))定义为在达到煤峰值强度的 80%～90%时累积的弹性能量和耗散的塑性能量的比值。弹性能量指数越大，煤的冲击倾向性越高。

3. 冲击能量指数

冲击能量指数定义为在达到煤峰值强度之前累积的应变能与在达到煤峰值强度之后释放的应变能之比(图 3-12(c))。冲击能量指数越大,煤的冲击倾向性越高。

4. 动态破坏时间

动态破坏时间是指煤样峰值强度到完全破坏的时间跨度(图 3-12(d))，以 ms 表示。由于 D_t 表示积聚的能量释放的速度，因此 D_t 的值越小，煤的冲击倾向性越高。

正如 Kidybiński[17]所说，冲击倾向性是煤体积聚和释放弹性应变能的固有能力。因此，煤的冲击倾向性是能量储存和释放之间的分配问题。为了深入了解冲击倾向性与冲击地压之间的关系，除了这四个指标之外，广大学者还进行了大量基于能量积聚和释放的研究，获得新的冲击倾向性指标，如剩余能量指数、修正脆性指数、能量耗散指数、冲击能量速度、能量释放速度。张绪言等[18]提出了可用剩余能量释放速度指数来评估煤体每秒释放的能量。齐庆新等[19]指出，煤材料的脆性指数和含水率也可用于研究煤的冲击倾向性。在研究冲击应变能与波速之间关系的基础上，Cai 等[20-22]引入了冲击应变能指数来定量绘制中国煤矿冲击地压风险等值线，他们通过考虑微震监测结果，开发了一种模糊的综合评价方法。在他们的研究中，综合最大隶属度原则和可变模糊模式识别两个指标来预测冲击地压。Faradonbeh 和 Taheri[23]旨在通过基于遗传算法的神经网络、C4.5 算法和基因表达编程三个新指标来评估冲击地压的风险。通过考虑当前可用的数据库，Afraei 等[24]提出了综合预测变量，结合煤层的上覆岩层厚度、抗拉强度和脆性比来评估冲击地压的风险。Gale[25]指出冲击地压与能量有关，综合运用破坏速度、应变能抗力、地震能和气体能量指数来评估冲击倾向性风险。宫凤强等[26]提出了残余弹性能量指数来定量研究储存弹性能量密度、耗散能量密度和总输入能量密度之间的关系。

3.4　煤体冲击倾向性指标与力学参数的相关性

Kidybiński[17]利用以上四个指标研究了煤体积聚和释放弹性应变能的能力，评估了煤的冲击倾向性，并对煤的冲击倾向性进行了分类。Lippmann[27]基于研究岩石材料的渐进破裂过程和单轴压缩试验中的应力-应变曲线，分析了这四种冲击倾向性指标，并比较了它们各自的优势和局限性。Haramy 和 McDonnell[28]指出，煤具有储存应变能的能力，并强烈建议使用弹性能量指数来评估煤的冲击倾向性。Singh[29]进行了一系列试验来探索可用于衡量煤的冲击倾向性的参数，他引入冲击能量指数作为衡量煤的冲击倾向性的参数。Lee 等[30]使用弹性能量指数来评估深度大于 400m 隧道中存在的高冲击倾向性。苏承东等[31]利用这些指标评估了我国城郊煤矿煤层的冲击倾向性，并研究了这些指标之间的相关性。Wang 等[15]通过这些指标研究了煤的固有性质，并研究了导致冲击倾向性发生的内外因素之间的关系。

3.4.1　冲击倾向性煤样数据库的建立

如表 3-9 所示，在已发表的文献中选择 27 个煤样建立冲击倾向性煤样物理力学参数数据库，研究它们的应力-应变曲线和冲击倾向性指数。表中还列出了这些煤样的单轴抗压强度、弹性能量指数、冲击能量指数和动态破坏时间，根据我国现行标准确定冲击倾向性的综合结果。最后，选择了 17 个具有强冲击倾向性的煤样、6 个具有弱冲击倾向性的煤样和 4 个无冲击倾向性的煤样。表中还列出了这些煤样所在煤矿的地质条件。

表 3-9　煤样的冲击倾向性指标及采集样本地点的地质条件

煤样	冲击倾向性指标					矿区	地区	地质条件	参考文献
	R_c/MPa	W_{ET}	K_E	D_t/ms	结果				
1	27.26	9.36	12.02	12.11	强	赵固	河南	大量的断层和次生褶皱构造	苏承东等[14]
2	25.13	8.12	7.49	23.75	强	唐山	河北	存在主要褶皱和大量岛长壁开采面	潘结南等[12]
3	24.58	7.52	7.79	31.56	强	唐山	河北	存在主要褶皱和大量岛长壁开采面	潘结南等[12]
4	22.70	7.70	9.82	45.78	强	门头沟	北京	存在逆断层和岩层倾覆，褶皱结构如向斜和背斜交替存在	Okubo 等[32]
5	21.24	7.84	5.98	29.51	强	唐山	河北	存在主要褶皱和大量岛长壁开采面	潘结南等[12]
6	21.08	7.25	13.44	22.70	强	门头沟	北京	存在逆断层和岩层倾覆，褶皱结构如向斜和背斜交替存在	Okubo 等[32]
7	20.68	7.51	6.91	56.27	强	三交河	山西	存在一系列发达的褶皱和次生断层	Li 等[33]
8	20.39	6.12	13.26	51.68	强	平顶山	河南	存在一系列的断层和褶皱	苏承东等[34]
9	20.33	7.02	4.93	29.87	强	门头沟	北京	存在逆断层和岩层倾覆，褶皱结构如向斜和背斜交替存在	Okubo 等[32]
10	20.24	6.97	5.80	28.78	强	平顶山	河南	大量的断层和次生褶皱构造	苏承东等[34]
11	19.53	7.53	5.19	49.79	强	赵固	河南	大量的断层和次生褶皱构造	苏承东等[14]
12	18.65	6.91	4.26	45.41	强	漳村	山西	煤层以单斜褶皱结构存在	苏承东等[35]
13	16.71	6.34	3.35	38.88	强	千秋	河南	大量向斜构造，逆断层结构和极厚顶板地层	潘结南等[12]
14	16.65	6.29	5.12	42.32	强	城郊	河南	宽而平缓的斜坡褶皱结构伴有许多断层	苏承东等[31]
15	16.09	5.85	3.59	25.32	强	千秋	河南	大量向斜构造，逆断层结构和极厚顶板地层	潘结南等[12]
16	15.82	5.45	2.87	50.88	强	千秋	河南	大量向斜构造，逆断层结构和极厚顶板地层	潘结南等[12]
17	14.88	5.83	4.62	58.19	强	漳村	山西	煤层以单斜褶皱结构存在	苏承东等[35]
18	12.40	4.60	2.40	167.23	弱	平顶山	河南	存在一系列的断层和褶皱	苏承东等[34]
19	11.46	4.78	3.59	26.45	弱	城郊	河南	宽而平缓的斜坡褶皱结构，伴有许多断层	苏承东等[31]
20	11.03	4.03	3.98	187.85	弱	鸡西	黑龙江	大量的断层结构	Zhang 等[36]
21	10.41	2.73	2.01	267.32	弱	平顶山	河南	存在一系列的断层和褶皱	苏承东等[34]
22	9.08	3.51	2.26	368.00	弱	城郊	河南	宽而平缓的斜坡褶皱结构，伴有许多断层	苏承东等[31]
23	8.67	2.97	2.62	110.45	弱	平顶山	河南	存在一系列的断层和褶皱	苏承东等[34]
24	6.87	2.48	0.64	548.20	无	平顶山	河南	存在一系列的断层和褶皱	苏承东等[34]
25	6.64	1.99	1.88	517.06	无	城郊	河南	宽而平缓的斜坡褶皱结构，伴有许多断层	苏承东等[31]
26	6.07	0.89	1.29	514.40	无	城郊	河南	宽而平缓的斜坡褶皱结构，伴有许多断层	苏承东等[31]
27	4.98	1.02	1.23	426.13	无	城郊	河南	宽而平缓的斜坡褶皱结构，伴有许多断层	苏承东等[31]

图 3-13 和表 3-9 尽管给出了应力-应变曲线和冲击倾向性鉴定结果，但是煤的

性质并不能完全确定，例如，在冲击倾向性鉴定试验中不能获得弹性模量、黏聚力、内摩擦角和抗拉强度。为了研究煤的物理力学参数与冲击倾向性之间的关系，对这 27 条应力-应变曲线进行数值拟合，以便在下面的研究中获得煤的性质。

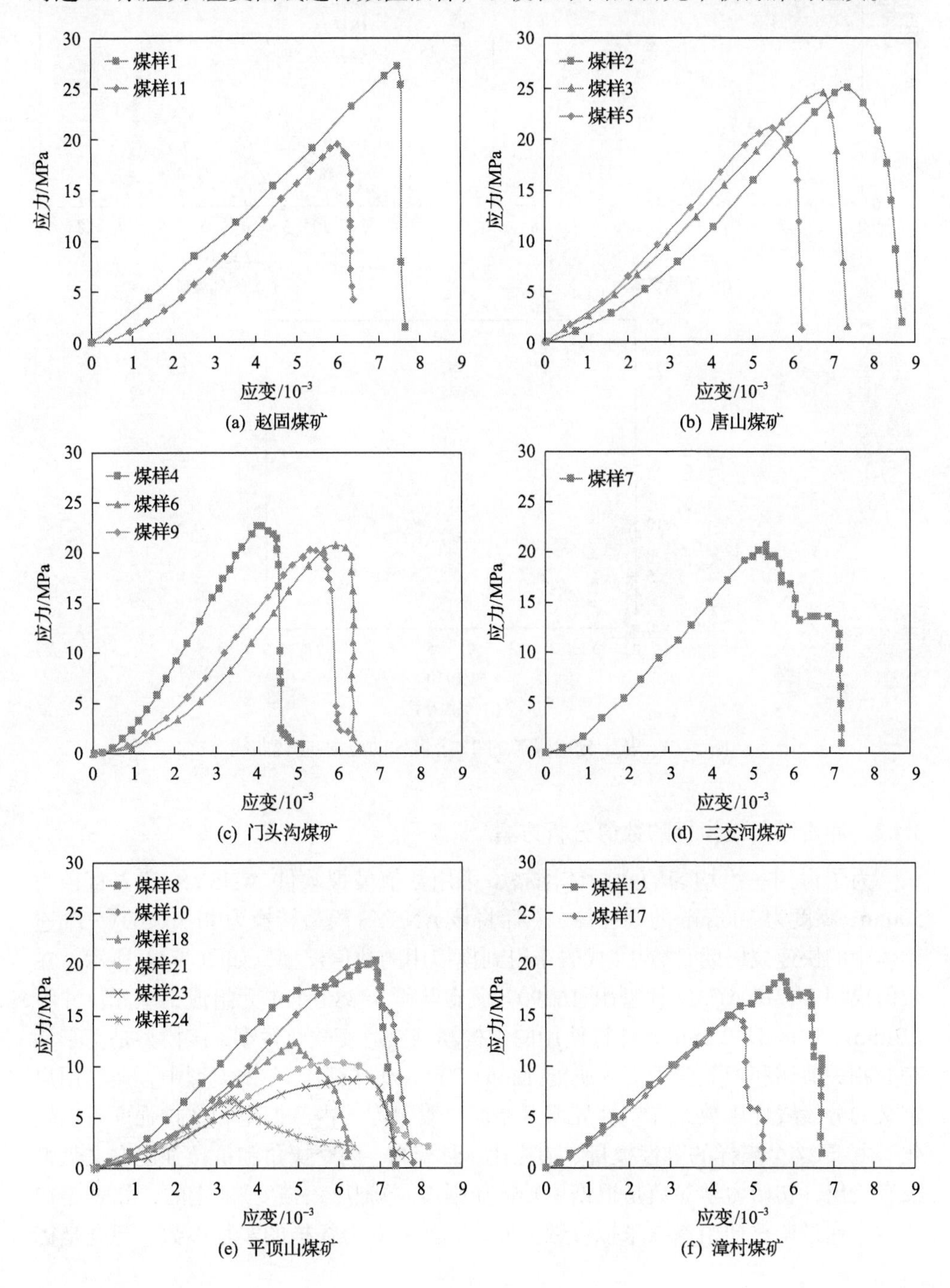

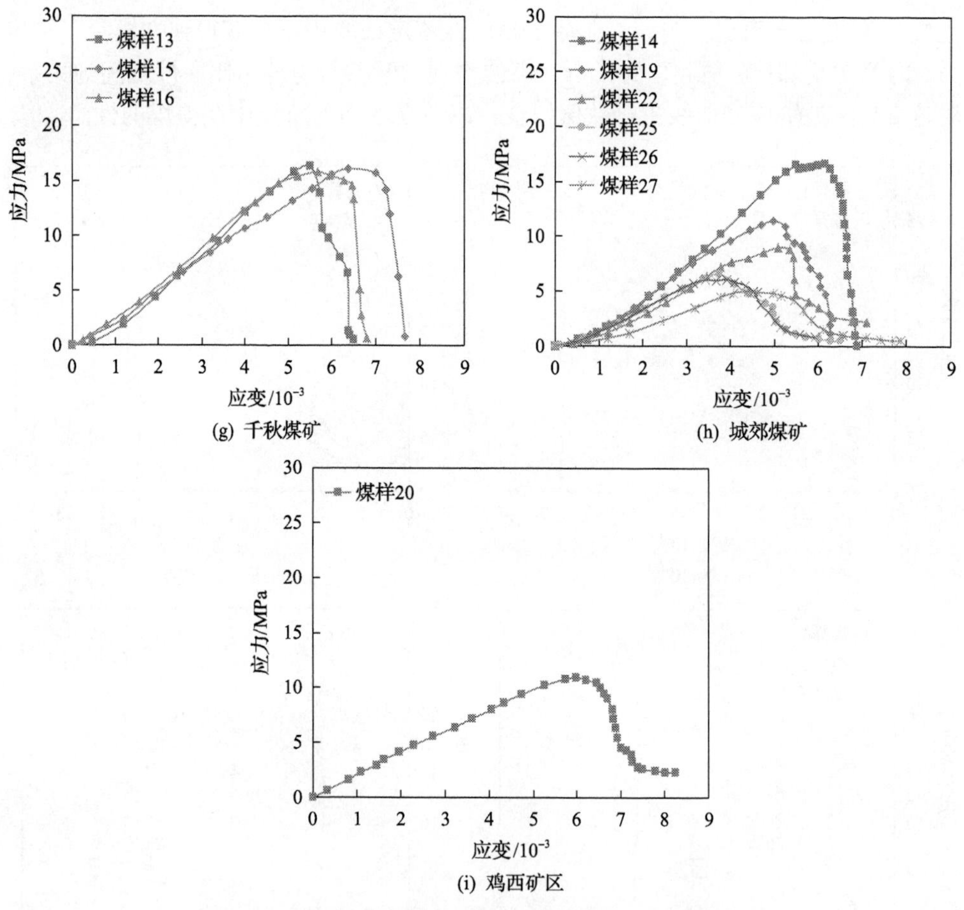

图 3-13　基于分组煤矿的 27 个煤样的应力-应变曲线

3.4.2　冲击倾向性指标的数值分析方案

为了得到一组均匀的六面体网格，采用数值模拟软件 ANSYS 建立直径为 50mm、高度为 100mm 的圆柱体，然后将该 ANSYS 模型转换为 FLAC3D(三维连续体中的快速拉格朗日分析)代码来得到模拟用的数值模型，如图 3-14 所示。在数值模型中，FLAC3D 模型由 162909 个节点和 38880 个单元组成，单元尺寸为 2.2mm×1.4mm×2.5mm。计算使用的本构模型是应变软化模型，该模型是基于具有非相关剪切和相关张力流规则的 Mohr-Coulomb 模型。在该模型中，通过用户定义的分段线性函数，在塑性屈服开始后，黏聚力、内摩擦角和抗拉强度可以软化。由于 27 个煤样的弹性模量、泊松比、黏聚力、内摩擦角和抗拉强度在文献中没有给出，初始力学参数是根据单轴抗压强度(单轴压缩强度)确定的，如表 3-10 所示。通过调整初始参数来拟合数值曲线，然后获得煤样的实际参数。建立坐标系，其中 x 轴和 y 轴位于圆柱体的底部，z 轴指向圆柱轴。固定模型底部 z 方向位移，在模型顶部 z 方向上以 5×10^{-5}mm/步的恒定速度施加荷载，以模拟试样的压缩，如图 3-14 所示。

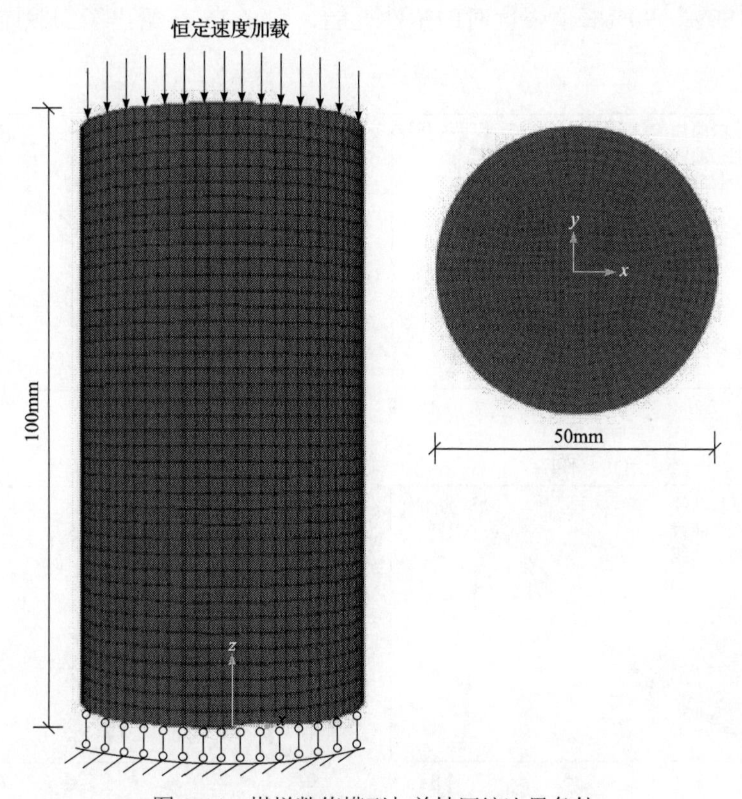

图 3-14　煤样数值模型与单轴压缩边界条件

表 3-10　最初用于数值模拟的经验参数

单轴抗压强度/MPa	弹性模量/GPa	泊松比	黏聚力/MPa	内摩擦角/(°)	抗拉强度/MPa
4.90～10.0	0.29～2.45	0.1～0.30	0.98～9.81	19～40	0.24～5.79
9.81～15.7	2.45～6.37	0.1～0.30	1.96～3.92	28～35	1.47～2.45
19.6～49.0	8.83～22.60	0.1～0.35	3.92～5.88	35～45	1.96～9.81

在该研究中，根据以下步骤开展数值模拟研究。

(1) 对 27 个煤样的应力-应变曲线进行数值拟合。

(2) 确定 27 个煤样的力学参数，如弹性模量、泊松比、黏聚力、内摩擦角、抗拉强度和单轴抗压强度。

(3) 分析试样的冲击倾向性与力学参数之间的关系。

(4) 研究具有不均匀性质的煤的冲击倾向性。

图 3-15 给出了 27 个煤样的数值拟合应力-应变曲线，数值拟合曲线和试验曲线之间的偏差也在该图中给出。结果表明，由于试验与数值结果之间的大部分拟合度大于 98%，数值拟合应力-应变曲线可用于研究煤样的物理力学参数。为了计算 80%～90%峰值强度时的塑性耗能，图 3-15 还给出了卸载应力-应变曲线。

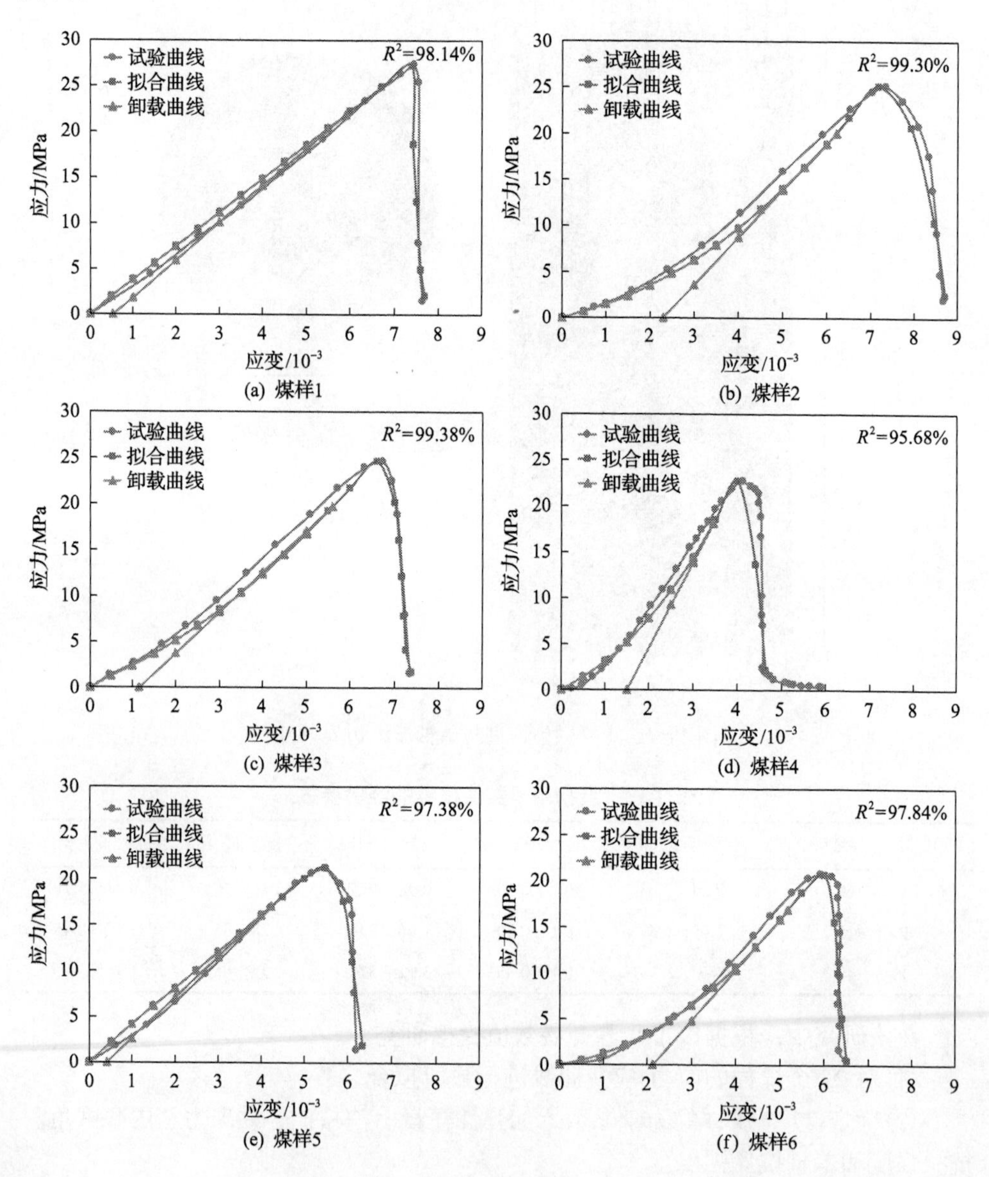

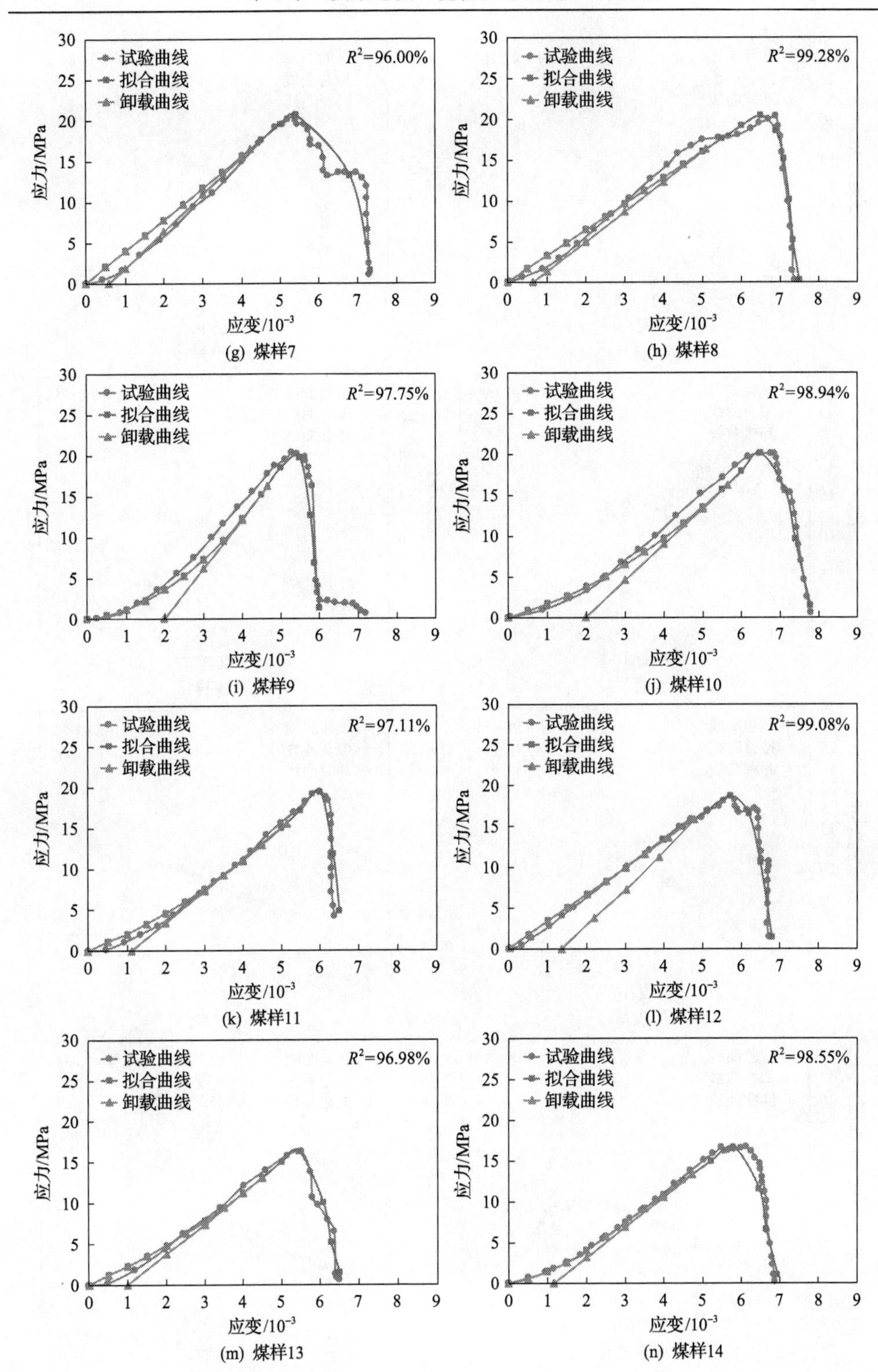

(g) 煤样7

(h) 煤样8

(i) 煤样9

(j) 煤样10

(k) 煤样11

(l) 煤样12

(m) 煤样13

(n) 煤样14

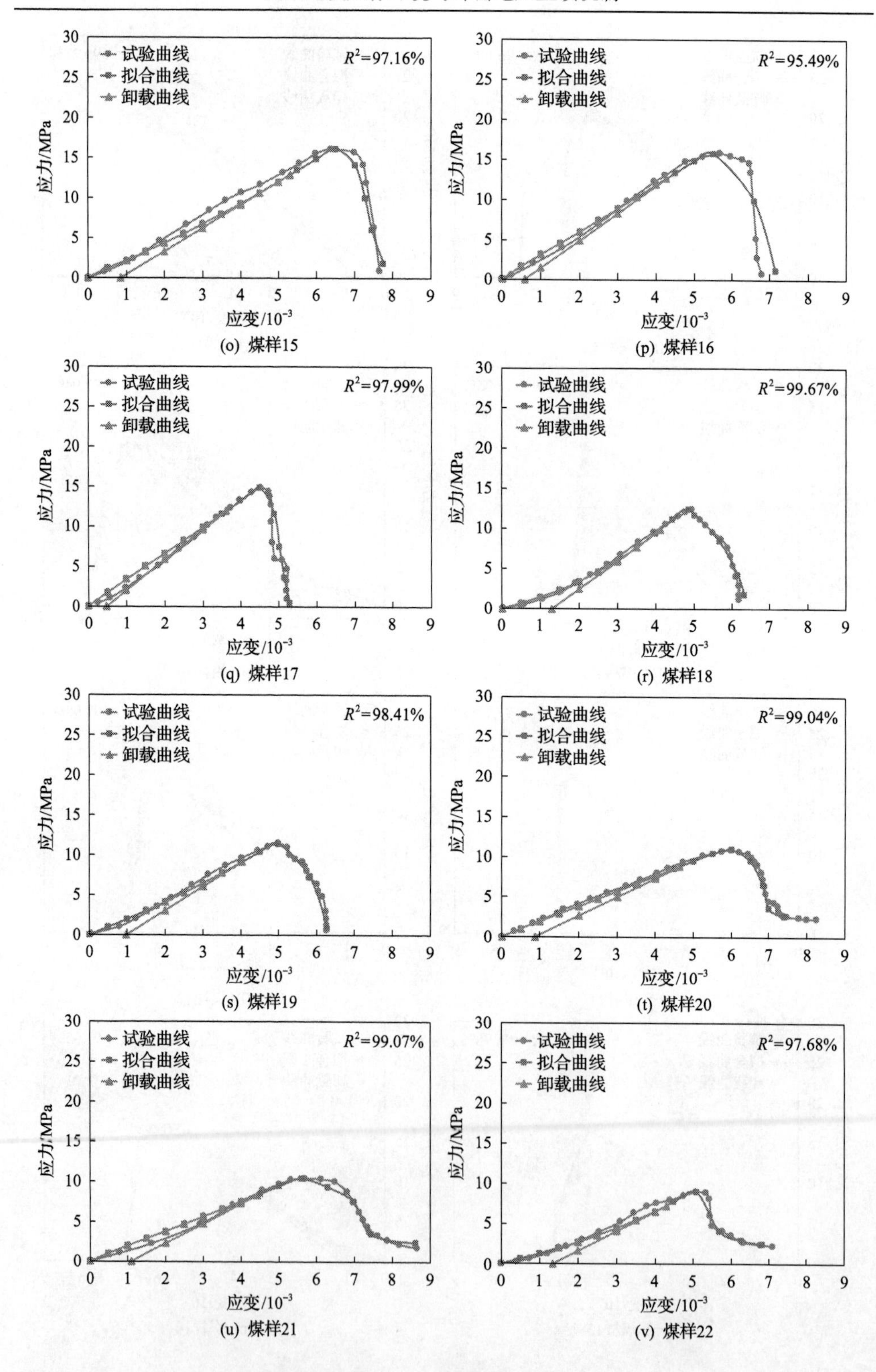

(o) 煤样15　(p) 煤样16

(q) 煤样17　(r) 煤样18

(s) 煤样19　(t) 煤样20

(u) 煤样21　(v) 煤样22

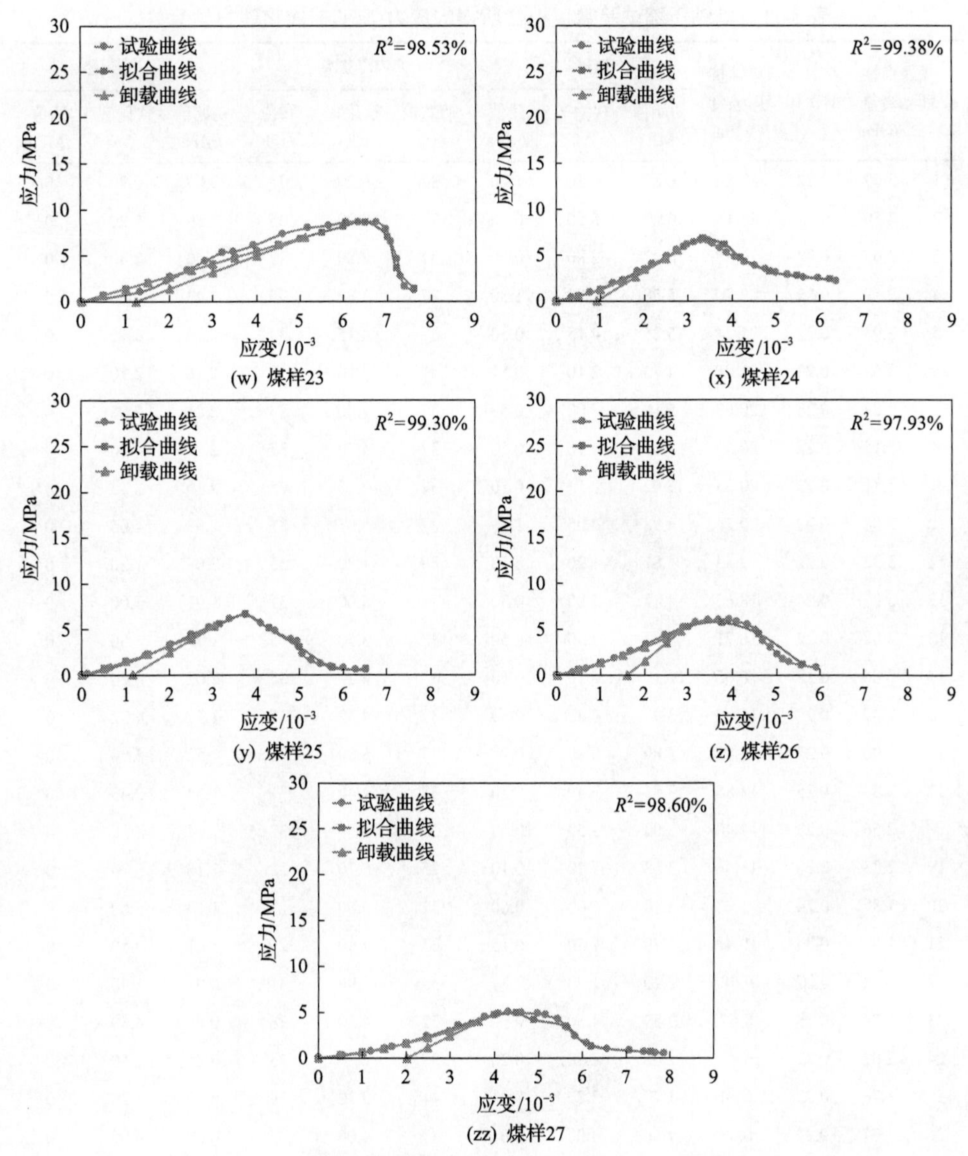

图 3-15　27 个煤样的单轴压缩试验数值拟合应力-应变曲线

表 3-11 列出了用于模拟 27 个煤样应力-应变曲线的数值参数。可以看出，内摩擦角几乎没有变化。根据表中的经验参数，当单轴抗压强度从 4.98MPa 变化到 27.26MPa 时，内摩擦角具有相对较小的变化。因此，内摩擦角将被视为常数，并且在研究中未分析其对冲击倾向性的影响。

表 3-11 单轴压缩试验数值拟合所得的应力-应变曲线物理力学参数

煤样	弹性模量/GPa	泊松比	单轴抗压强度/MPa	黏聚力			内摩擦角			抗拉强度		
				初始值/MPa	软化率/%	残值/MPa	初始值/(°)	软化率/%	残值/(°)	初始值/MPa	软化率/%	残值/MPa
1	3.69	0.22	27.26	6.82	0.20	1.00	37	0.20	35	2.87	0.20	0
2	3.50	0.22	25.13	6.20	5.20	0.30	37	5.20	35	2.89	5.20	0
3	3.65	0.22	24.58	6.07	2.80	0.50	37	2.80	35	2.43	2.80	0
4	3.58	0.22	22.70	5.58	1.80	1.50	37	1.80	35	2.43	1.80	0
5	3.93	0.22	21.24	5.25	4.15	0.30	37	4.15	33	2.16	4.15	0
6	3.57	0.22	21.08	4.73	2.10	0.51	41	2.10	39	2.18	2.10	0
7	3.82	0.23	20.68	5.10	7.00	0.50	37	7.00	35	2.21	7.00	0
8	3.15	0.22	20.39	5.05	4.70	0.50	37	4.70	35	2.20	4.70	0
9	3.81	0.22	20.33	5.02	2.15	0.50	37	2.15	35	2.10	2.15	0
10	3.08	0.22	20.24	4.98	4.05	1.50	37	4.05	35	2.03	4.05	0
11	3.22	0.22	19.53	4.81	1.20	0.50	38	1.20	35	2.07	1.20	0
12	3.27	0.25	18.65	4.82	5.00	0.30	35	5.00	31	1.91	5.00	0
13	3.02	0.22	16.71	4.02	3.50	0.50	37	3.50	35	1.78	3.50	0
14	2.86	0.22	16.65	4.10	4.20	0.10	37	4.20	35	2.02	4.20	0
15	2.47	0.22	16.09	3.97	4.32	0.50	37	4.32	35	1.77	4.32	0
16	2.90	0.22	15.82	3.89	5.80	0.28	37	5.80	35	1.53	5.80	0
17	3.24	0.25	14.88	3.85	2.40	0.30	35	2.40	31	1.54	2.40	0
18	2.56	0.23	12.40	3.03	3.50	0.50	35	3.50	32	1.24	3.50	0
19	2.33	0.28	11.46	3.63	5.70	0.10	25	5.70	22	1.18	5.70	0
20	1.87	0.24	11.03	3.10	5.00	0.60	31	5.00	27	1.14	5.00	0
21	1.83	0.24	10.41	2.79	7.50	0.15	33	7.50	29	1.01	7.50	0
22	1.78	0.27	9.08	2.20	1.90	0.80	35	1.90	31	0.93	1.90	0
23	1.34	0.25	8.67	2.39	4.50	0.30	32	4.50	28	0.89	4.50	0
24	2.02	0.22	6.87	1.66	2.50	0.20	37	2.50	35	0.75	2.50	0
25	1.78	0.22	6.64	1.47	3.20	0.01	41	3.20	39	0.70	3.20	0
26	1.77	0.22	6.07	1.46	4.00	0.01	37	4.00	35	0.67	4.00	0
27	1.16	0.22	4.98	1.19	3.55	0.10	37	3.55	35	0.55	3.55	0

如图 3-15 所示，通过应力-应变曲线下的面积计算冲击倾向性评估指数。从图 3-15 中可以看出，峰值强度之前的曲线和卸载之后的曲线可近似视为线性。以煤样 12 为例，图 3-16 给出了峰值强度前的应力-应变曲线、峰值强度 80%～90%时的卸载曲线和峰值强度后的曲线。如果假设这三条曲线满足某个函数方程，并且将 27 个煤样的 E_1、E_2 和 E_3 参数列在表 3-12 中，表中还给出了煤样的单轴抗压强度。

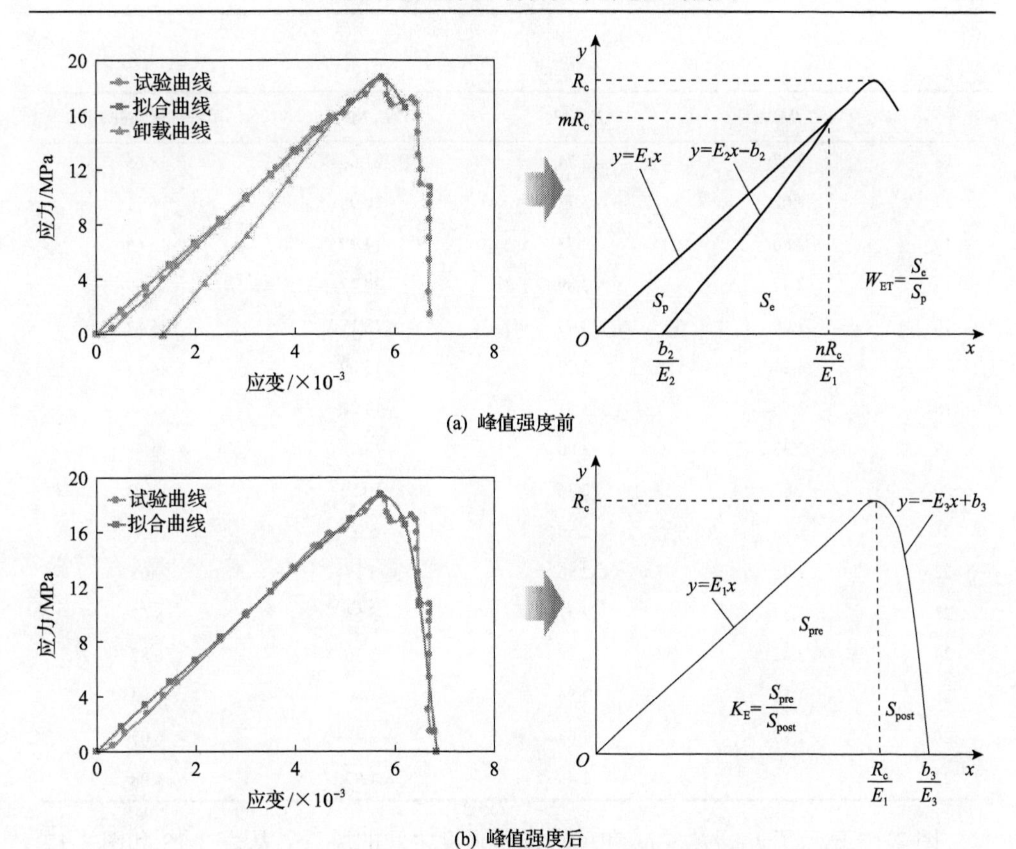

图 3-16　应力-应变曲线的函数方程

表 3-12　峰值强度前应力-应变曲线的 E_1、E_2 和 E_3 参数

煤样	E_1/MPa	E_2/MPa	E_3/MPa	单轴抗压强度/MPa
1	3.69	4.80	79.02	27.26
2	3.50	4.24	73.12	25.13
3	3.65	4.43	70.35	24.58
4	3.58	6.67	55.33	22.70
5	3.93	4.43	50.13	21.24
6	3.57	4.32	35.16	21.08
7	3.82	4.53	30.65	20.68
8	3.15	3.66	35.93	20.39
9	3.81	4.58	28.33	20.33
10	3.08	3.73	27.63	20.24
11	3.22	3.86	22.37	19.53

续表

煤样	E_1/MPa	E_2/MPa	E_3/MPa	单轴抗压强度/MPa
12	3.27	3.74	21.66	18.65
13	3.02	3.73	20.98	16.71
14	2.86	3.73	14.99	16.65
15	2.47	2.89	20.27	16.09
16	2.90	3.43	18.17	15.82
17	3.24	3.79	15.09	14.88
18	2.56	3.51	14.20	12.40
19	2.33	3.00	13.72	11.46
20	1.87	2.34	10.52	11.03
21	1.83	2.50	5.02	10.41
22	1.78	2.46	3.37	9.08
23	1.34	2.32	5.53	8.67
24	2.02	2.98	1.56	6.87
25	1.78	2.84	1.80	6.64
26	1.77	2.62	2.49	6.07
27	1.16	2.46	1.97	4.98

图 3-17 显示了 E_1、E_2、E_3 和单轴抗压强度之间的关系。从表 3-12 和图 3-17 可以看出，E_1、E_2 和 E_3 的变化与单轴抗压强度密切相关。

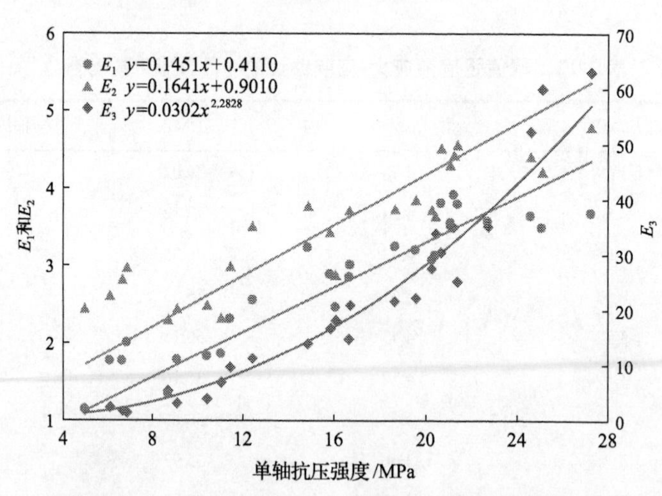

图 3-17 E_1、E_2 和 E_3 与 27 个煤样单轴抗压强度的关系

随着单轴抗压强度的增加，E_1 和 E_2 近似线性增加，而研究中假设 E_3 和单轴

抗压强度之间呈指数关系。因此，E_1、E_2、E_3 和单轴抗压强度之间的关系可以假定为

$$E_1 = k_1 R_c + e_1 \tag{3-10}$$

$$E_2 = k_2 R_c + e_2 \tag{3-11}$$

$$E_3 = k_3 R_c + e_3 \tag{3-12}$$

其中，k_1、k_2、k_3、e_1、e_2 和 e_3 为常数；R_c 为煤样的单轴抗压强度。

根据图 3-16 中的曲线系数，卸载和峰值强度后曲线的截距为

$$b_2 = \left(\frac{E_2}{E_1} - 1\right) n R_c \tag{3-13}$$

$$b_3 = \left(1 + \frac{E_3}{E_1}\right) R_c \tag{3-14}$$

其中，参数 n 为煤样峰值强度的 80%和 90%的比值。

根据表 3-10 中煤样的数值模拟参数和表 3-9 中相应的冲击倾向性评估指标，研究这些指标与黏聚力之间的关系，并揭示煤物理力学性质对冲击倾向性评估指标的影响。此外，推导出冲击倾向性评估指标与黏聚力之间的理论关系，并与数值结果进行比较，如图 3-18～图 3-21 所示，图中绘制了两条虚线以呈现强冲击倾向性的最小边界(上虚线)和弱冲击倾向性的最小边界(下虚线)。

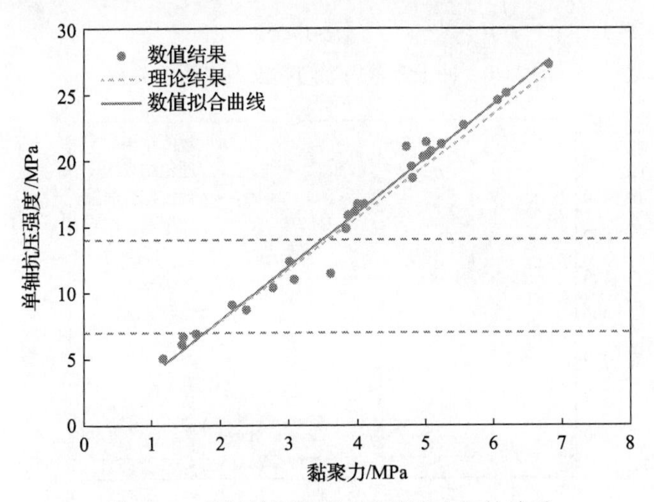

图 3-18　单轴抗压强度与黏聚力之间的关系

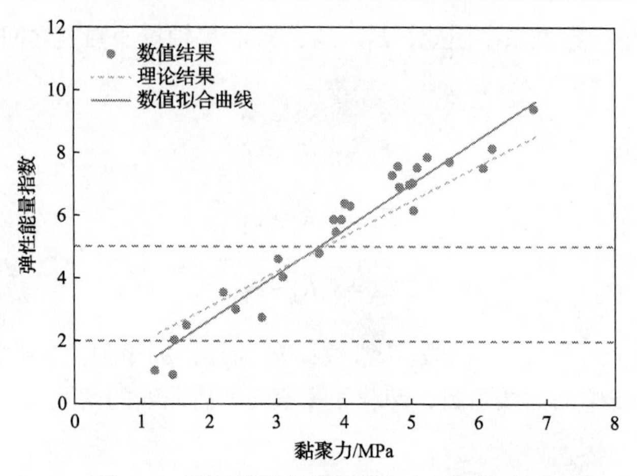

图 3-19　弹性能量指数与黏聚力之间的关系

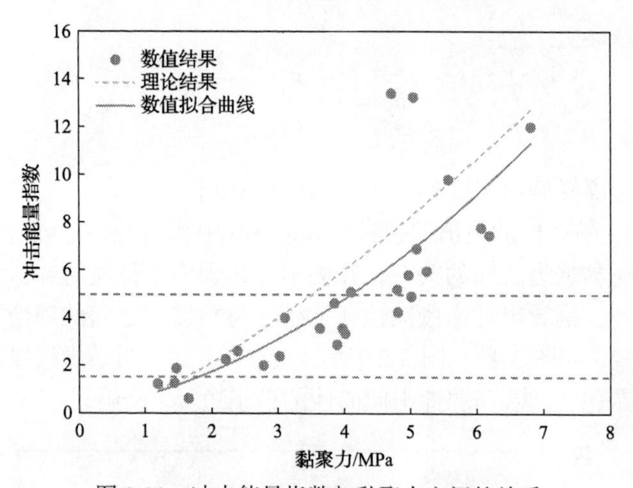

图 3-20　冲击能量指数与黏聚力之间的关系

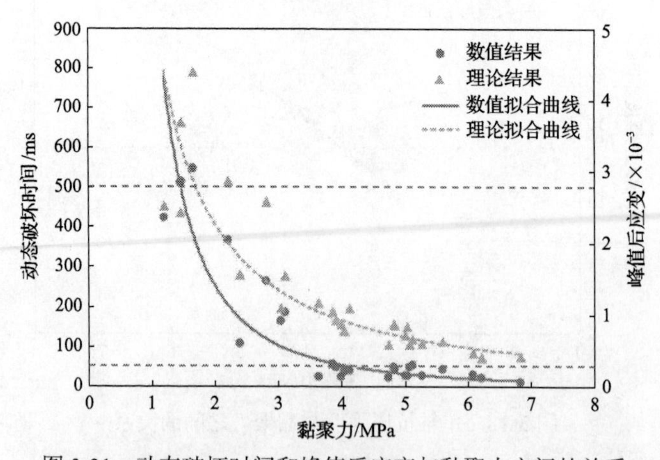

图 3-21　动态破坏时间和峰值后应变与黏聚力之间的关系

3.4.3　单轴抗压强度和黏聚力的关系

图 3-18 给出了单轴抗压强度与黏聚力之间的关系。结果表明，单轴抗压强度随着黏聚力的增加呈线性增加。根据 Mohr-Coulomb 准则，单轴抗压强度与黏聚力和内摩擦角有关，即

$$R_c = \frac{2c\cos\varphi}{1-\sin\varphi} \tag{3-15}$$

其中，c 为黏聚力；φ 为煤样的内摩擦角。

根据式(3-15)，如果内摩擦角是恒定的，则可以获得黏聚力与单轴抗压强度之间的理论线性关系。从图 3-18 可以看出，该理论结果和数值结果非常一致。此外，还可以看出，当黏聚力约大于 3.5MPa 时具有强冲击倾向性，当黏聚力约大于 2.0MPa 时具有弱冲击倾向性。

3.4.4　弹性能量指数和黏聚力的关系

图 3-19 给出了弹性能量指数与黏聚力之间的关系。从数值结果可以看出，随着黏聚力的增加，弹性能量指数近似线性增加。

根据我国目前的标准[37]，弹性能量指数定义为在煤峰值强度的 80%～90%时积聚的弹性能量（S_e）和消耗塑性能量（S_p）的比值。如图 3-16 所示，S_e 和 S_p 的计算公式为

$$S_e = \int_{\frac{b_2}{E_2}}^{\frac{nR_c}{E_1}} (E_2 x - b_2)\,dx = \frac{1}{2}\left(\frac{nR_c}{E_1} - \frac{b_2}{E_2}\right)nR_c \tag{3-16}$$

$$S_p = \int_0^{\frac{nR_c}{E_1}} E_1 x dx - \int_{\frac{b_2}{E_2}}^{\frac{nR_c}{E_1}} (E_2 x - b_2)\,dx = \frac{1}{2}\frac{b_2}{E_2} nR_c \tag{3-17}$$

将式(3-10)、式(3-11)和式(3-13)代入式(3-16)和式(3-17)，可得弹性能量指数为

$$W_{ET} = \frac{S_e}{S_p} = \frac{E_2}{E_1 b_2} nR_c - 1 = \frac{E_1}{E_2 - E_1} = \frac{k_1 R_c + e_1}{(k_2 - k_1)R_c + (e_2 - e_1)} \tag{3-18}$$

将式(3-15)代入式(3-18)可得弹性能量指数和黏聚力之间的关系为

$$W_{ET} = \frac{2ck_1\cos\varphi + e_1(1-\sin\varphi)}{2c(k_2 - k_1)\cos\varphi + (e_2 - e_1)(1-\sin\varphi)} \tag{3-19}$$

因此，如果内摩擦角恒定，则获得弹性能量指数和黏聚力之间的近似线性关系。从图 3-19 可以看出，该理论结果与数值结果基本一致。还可以看出，当黏聚力约大于 3.5MPa 时具有强冲击倾向性，当黏聚力约大于 1.5MPa 时具有弱冲击倾向性。

3.4.5 冲击能量指数和黏聚力的关系

图 3-20 给出了冲击能量指数与黏聚力之间的关系。可以看出，冲击能量指数随着黏聚力的增加呈非线性增加。当黏聚力在 1.5～3.5MPa 时，冲击能量指数逐渐增加，而当黏聚力大于 3.5MPa 时，冲击能量指数急剧增加。

根据我国目前的标准[37]，冲击能量指数定义为峰值强度之前累积的应变能量（S_{pre}）与峰值强度之后释放的应变能量（S_{post}）之比。如图 3-16 所示，峰值强度之前累积的应变能量和峰值强度之后释放的应变能量计算公式为

$$S_{\text{pre}} = \int_0^{\frac{R_c}{E_1}} E_1 x \mathrm{d}x = \frac{R_c^2}{2E_1} \tag{3-20}$$

$$S_{\text{post}} = \int_{\frac{R_c}{E_1}}^{\frac{b_3}{E_3}} (-E_3 x + b_3) \mathrm{d}x = \frac{1}{2}\left(\frac{b_3}{E_3} - \frac{R_c}{E_1}\right) R_c \tag{3-21}$$

将式(3-10)、式(3-12)和式(3-14)代入式(3-20)和式(3-21)，可得冲击能量指数为

$$K_{\text{E}} = \frac{S_{\text{pre}}}{S_{\text{post}}} = \frac{\dfrac{R_c}{E_1}}{\dfrac{b_3}{E_3} - \dfrac{R_c}{E_1}} = \frac{E_3}{E_1} = \frac{k_3 R_c^{e_3}}{k_1 R_c + e_1} \tag{3-22}$$

将式(3-15)代入式(3-22)可得冲击能量指数和黏聚力之间的关系为

$$K_{\text{E}} = \frac{k_3 (2c\cos\varphi)^{e_3}}{2k_1 c\cos\varphi(1-\sin\varphi)^{e_3 - 1} + e_1(1-\sin\varphi)^{e_3}} \tag{3-23}$$

如果内摩擦角恒定，则获得冲击能量指数与黏聚力之间的幂函数关系。从图 3-20 可以看出，该理论结果与数值结果基本一致。此外，还可以看出，当黏聚力约大于 4.0MPa 时具有强冲击倾向性，当黏聚力约大于 1.5MPa 时具有弱冲击倾向性。

3.4.6 动态破坏时间和黏聚力的关系

图 3-21 给出了动态破坏时间与黏聚力之间的关系。可以看出，动态破坏时间随着黏聚力的增加呈非线性降低。当黏聚力为 1.5～3.5MPa 时，动态破坏时间急

剧下降，而当黏聚力大于 3.5MPa 时，动态破坏时间缓慢降低。

根据图 3-12(d)，峰值后的应变和动态破坏时间均能表征煤样从峰值强度到完全破坏的状态变化。因此，动态破坏时间可以用该部分的峰值后应变代替，以研究动态破坏时间与黏聚力之间的关系。峰值后应变为

$$\varepsilon_{\text{post}}=\frac{R_{\text{c}}}{E_3}=\frac{1}{k_3 R_{\text{c}}^{e_3-1}} \tag{3-24}$$

将式(3-15)代入式(3-24)可得峰值后应变和黏聚力之间的关系为

$$\varepsilon_{\text{post}}=\frac{R_{\text{c}}}{E_3}=\frac{(1-\sin\varphi)^{e_3-1}}{k_3(2c\cos\varphi)^{e_3-1}} \tag{3-25}$$

如果内摩擦角是恒定的，则可以获得后峰值应变和黏聚力之间的幂函数关系，从图 3-21 可以看出，该理论结果与数值结果基本一致。还可以看出，当黏聚力约大于 4.0MPa 时具有强冲击倾向性，当黏聚力介于 1.5MPa 和 4MPa 时具有弱冲击倾向性，当黏聚力约小于 1.5MPa 时判定为无冲击倾向性。

3.4.7　非均质煤体力学参数与冲击倾向性的关系

目前煤矿常用的取煤样的方法为钻孔取样法，这种取样方法一般会导致煤样中心的强度大于边缘的强度。为了研究煤样的这种非均质性与其物理力学性质及冲击倾向性的相关性，本节利用 8 种分布的概率密度函数对数值模型进行黏聚力赋值，研究这种非均质性对冲击倾向性的影响。此外，比较了均质煤样和非均质煤样的剪切应变率云图和塑性破坏区云图，研究煤样的破坏特征及破坏机理。

概率分布是统计描述材料力学性质分布、分析煤岩非均质性特征的常用方法。本节使用韦布尔(Weibull)分布、正态(Normal)分布、瑞利(Rayleigh)分布、卡方(Chi-square)分布、T(Student's)分布、指数(Exponent)分布、柯西(Cauchy)分布及 F(Fisher)分布 8 种分布的概率密度函数来指派数值模型的黏聚力。表 3-13 列出了这 8 种概率密度函数及其数学期望和方差。

表 3-13　用于模拟数值模型中黏聚力非均匀分布的 8 种概率密度函数

分布	概率密度函数($x>0$)	数学期望	方差
Weibull	$f(x)=\frac{m}{x_0}\left(\frac{x}{x_0}\right)^{m-1}\mathrm{e}^{-\left(\frac{x}{x_0}\right)^m}$	$x_0\Gamma\left(\frac{1}{m}+1\right)$	$x_0^2\left\{\Gamma\left(\frac{2}{m}+1\right)-\left[\Gamma\left(\frac{1}{m}+1\right)\right]^2\right\}$
Normal	$f(x)=\frac{1}{\sqrt{2\pi}\sigma}\mathrm{e}^{-(x-\mu)^2/(2\sigma^2)}$	μ	σ^2

续表

分布	概率密度函数($x>0$)	数学期望	方差
Rayleigh	$f(x)=\frac{x}{\sigma^2}\mathrm{e}^{-x^2/(2\sigma^2)}$	$\sqrt{\frac{\pi}{2}}\sigma$	$\frac{4-\pi}{2}\sigma^2$
Chi-square	$f(x)=\frac{1}{2^{n/2}\Gamma\left(\frac{n}{2}\right)}x^{\frac{n}{2}-1}\mathrm{e}^{-\frac{x}{2}}$	n	$2n$
Student's	$f(x)=\frac{\Gamma\left(\frac{n+1}{2}\right)}{\sqrt{n\pi}\Gamma\left(\frac{n}{2}\right)}\left(1+\frac{x^2}{n}\right)^{-\frac{n+1}{2}}$	0	$\frac{n}{n-2},n>2$
Exponent	$f(x)=\frac{1}{\lambda}\mathrm{e}^{-x/\lambda}$	λ	λ^2
Cauchy	$f(x)=\frac{1}{\pi}\frac{\lambda}{\lambda^2+(x-a)^2}$	—	—
Fisher	$f(x)=\frac{\Gamma\left(\frac{n_1+n_2}{2}\right)\left(\frac{n_1}{n_2}\right)\left(\frac{n_1}{n_2}x\right)^{\frac{n_1}{2}-1}}{\Gamma\left(\frac{n_1}{2}\right)\Gamma\left(\frac{n_2}{2}\right)\left(1+\frac{n_1}{n_2}x\right)^{\frac{n_1+n_2}{2}}}$	$\frac{n_2}{n_2-2},n>2$	$\frac{2n_2^2(n_1+n_2-2)}{n_1(n_2-2)^2(n_2-4)},n_2>4$

为了研究煤样的中心强度一般大于边缘的强度这种非均质性与其物理力学性质及冲击倾向性的相关性，本节制定了以下数值模拟方案。

(1)以煤样 12 为基础，黏聚力 4.82MPa 为数学期望值，选取 8 个不同分散度区间，再根据表 3-13 中的 8 种分布，在数值模拟软件 FLAC3D 中共建立了 64 个煤样数值模型，统计这些模型的单轴抗压强度，分析不同分散度下煤样强度的变化规律。

(2)计算得到非均质模型破坏时的剪切应变率云图与塑性破坏区云图，与均质煤样相应的云图进行对比，分析非均质性对煤样破坏特征的影响规律。

在数值模型中，数学期望近似为平均值，标准差是表征黏聚力分散程度的一个参数，标准差越大，黏聚力在数值模型中的分散程度越大。这 8 个黏聚力的分散区间分别为 0.82～8.82MPa、1.32～8.32MPa、1.82～7.82MPa、2.32～7.32MPa、2.82～6.82MPa、3.32～6.32MPa、3.82～5.82MPa、4.32～5.32MPa。由于轴对称煤样的存在，根据上述 8 个分布函数，将非均匀参数从模型截面的中心到边缘进行赋值。图 3-22 给出了这 8 个黏聚力分布区间下煤样的黏聚力赋值结果，8 个曲线分别对应 8 个分布区间，展示了每个区间条件下 8 种分布对应的模型从煤样横截面中心到边缘的黏聚力变化，每条曲线下面的 8 个黏聚力分布云图展示了该区间下 8 种分布对应模型的黏聚力分布情况。表 3-14 给出了这 8 个区间的 8 个概率分布的标准差，用来表征模型的非均匀程度。

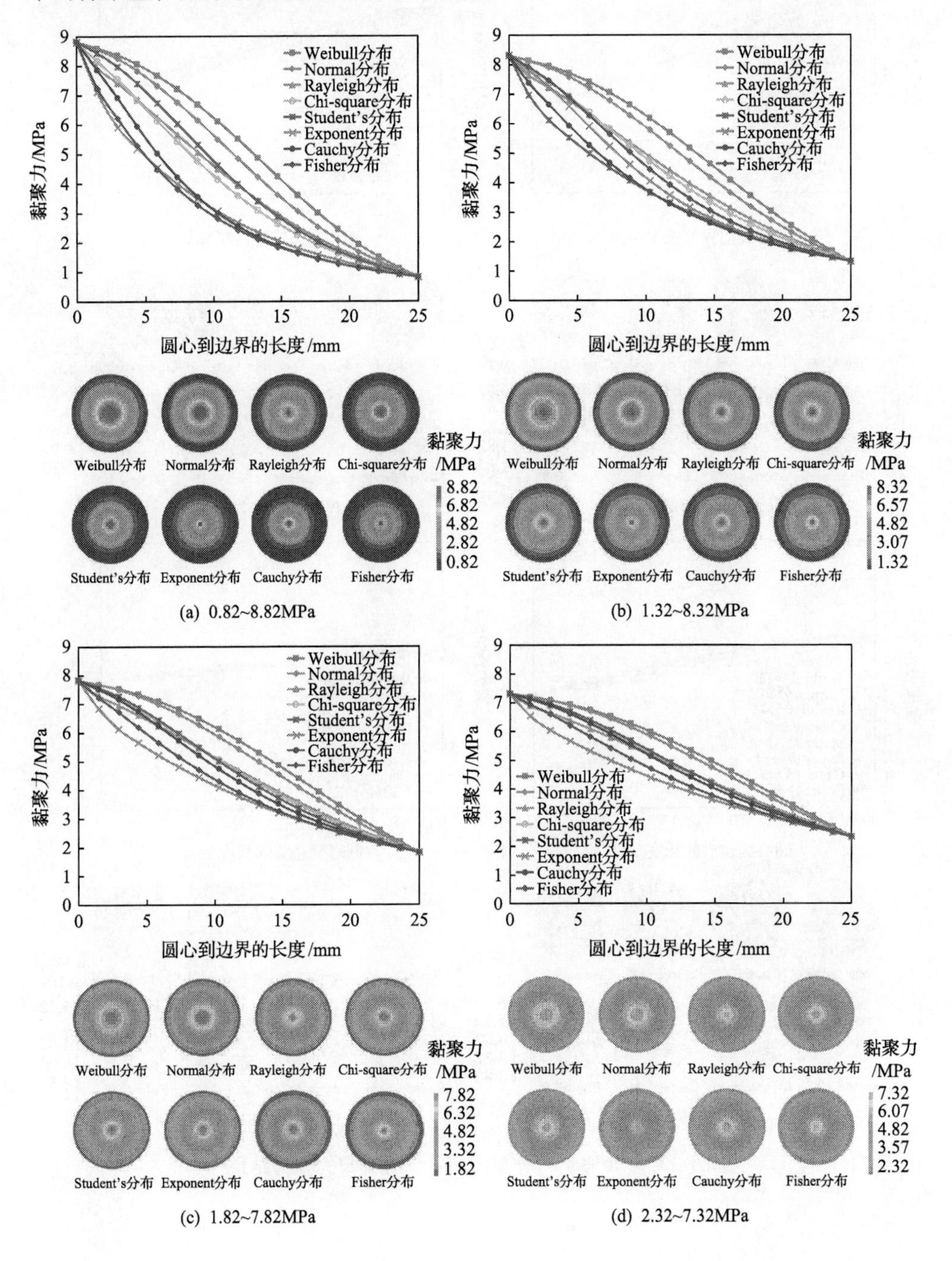

(a) 0.82~8.82MPa　(b) 1.32~8.32MPa
(c) 1.82~7.82MPa　(d) 2.32~7.32MPa

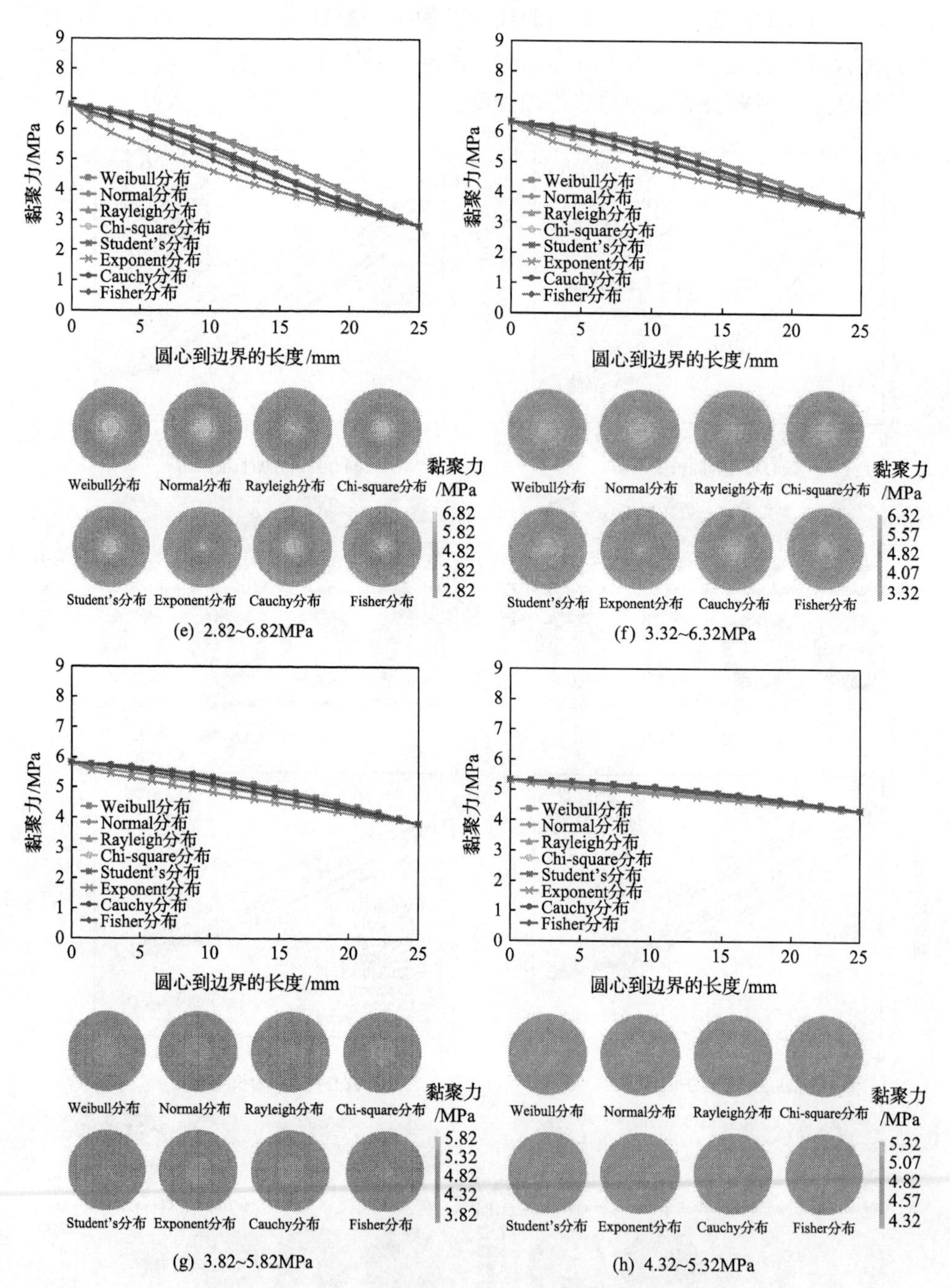

(e) 2.82~6.82MPa

(f) 3.32~6.32MPa

(g) 3.82~5.82MPa

(h) 4.32~5.32MPa

图 3-22　8 个黏聚力分布区间下煤样黏聚力赋值结果

表 3-14　8 个黏聚力分布区间下 8 个概率分布的标准差

分布	黏聚力赋值标准差/MPa							
	0.82～8.82MPa	1.32～8.32MPa	1.82～7.82MPa	2.32～7.32MPa	2.82～6.82MPa	3.32～6.32MPa	3.82～5.82MPa	4.32～5.32MPa
Weibull	2.78	2.39	2.02	1.66	1.31	0.98	0.64	0.32
Normal	2.79	2.41	2.05	1.69	1.34	0.99	0.66	0.33
Rayleigh	2.57	2.24	1.91	1.58	1.26	0.94	0.62	0.31
Chi-square	2.64	2.32	2.00	1.66	1.33	0.99	0.66	0.33
Student's	2.77	2.41	2.06	1.70	1.35	1.00	0.66	0.33
Exponent	2.27	2.02	1.75	1.47	1.19	0.89	0.60	0.30
Cauchy	2.56	2.33	2.03	1.70	1.35	1.01	0.67	0.33
Fisher	2.38	2.18	1.91	1.62	1.31	0.99	0.66	0.33

接下来对煤的非均质性与单轴抗压强度的关系进行分析，其中用黏聚力分布的标准差来表征模型的非均质程度，图 3-23 显示了模型黏聚力非均匀分布条件下

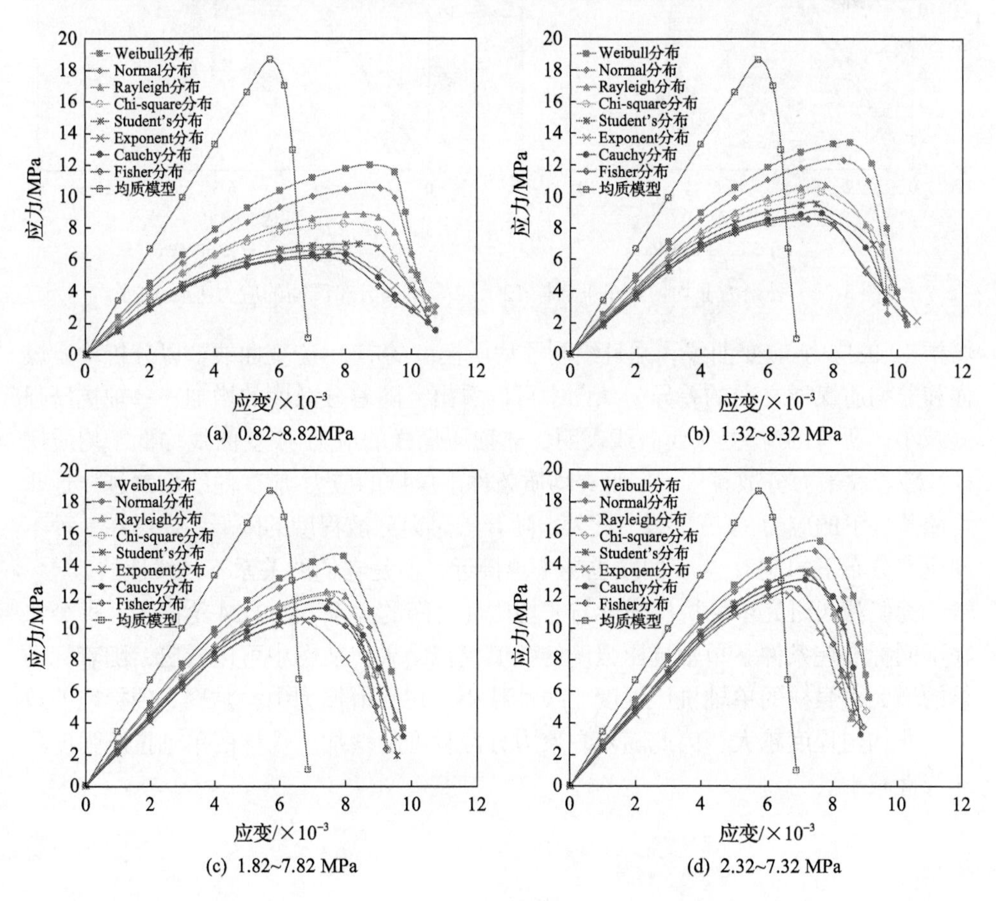

(a) 0.82~8.82MPa　(b) 1.32~8.32 MPa

(c) 1.82~7.82 MPa　(d) 2.32~7.32 MPa

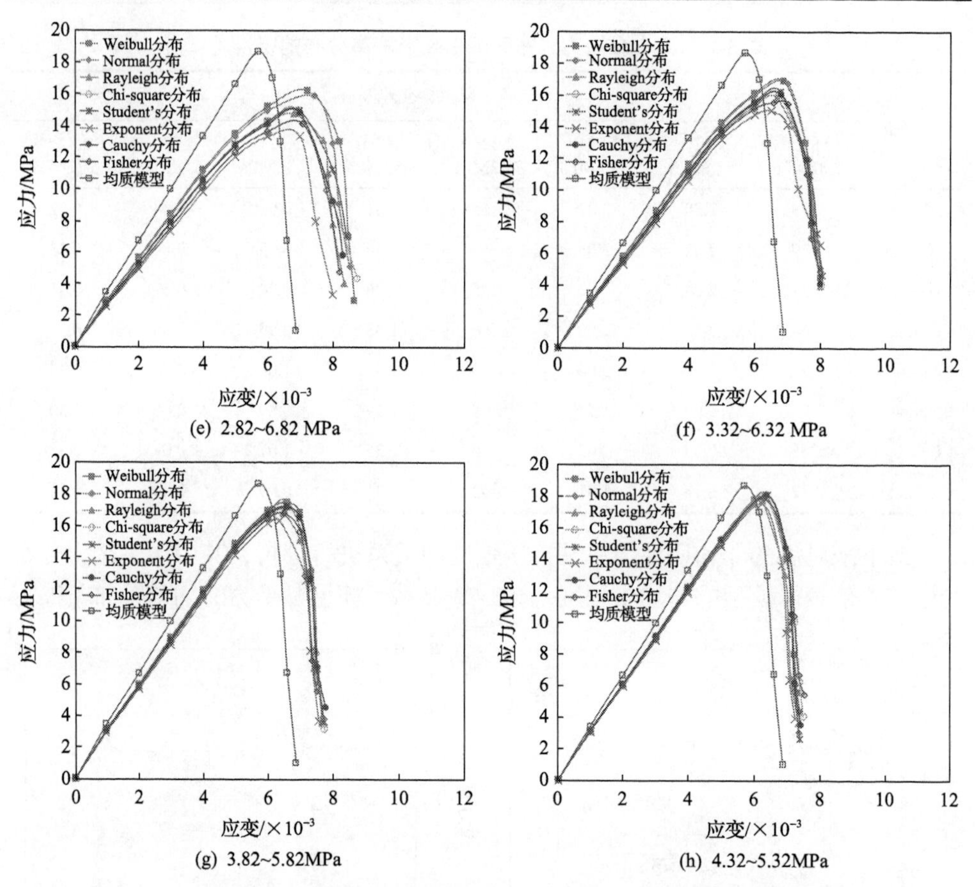

图 3-23　黏聚力非均匀分布下煤样 12 在 8 个不同分布区间的应力-应变曲线

煤样 12 的应力-应变曲线，并且绘制了均质模型的应力-应变曲线，以分析均质煤样和非均质煤样之间的差异。从图中可以看出，随着分散度的增加，单轴抗压强度减小，所有的应力-应变曲线表明，非均质煤样的应力-应变曲线均低于均质煤样。随着黏聚力分散程度的降低，均质条件下煤样的应力-应变曲线越来越接近非均质条件下的应力-应变曲线。此外，随着黏聚力分散程度的降低，煤样在 8 种不同概率分布下的应力-应变曲线也越来越接近，但是它们的关系不是线性的。

为了深入研究单轴抗压强度与非均质性之间的关系，图 3-24 给出了 8 种分布在不同标准差条件下单轴抗压强度的数值模拟结果。从图中可以看出，随着标准差的增大，煤样的单轴抗压强度非线性减小。在数值模型中，黏聚力的标准差越大，非均匀程度越大，因此随着黏聚力分散程度的增加，煤样的单轴抗压强度将非线性减小。

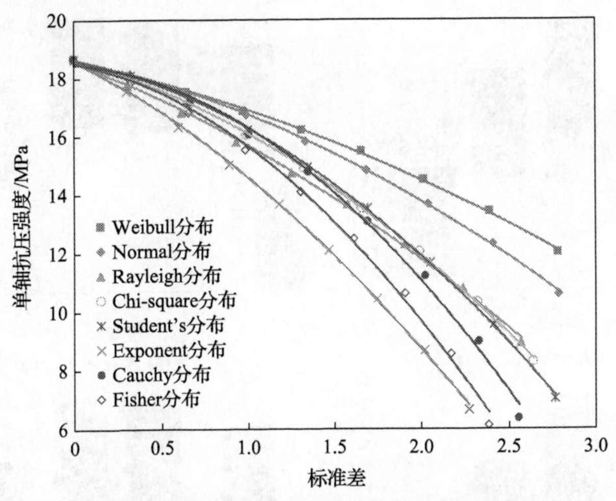

图 3-24　煤样单轴抗压强度与标准差的关系

采用 Weibull 分布进行黏聚力非均匀赋值的 8 个煤样模型破坏时的剪切应变率云图和均质状态下的剪切应变率云图对比如图 3-25 所示。剪切应变率(shear strain rate, SSR)是剪切产生的变形除以模型自身的尺寸，反映模型膨胀性能大小的是 FLAC3D 中偏应变第二个不变量的平方根，是 FLAC3D 元素变量中的最大剪切应变率，剪切应变率的轮廓代表最可能发生拉伸和剪切破坏的破坏区域。

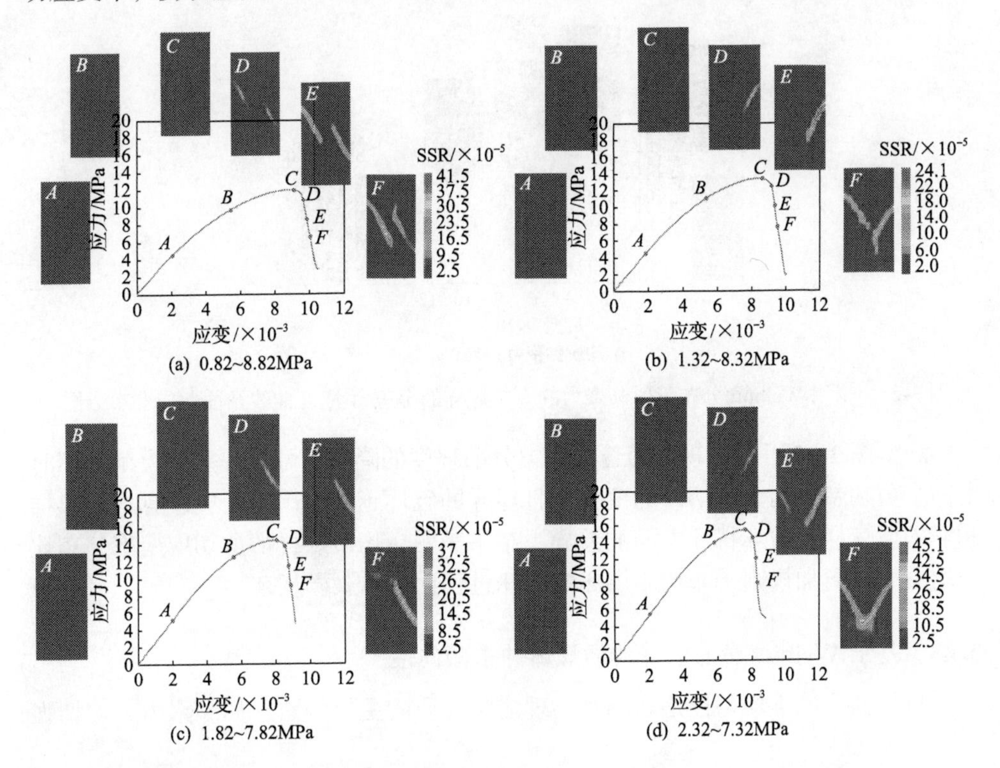

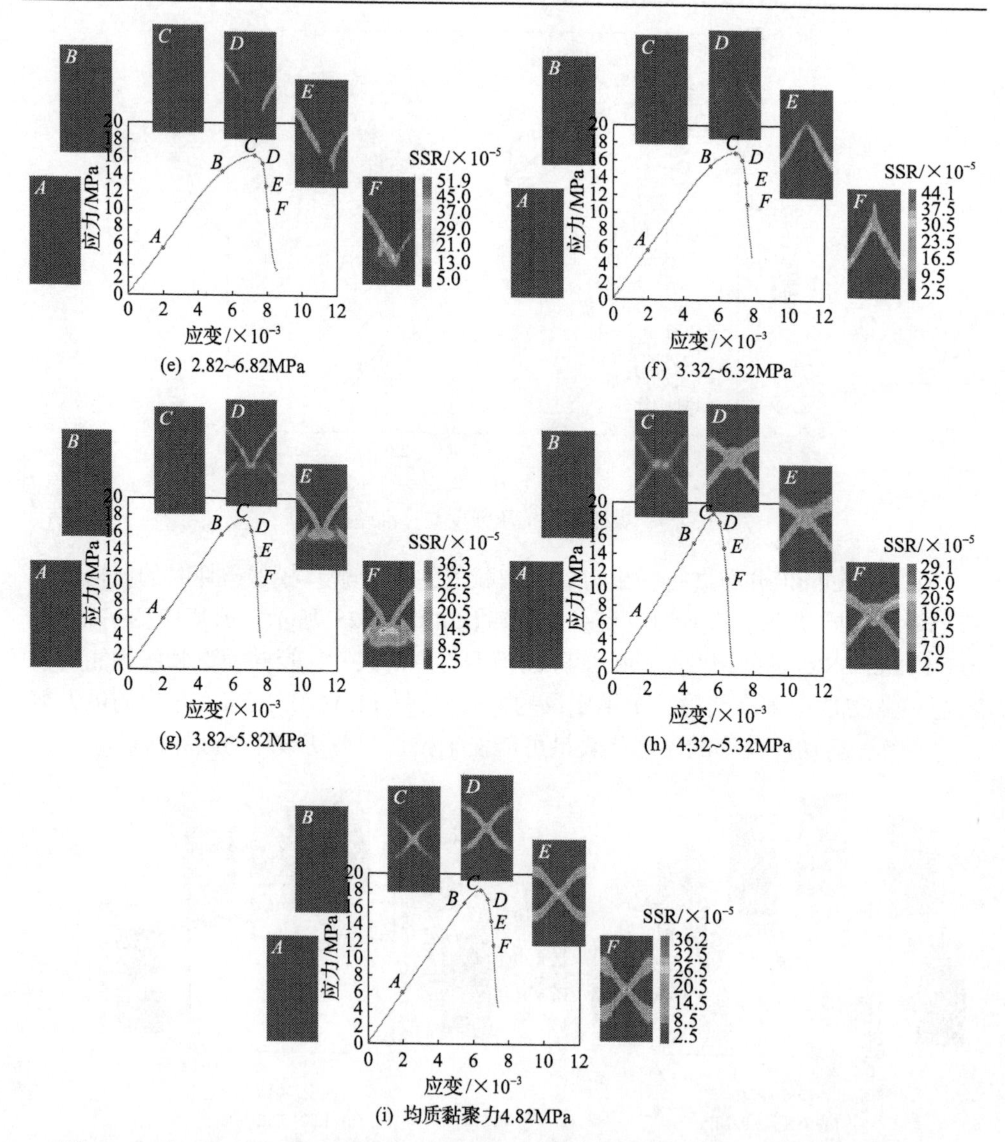

图 3-25　采用 Weibull 分布赋值黏聚力的 8 个煤样的全应力-应变曲线及剪切应变率云图

观察图 3-25 可以发现，随着黏聚力分散程度的降低，可以观察到模型破坏时由一个剪切带向两个剪切带的变化，且煤样的破坏越来越严重。应注意均质煤样和非均质煤样在破坏特征方面的差异。结果表明，均质煤样的剪切应变率分布比非均质煤样更加规则，非均质煤样的破坏过程比均质煤样复杂。

3.4.8　基于 Weibull 分布的非均质煤体冲击倾向性

材料性质的不均匀性是影响其物理力学性质的主要因素，如黏聚力、剪切强度、破坏表现、裂纹演变和冲击倾向性。许多学者已经引进 Weibull 分布作为研究煤非均质度的重要手段，考虑如何将 Weibull 分布与煤岩体的非均质特性联系起来。本节利用 Weibull 分布对煤的非均质性进行研究，建立参数分布服从 Weibull 分布的数值模型，探究煤的均质度 m 对其冲击倾向性及破坏特征的影响规律。

Weibull[38]提出的 Weibull 分布是一种广泛使用的函数，用于统计描述材料中力学性质的分布，并分析煤样的不均匀性特征。例如，Lu 等[39]通过拟合脆性材料的断裂强度来比较 Weibull 分布和 Normal 分布，并得出 Weibull 分布比正态分布更适合于 Si_3N_4 材料。Danzer 等[40]使用 Weibull 函数研究脆性材料的强度分布。Nohut 等[41]发现 Weibull 分布是用于表征陶瓷强度数据最广泛使用的函数之一。通过考虑弹性模量和黏聚力，赵同彬等[42]使用 Weibull 分布研究了煤的非均匀性。

Weibull 分布的概率密度函数为

$$f(x)=\frac{m}{x_0}\left(\frac{x}{x_0}\right)^{m-1}\mathrm{e}^{-\left(\frac{x}{x_0}\right)^m} \tag{3-26}$$

其中，x_0 表示期望值；m 表示均质度，用于表征材料属性的分布情况。

图 3-26 给出了具有不同参数 m 的 Weibull 分布概率密度函数曲线。可以看出，m 值越大，材料参数的分布就越集中。

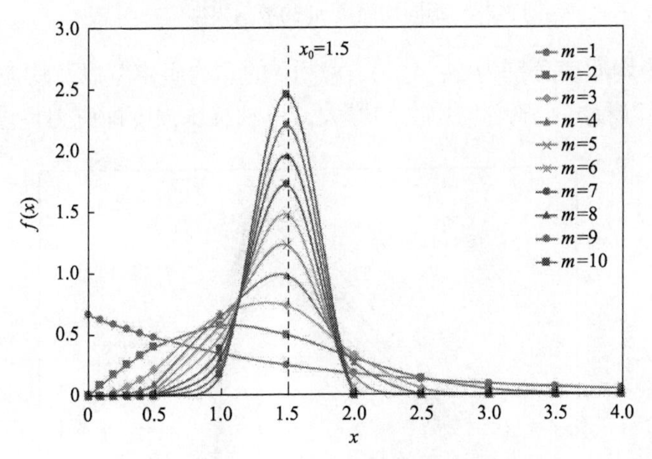

图 3-26　Weibull 分布概率密度函数曲线

以煤样 12 的物理力学参数为根据，建立了单元黏聚力参数分布满足期望值 x_0 为 1.5 及均质度 m 分别为 2、4、6、8、10 的 Weibull 分布的非均质模型，图 3-27 和图 3-28 分别展示了这五个模型的正视图和俯视图。从图中可以观察到，随着 m 的增大，模型的颜色逐渐变得单一，模型颜色向期望值 4.82MPa 靠拢，说明模型参数分布从离散逐渐变得均匀。

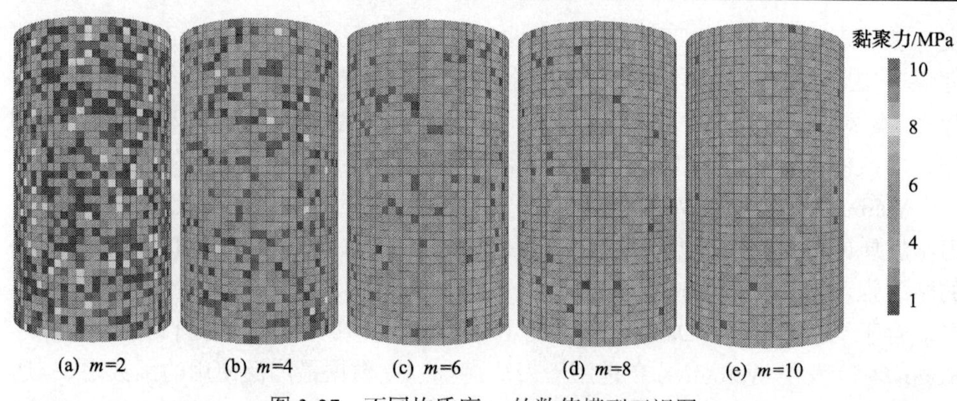

图 3-27　不同均质度 m 的数值模型正视图

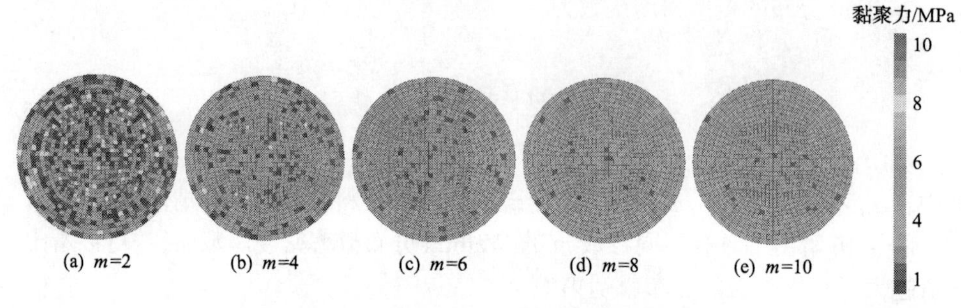

图 3-28　不同均质度 m 的数值模型俯视图

图 3-29 为均质度分别为 2、4、6、8、10 的非均质模型以及均质模型的应力-应变曲线。可以看出，随着均质度的增大，单轴抗压强度即应力也增大。

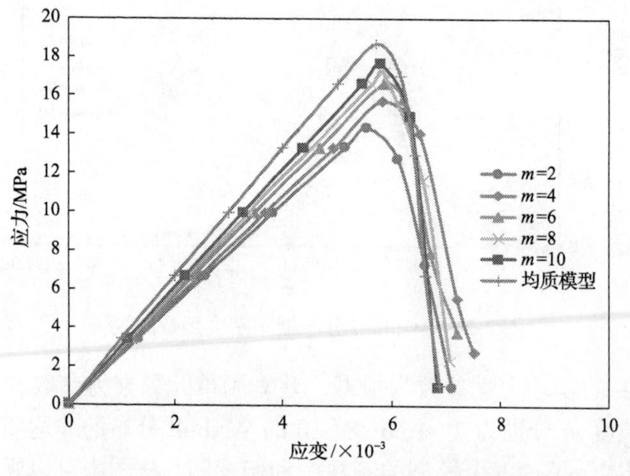

图 3-29　不同均质度 m 煤样的应力-应变曲线

图 3-30 展示了均质度与单轴抗压强度的关系曲线。同样可以看出，随着均质

度的增大，单轴抗压强度也增大，但是均质度与单轴抗压强度不是线性关系，而是呈近似自然对数关系，并且随着均质度的增大，单轴抗压强度逐渐向均质模型逼近。

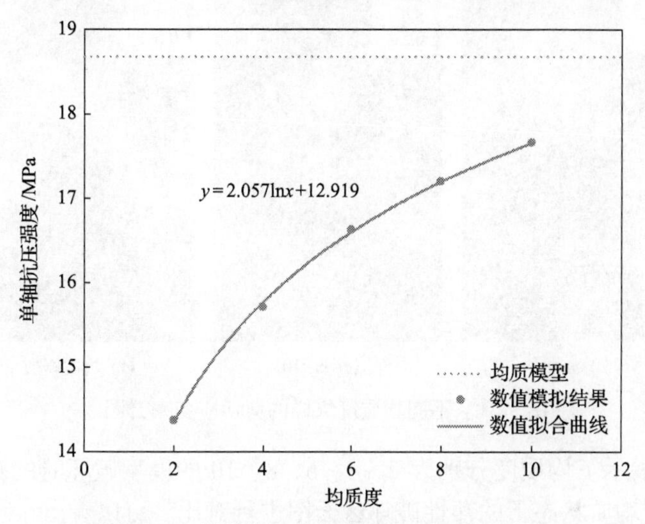

图 3-30　煤样均质度与单轴抗压强度的关系

图 3-31 展示了均质度分别为 2、4、6、8、10 的模型破坏时的剪切应变率云图，并给出了均质状态下的剪切应变率云图进行对比。可以发现，当 m 很小时，煤样破坏时的剪切应变率云图不规则，随着 m 的增大，剪切应变率云图逐渐变得规则，且逐渐向均质状态下剪切应变率表现出的 X 形靠拢。说明当煤样的均质度很小，也就是煤样很不均匀时，破坏形式很不规则，随着煤样均质度的增大，煤样变得越来越均匀，破坏形式也逐渐规则。

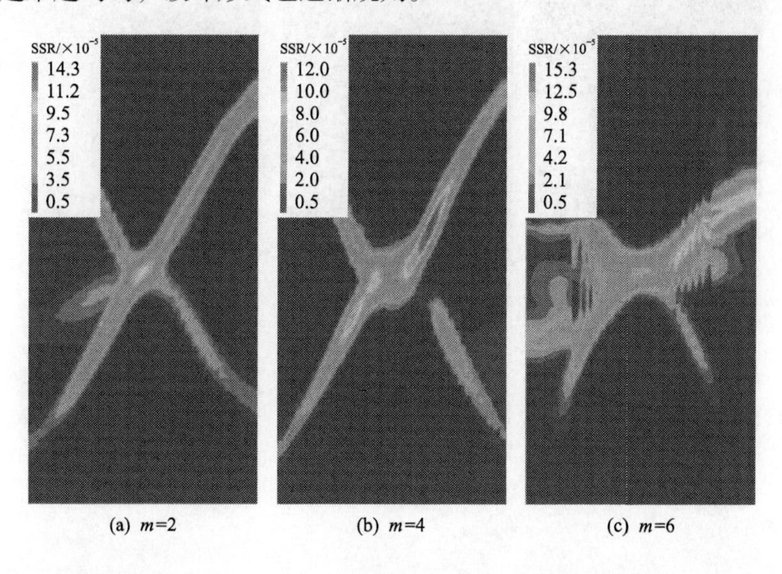

(a) m=2　　(b) m=4　　(c) m=6

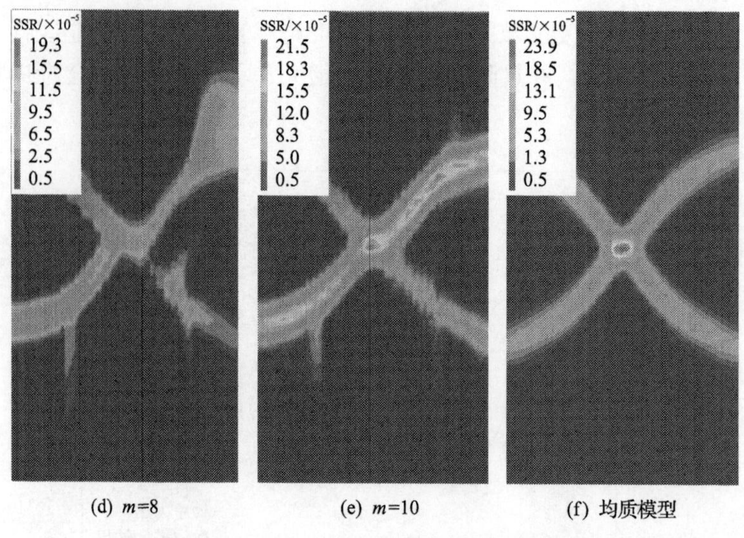

(d) m=8　　(e) m=10　　(f) 均质模型

图 3-31　不同均质度煤样的剪切应变率云图

图 3-32 展示了均质度分别为 2、4、6、8、10 的模型破坏时的塑性破坏区云图，并给出了均质状态下的塑性破坏区云图进行对比。可以看出，当 m 很小时，煤样破坏时的塑性破坏区云图不规则，并且单元的破坏种类多且复杂，随着 m 的增大，塑性破坏区云图逐渐变得规则，并且单元的破坏种类逐渐减少。说明当煤样的均质度很小，也就是煤样很不均匀时，破坏形式很不规则，单元的破坏种类多且复杂，随着煤样均质度的增大，煤样变得越来越均匀，破坏形式也逐渐规则，单元的破坏种类逐渐减少，即非均质模型的破坏过程比均质模型更复杂。此外，非均质煤样的失效特征与试验结果吻合很好，如图 3-33 所示。

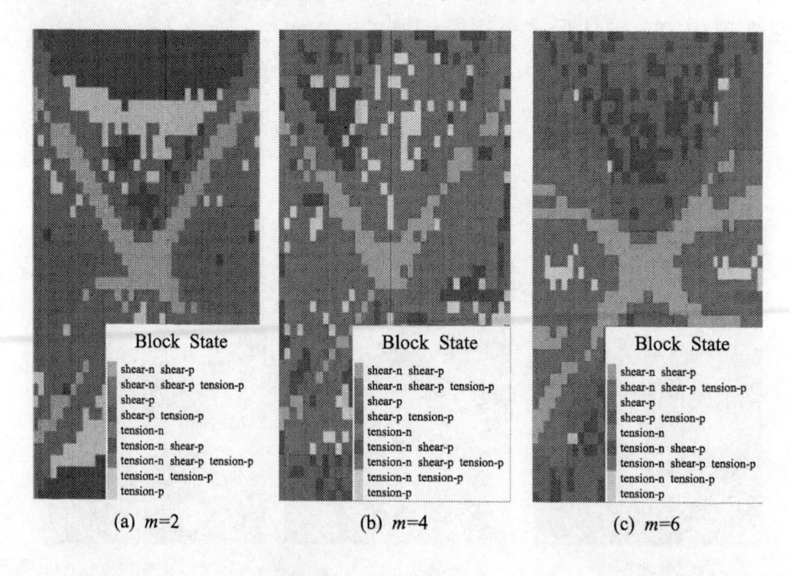

(a) m=2　　(b) m=4　　(c) m=6

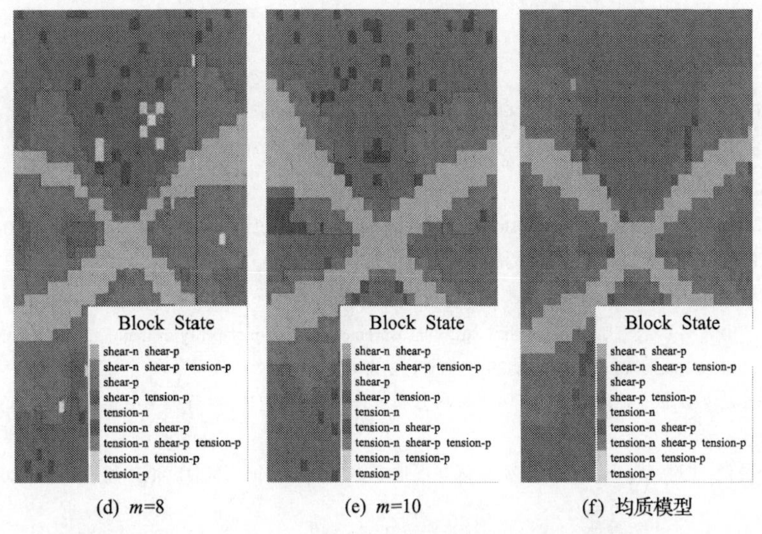

(d) m=8　　(e) m=10　　(f) 均质模型

图 3-32　不同均质度煤样的塑性破坏区云图

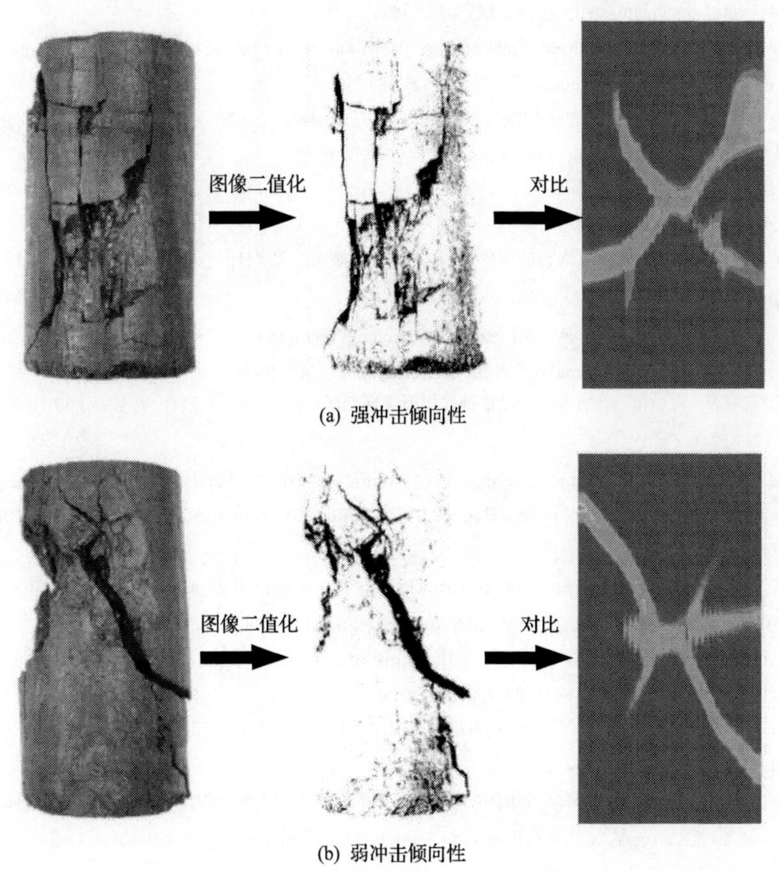

(a) 强冲击倾向性

(b) 弱冲击倾向性

图 3-33　具有冲击倾向性煤样破坏特征的试验图像和数值结果对比

参 考 文 献

[1] 黄禄渊, 杨树新, 崔效锋, 等. 华北地区实测应力特征与断层稳定性分析[J]. 岩土力学, 2013, 34(s1): 204-213.

[2] 景锋, 盛谦, 张勇慧, 等. 中国大陆浅层地壳实测地应力分布规律研究[J]. 岩石力学与工程学报, 2007, 26(10): 2056-2062.

[3] Zhao X G, Wang J, Cai M, et al. In-situ stress measurements and regional stress field assessment of the Beishan area, China[J]. Engineering Geology, 2013, 163: 26-40.

[4] 王存文, 姜福兴, 刘金海. 构造对冲击地压的控制作用及案例分析[J]. 煤炭学报, 2012, 37(s2): 263-268.

[5] Qin X H , Zhang P, Feng C J, et al. In-Situ Stress measurements and slip stability of major faults in Beijing region, China[J]. Chinese Journal of Geophysics, 2014, 57(7): 2165-2180.

[6] 赵德安, 陈志敏, 蔡小林, 等. 中国地应力场分布规律统计分析[J]. 岩石力学与工程学报, 2007, 26(6): 1265-1271.

[7] 康红普, 林健, 颜立新, 等. 山西煤矿矿区井下地应力场分布特征研究[J]. 地球物理学报, 2009, 52(7): 1782-1792.

[8] Zhang Z Z, Gao F, Shang X J. Rock burst proneness prediction by acoustic emission test during rock deformation[J]. Journal of Central South University, 2014, 21(1): 373-380.

[9] Li J, Yue J H, Yang Y, et al. Multi-resolution feature fusion model for coal rock burst hazard recognition based on acoustic emission data[J]. Measurement, 2017, 100: 329-336.

[10] Liu X F, Wang X R, Wang E Y, et al. Effects of gas pressure on bursting liability of coal under uniaxial conditions[J]. Journal of Natural Gas Science and Engineering, 2017, 39: 90-100.

[11] 冯增朝, 赵阳升. 岩石非均质性与冲击倾向的相关规律研究[J]. 岩石力学与工程学报, 2003, 22(11): 1863-1865.

[12] 潘结南, 孟召平, 刘保民. 煤系岩石的成分、结构与其冲击倾向性关系[J]. 岩石力学与工程学报, 2005, 24(24): 4422-4427.

[13] Pan J N, Meng Z P, Hou Q L, et al. Coal strength and Young's modulus related to coal rank, compressional velocity and maceral composition[J]. Journal of Structural Geology, 2013, 54: 129-135.

[14] 苏承东, 陈晓祥, 袁瑞甫. 单轴压缩分级松弛作用下煤样变形与强度特征分析[J]. 岩石力学与工程学报, 2014, 33(6): 1135-1141.

[15] Wang H W, Jiang Y D, Xue S, et al. Investigation of intrinsic and external factors contributing to the occurrence of coal bumps in the mining area of western Beijing, China[J]. Rock Mechanics and Rock Engineering, 2017, 50(4): 1033-1047.

[16] Song X Y, Li X L, Li Z H, et al. Study on the characteristics of coal rock electromagnetic radiation (EMR) and the main influencing factors[J]. Journal of Applied Geophysics, 2018, 148: 216-225.

[17] Kidybiński A. Bursting liability indices of coal[J]. International Journal of Rock Mechanics and Mining Sciences & Geomechanics Abstracts, 1981, 18(4): 295-304.

[18] 张绪言, 冯国瑞, 康立勋, 等. 用剩余能量释放速度判定煤岩冲击倾向性[J]. 煤炭学报, 2009, 34(9): 1165-1168.

[19] 齐庆新, 彭永伟, 李宏艳, 等. 煤岩冲击倾向性研究[J]. 岩石力学与工程学报, 2011, (s1): 2736-2742.

[20] Cai W, Dou L M, Cao A Y, et al. Application of seismic velocity tomography in underground coal mines: A case study of Yima mining area, Henan, China[J]. Journal of Applied Geophysics, 2014, 109: 140-149.

[21] Cai W, Dou L M, Si G Y, et al. A principal component analysis/fuzzy comprehensive evaluation model for coal burst liability assessment[J]. International Journal of Rock Mechanics and Mining Sciences, 2016, 81: 62-69.

[22] Cai W, Dou L M, Zhang M, et al. A fuzzy comprehensive evaluation methodology for rock burst forecasting using microseismic monitoring[J]. Tunnelling and Underground Space Technology, 2018, 80: 232-245.

[23] Faradonbeh R S, Taheri A. Long-term prediction of rockburst hazard in deep underground openings using three robust data mining techniques[J]. Engineering with Computers, 2019, 35(2): 659-675.

[24] Afraei S, Shahriar K, Madani S H. Statistical assessment of rock burst potential and contributions of considered predictor variables in the task[J]. Tunnelling and Underground Space Technology, 2018, 72: 250-271.

[25] Gale W J. A review of energy associated with coal bursts[J]. International Journal of Mining Science and Technology, 2018, 28(5): 755-761.

[26] 宫凤强, 闫景一, 李夕兵. 基于线性储能规律和剩余弹性能指数的岩爆倾向性判据[J]. 岩石力学与工程学报, 2018, 37(9): 1993-2014.

[27] Lippmann H. Mechanics of “bumps” in coal mines: A discussion of violent deformations in the sides of roadways in coal seams[J]. Applied Mechanics Reviews, 1987, 40(8): 1033-1043.

[28] Haramy K Y, McDonnell J P. Causes and control of coal mine bumps[R]. United States. Bureau of Mines, Denver, CO, 1988.

[29] Singh S P. Burst energy release index[J]. Rock Mechanics and Rock Engineering, 1988, 21(2): 149-155.

[30] Lee S M, Park B S, Lee S W. Analysis of rockbursts that have occurred in a waterway tunnel in Korea[J]. International Journal of Rock Mechanics and Mining Sciences, 2004, 41(3): 911-916.

[31] 苏承东, 袁瑞甫, 翟新献. 城郊矿煤样冲击倾向性指数的试验研究[J]. 岩石力学与工程学报, 2013(s2): 3696-3704.

[32] Okubo S, Fukui K, Qi Q X. Uniaxial compression and tension tests of anthracite and loading rate dependence of peak strength[J]. International Journal of Coal Geology, 2006, 68(3-4): 196-204.

[33] Li H M, Li H G, Gao B B, et al. Study of acoustic emission and mechanical characteristics of coal samples under different loading rates[J]. Shock and Vibration, 2015, 2015(1): 1-11.

[34] 苏承东, 高保彬, 袁瑞甫, 等. 平顶山矿区煤层冲击倾向性指标及关联性分析[J]. 煤炭学报, 2014, 39(s1): 8-14.

[35] 苏承东, 郭保华, 唐旭. 漳村煤矿两种尺度煤样单轴压缩声发射特征的试验研究[J]. 煤炭学报, 2013, 38(s1):12-18.

[36] Zhang J, Ai C, Li Y W, et al. Energy-based brittleness index and acoustic emission characteristics of anisotropic coal under triaxial stress condition[J]. Rock Mechanics and Rock Engineering, 2018, 51(11): 3343-3360.

[37] 中华人民共和国国家质量监督检验检疫总局, 中国国家标准化管理委员会. 冲击地压测定、监测与防治方法 第 2 部分：煤的冲击倾向性分类及指数的测定方法(GB/T 25217.2—2010)[S]. 北京：中国标准出版社, 2011.

[38] Weibull W. A statistical distribution function of wide applicability[J]. Journal of Applied Mechanics, 1951, 18(3): 293-297.

[39] Lu C S, Danzer R, Fischer F D. Fracture statistics of brittle materials: Weibull or normal distribution[J]. Physical Review E, 2002, 65(6): 067102.

[40] Danzer R, Supancic P, Pascual J, et al. Fracture statistics of ceramics-Weibull statistics and deviations from Weibull statistics[J]. Engineering Fracture Mechanics, 2007, 74(18): 2919-2932.

[41] Nohut S, Lu C S, Gorjan L. Optimal linear regression estimator in the fitting of Weibull strength distribution[J]. Journal of Testing and Evaluation, 2014, 42(6): 1396-1407.

[42] 赵同彬, 尹延春, 谭云亮, 等. 基于颗粒流理论的煤岩冲击倾向性细观模拟试验研究[J]. 煤炭学报, 2014, 39(2): 280-285.

第 4 章 单体断层滑移失稳诱发冲击地压的机理

煤矿冲击地压等动力灾害的孕育和发生与断层构造等外在因素密切相关，在断层附近，冲击地压发生的强度和频度较高[1-3]。本章采用相似模拟及数值模拟的方法研究单体断层构造滑移失稳区域的应力场、位移场和能量场的动态演化特征，并得到单体断层失稳诱发冲击地压的前兆信息，建立单体断层滑移失稳时应力场与能量场、位移场与能量场之间的协同联系，揭示单体断层失稳诱发冲击地压的外因。

4.1 单体断层滑移失稳前兆信息的相似模拟实验

4.1.1 相似模型的建立

以河南义马矿区千秋煤矿 21221 工作面地质资料作为工程地质背景开展相似模拟实验研究，主要研究对象是千秋煤矿 21221 工作面。该工作面主采 2#煤层，煤层平均埋深为 758.5m，煤层倾角为 3°～18°，平均倾角为 10°，煤层厚度为 8.5～10.5m，平均厚度为 10m，工作面倾斜长度 180m，走向长度 1450m。图 4-1 和图 4-2 分别为千秋煤矿 21221 工作面的开采布局和地质综合柱状图[4,5]。

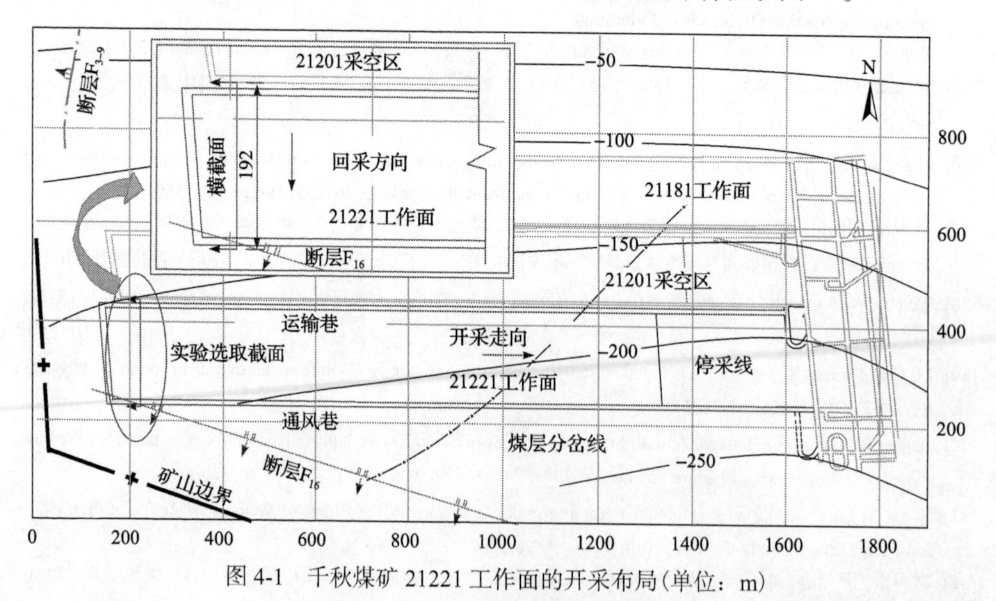

图 4-1 千秋煤矿 21221 工作面的开采布局(单位：m)

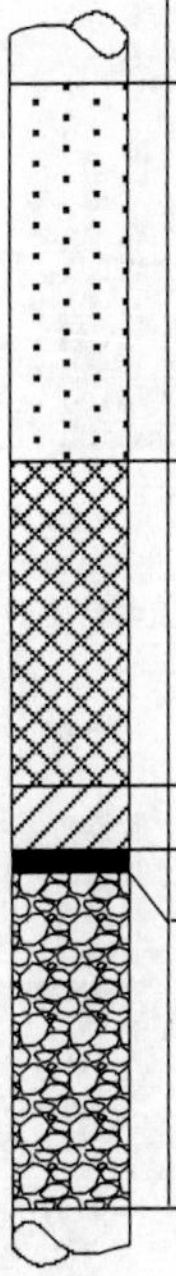

岩层	厚度/m			密度/(kg/m³)	抗压强度/MPa
	最大值	最小值	平均值		
巨厚砾岩	580.50	96.35	550.00	2700	45
泥岩	42.20	4.40	24.00	2170	30
砂岩	27.00	0	10.00	2200	27
2#煤层	37.48	5.59	9.60	1440	16
粉砂岩	32.81	0.30	26.00	2600	30

图 4-2　千秋煤矿 21221 工作面地质综合柱状图

相似模拟实验在中国矿业大学(北京)矿山压力实验室的二维模拟试验台进行，根据实测和整理的现场地质资料以及相似模拟实验架的尺寸确定简化后的相似实验模型尺寸为 1600mm×1600mm×400mm，几何相似系数α_L=120，根据以往实验经验取容重相似系数α_γ=0.122，强度相似系数为 14.64，时间相似系数为常数，即$\alpha_t=\sqrt{\alpha_L}$=10.95。

实验将石膏粉作为主要模型材料，根据围岩体的赋存特点，使用不同强度的石膏物理有限单元板，即用粉砂岩单元、煤层单元、泥岩单元、砾岩单元四种物理有限单元板来模拟实际工作面中的四种工程岩体，四种单元的具体规格和配比见图 4-3。在本次模拟实验中，巨厚砾岩、泥岩、煤层和粉砂岩的高度分别为 958mm、280mm、80mm 和 282mm。

21221 长壁开采工作面的埋深按照 800m 来设计，相应的模型高度应为 6.7m，而实际模型的高度为 1.6m，所以剩余 5.1m 高度的上覆岩层产生的荷载通过相似模拟系统的非线性加载模块来实现[6]。

根据千秋煤矿的原岩应力测量结果，矿区的最大和最小主应力方向接近于水平方向，中间主应力方向接近于垂直方向，矿区属于$\sigma_H > \sigma_V > \sigma_h$的构造型原岩应力区。由于矿区的侧压系数为 1.17，在模型的顶部施加 1.4MPa 的垂直荷载，在模型的左右两边施加 1.6MPa 的水平荷载。

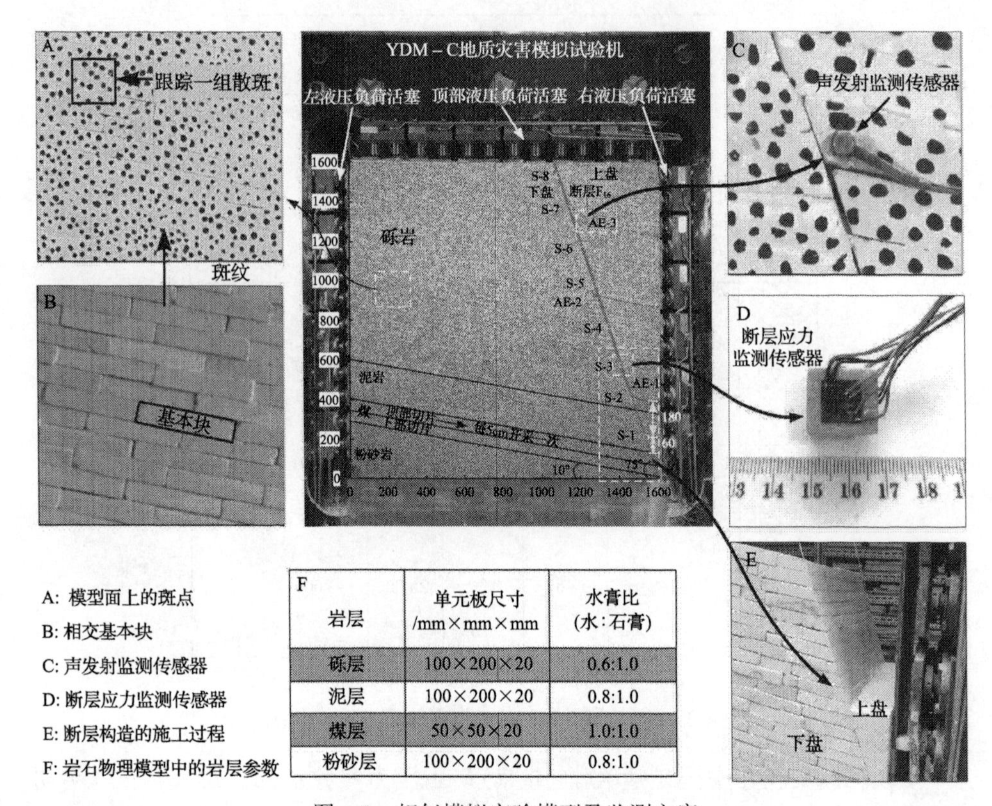

岩层	单元板尺寸/mm×mm×mm	水膏比(水：石膏)
砾层	100×200×20	0.6:1.0
泥层	100×200×20	0.8:1.0
煤层	50×50×20	1.0:1.0
粉砂层	100×200×20	0.8:1.0

图 4-3　相似模拟实验模型及监测方案

1. 应力监测

在断层面上布置 8 个间隔为 180mm 的应变片(即图 4-3 中的 S-1～S-8)，对采动引起断层面上的正应力和剪应力进行监测，其中 S-1 位于煤层上方 60mm。应变花由三个相交成 45°的应变片组成，采动引起的断层面上的剪应力可以通过计算这三个应变片上的应变值得到，如图 4-4 所示。式(4-1)为断层面上的正应变和剪应变计算公式，因此断层面上的正应力可以通过$\sigma=E\varepsilon_y$来计算，其中 E 为石膏单元板的弹性模量，大小为 1.6GPa；断层面上的剪应力可以通过$\tau=G\gamma$来计算，其中 G 为剪切模量，大小为 0.625GPa。石膏单元板的应力-应变曲线通过石膏单元板的单轴压缩实验确定，结果如图 4-5 所示。

$$\begin{cases}\varepsilon_x=\varepsilon_{0^\circ}\\ \varepsilon_y=\varepsilon_{90^\circ}\\ \gamma_{xy}=\varepsilon_{0^\circ}+\varepsilon_{90^\circ}-2\varepsilon_{45^\circ}\end{cases} \tag{4-1}$$

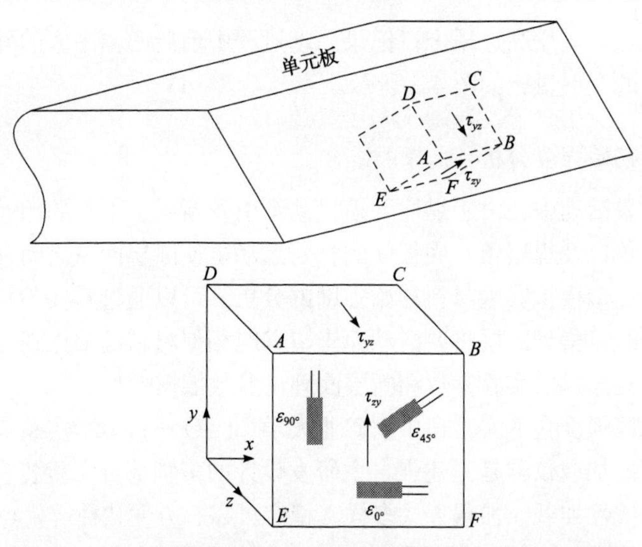

图 4-4　用于监测断层面上正应力和剪应力的应力传感器原理

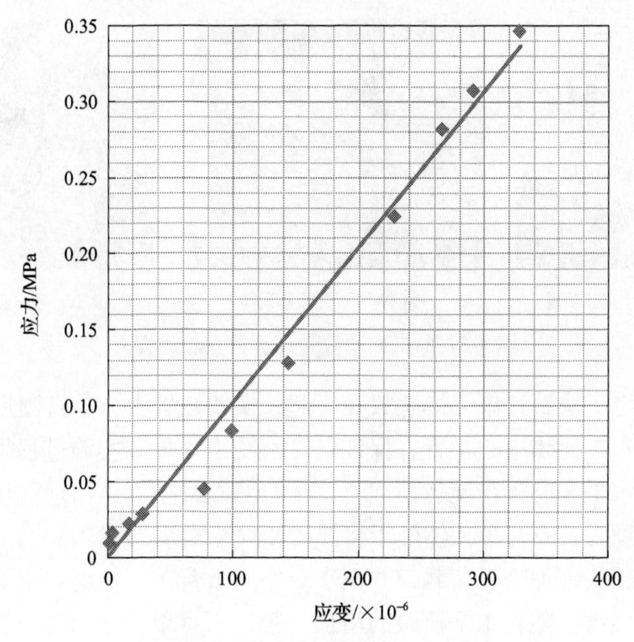

图 4-5　石膏单元板的应力-应变曲线

2. 位移监测

采用数字散斑相关方法分析整个实验过程中位移场的变化，它具有高度的监测敏感性和可选范围的灵活性。数字散斑监测采用 MatchID 实测与仿真优化分析平台对 DIC 测量到的现场数据进行分析，适合静态实验测试。通过在模型表面无序布置散斑测点，利用高速摄像机记录采动过程中前后两幅图像的异同来分析开采过程中围岩的变形量，如图 4-3 所示。

4.1.2 断层面初始强度分析

在矿山开采活动中，由于煤层开采扰动会引发断层上下盘的相对滑移运动，同时工作面煤体以及煤层顶、底板间的相对运动也使断层两盘之间存在摩擦滑动现象。断层面相似模拟实验材料初始强度的分析，可以通过对实验材料施加不同程度的水平荷载，得到断层将要滑动而未滑移时相似材料的摩擦强度，进而为数值模拟断层结构面提供实验参数和断层面理论参数依据[7-9]。

断层面摩擦强度直剪实验在中国矿业大学(北京)材料力学实验室中进行，直剪实验所使用的加载仪器是王建强自主研发设计的多轴综合实验装置，该转置系统具有四面非线性加载、加载方式多样、稳定可靠、方便快捷等优点。图 4-6 给出了断层面摩擦强度直剪实验过程。

(a) 多轴综合设计实验装置

(b) 断层面石膏单元体

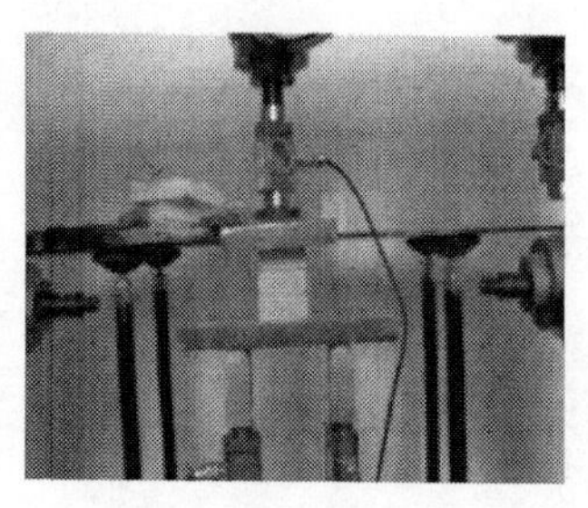

(c) 直剪实验过程

图 4-6　断层面摩擦强度直剪实验过程

直剪实验将三块石膏单元体叠放在一起，实验装置上方垂直圆形加载压头中心轴线对准石膏单元体中心位置，保证石膏块受力均匀。实验过程采用上下垂直面加载固定，水平方向逐步施加荷载，直至第二石膏单元体出现滑动，即表明已达到最大静摩擦力，石膏单元体处于将要滑动而未滑动的状态。

通过垂直压头施加垂直荷载，并逐步对中间石膏单元体施加水平荷载来得到断层面的摩擦强度。随着水平荷载的增加，第二石膏单元体与第一、三石膏单元体的静摩擦力逐渐增大。当达到最大静摩擦力时，第二石膏单元体所受静摩擦力转变为滑动摩擦力，因此水平力数值会出现短暂的突降，当三块石膏单元体同时滑动时，垂直荷载开始逐渐降低。因此，当垂直荷载开始出现降低时，石膏单元体之间的静摩擦力达到最大值，表 4-1 为断层面摩擦强度直剪实验结果。通过对三组直剪实验水平荷载与垂直荷载比值的分析，计算得到断层面材料的摩擦系数为 0.32。

表 4-1　直剪实验结果

第一组			第二组			第三组		
垂直荷载/N	水平荷载/N	摩擦系数	垂直荷载/N	水平荷载/N	摩擦系数	垂直荷载/N	水平荷载/N	摩擦系数
21	2	0.32	28	2	0.32	34	5	0.32
21	3		28	4		34	7	
21	4		28	5		34	8	
23	6		28	7		34	9	
21	7		28	9		34	11	
20	5		26	8		32	8	
20	7		25	10		32	10	
20	9		25	11		30	14	

4.1.3　上覆岩层的运动规律

表 4-2 给出了每个开采步上覆岩层的运动情况以及断层对开采活动做出的响应。从表中可以看出，当开采工作面距离断层 100cm 时，断层开始受到干扰；在断层经历了第一次扰动后，随着工作面的继续推进，顶板离层甚至发生垮落现象，断层开始频繁受到扰动。在开采的初期阶段，可以观察到断层滑移主要出现在模型的顶部，随着开采过程的推进，断层滑移开始向模型的中部扩展，并且断层的最大位移出现在模型的中部[10,11]。

为了进一步描述开采过程中上覆岩层的运动及断层对此做出的响应，图 4-7～图 4-9 给出了开采过程实验得到的上覆岩层的运动变化图、位移矢量图及位移云图。从图 4-7 可以看出，在工作面的推进过程中，顶板发生了数次垮落，其中，第一次顶板垮落出现在工作面开采至距断层 100cm 处；在第一次垮落后，顶板运动开始受到断层活化的影响，出现不规律的垮落，顶板垮落的平均步距为 10cm。从图 4-8 可以看出，断层附近的上覆岩层运动比较活跃。从图 4-9 可以看出，在开采的初始阶段，主要是模型顶部的岩层在运动；而在开采临近结束的阶段，模型中部的岩层发生了剧烈运动。

图 4-10 给出了煤层开采过程中顶板垮落高度的变化曲线。从图中可以看出，当工作面与断层之间的距离为 80～100cm 时，顶板垮落的高度开始缓慢增加；当工作面与断层之间的距离为 60cm 时，顶板垮落的高度开始急剧增加。从图中还可以看出，顶板垮落高度的变化曲线经历了三个阶段：缓慢增加、急剧增加和保持稳定。从断层滑移对上覆岩层运动的影响来看，顶板垮落高度的急剧增加是由断层活化造成的，而上覆岩层保持稳定则是由于处于这一阶段的断层相对稳定。同时从表 4-2 也可以看出，断层滑移通常出现在短暂的稳定阶段之后，因此开采过程中断层并不是一直处于滑动状态，但顶板垮落高度的急剧增加可能会引起断层产生更严重的滑移。

表 4-2 开采过程中上覆岩层和断层滑移的实验描述

开采步数	回采距离/cm	到断层距离/cm	上覆岩层说明	断层滑移描述
1	5	140	岩层稳定	断层稳定
4	20	125	顶板轻微分离沉降	没有响应
7	35	110	顶板轻微分离沉降	没有响应
8	40	105	顶板离层沉陷	没有响应
9	45	100	顶板离层发展与下沉	开始受到干扰
10	50	95	基本顶下沉	模型顶部轻微扰动
11	55	90	基本顶下沉与分离	模型顶部轻微扰动
12	60	85	采场崩落	上盘附近模型顶部轻微断层滑动
13	65	80	基本顶下沉与分离	没有响应
14	70	75	直接顶离层与下沉	没有响应
15	75	70	断层上盘附近顶板离层以及下沉	轻微断层滑动
16	80	65	顶板周期冒落与离层发展	轻微断层滑动
17	85	60	砾岩轻微下沉与分离	没有响应
18	90	55	基本顶下沉	模型顶部轻微断层滑动
19	95	50	基本顶离层现象明显	没有响应
20	100	45	直接顶下沉	没有响应
21	105	40	基本顶严重分离	上、中断裂面严重断层滑动
22	110	35	基本顶分离	断层面附近模型顶部和中部出现严重滑动
23	115	30	砾岩严重下沉	轻微断层滑动
24	120	25	基本顶垮落以及砾岩分离沉降	整个断层面严重滑动
25	125	20	基本顶及砾岩继续沉降	断层轻微滑动
26	130	15	基本顶冒落和砾岩下沉	断层没有响应
27	135	10	基本顶冒落和砾岩分离	断层下盘严重滑动
28	140	5	砾岩严重分离、采场冒顶	断层下盘严重滑动

(a) 140cm

(b) 125cm

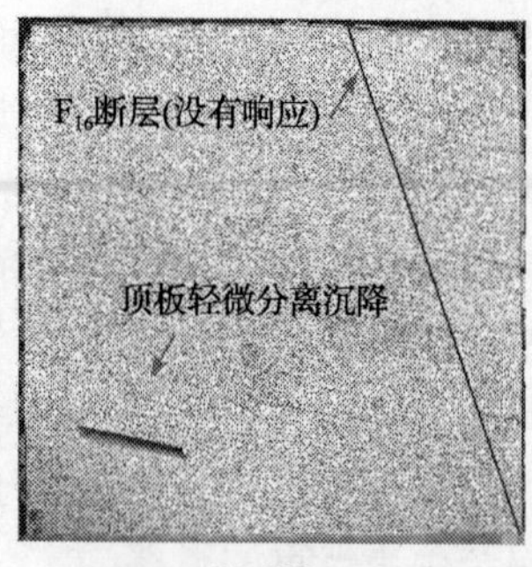

(c) 110cm

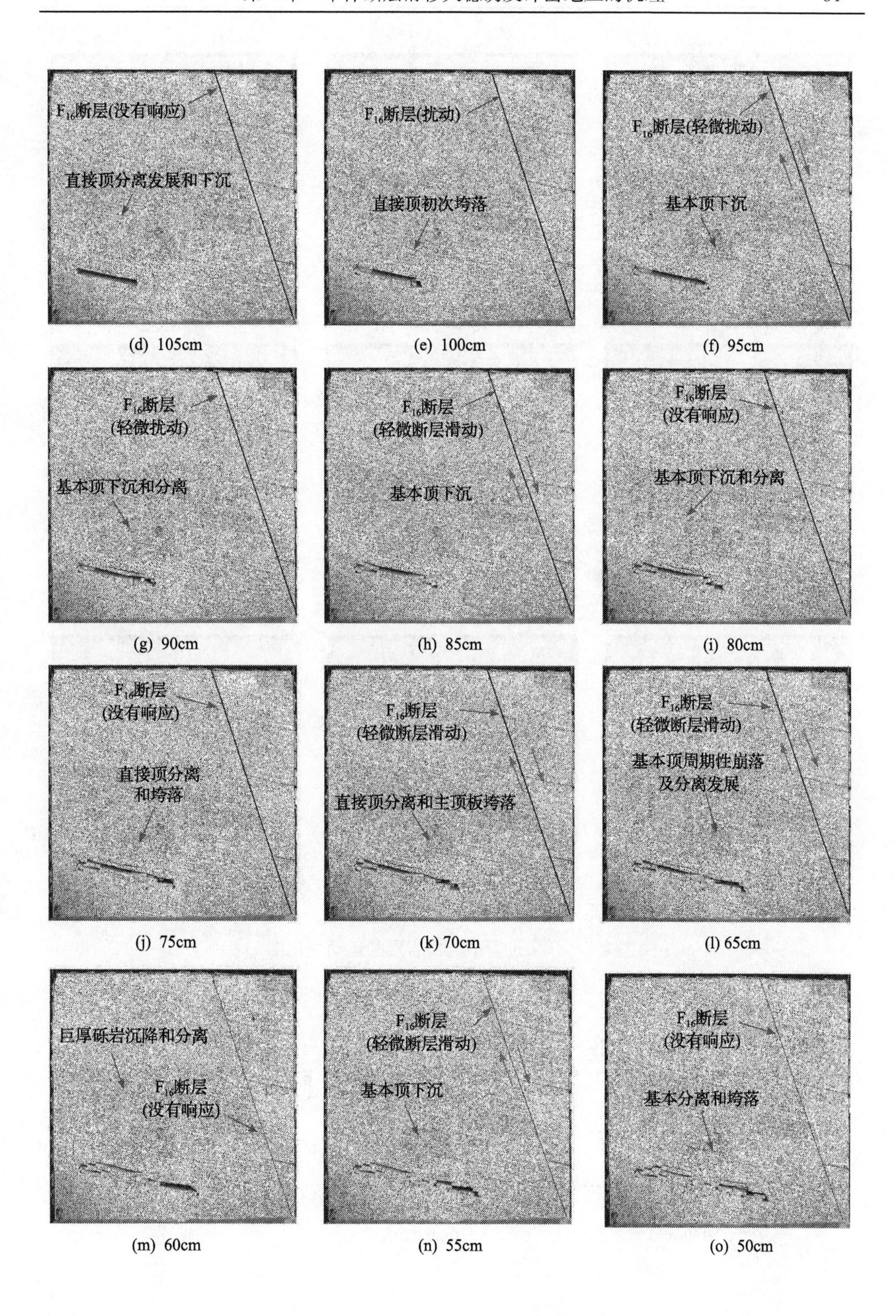

(d) 105cm (e) 100cm (f) 95cm

(g) 90cm (h) 85cm (i) 80cm

(j) 75cm (k) 70cm (l) 65cm

(m) 60cm (n) 55cm (o) 50cm

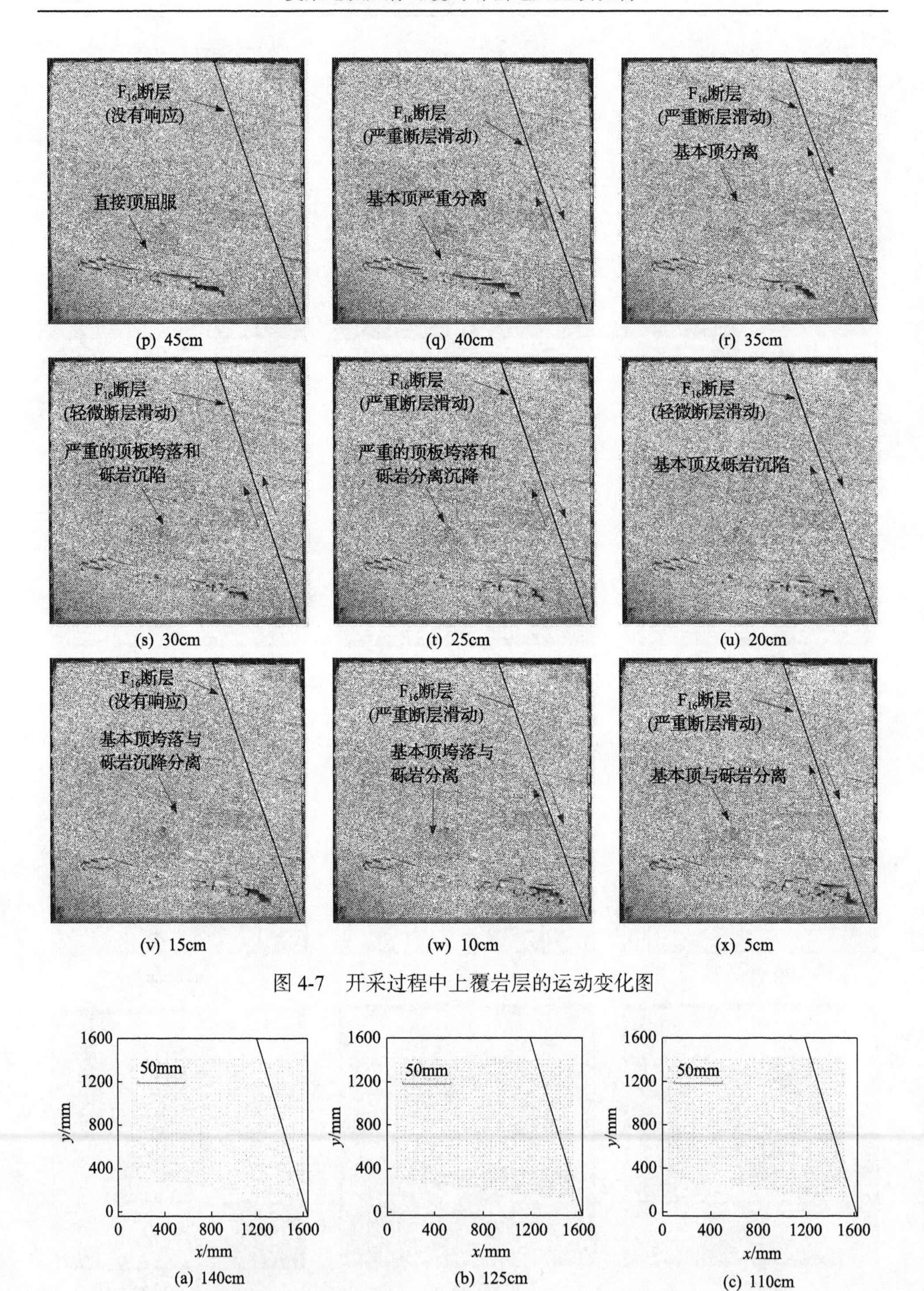

(p) 45cm (q) 40cm (r) 35cm

(s) 30cm (t) 25cm (u) 20cm

(v) 15cm (w) 10cm (x) 5cm

图 4-7 开采过程中上覆岩层的运动变化图

(a) 140cm (b) 125cm (c) 110cm

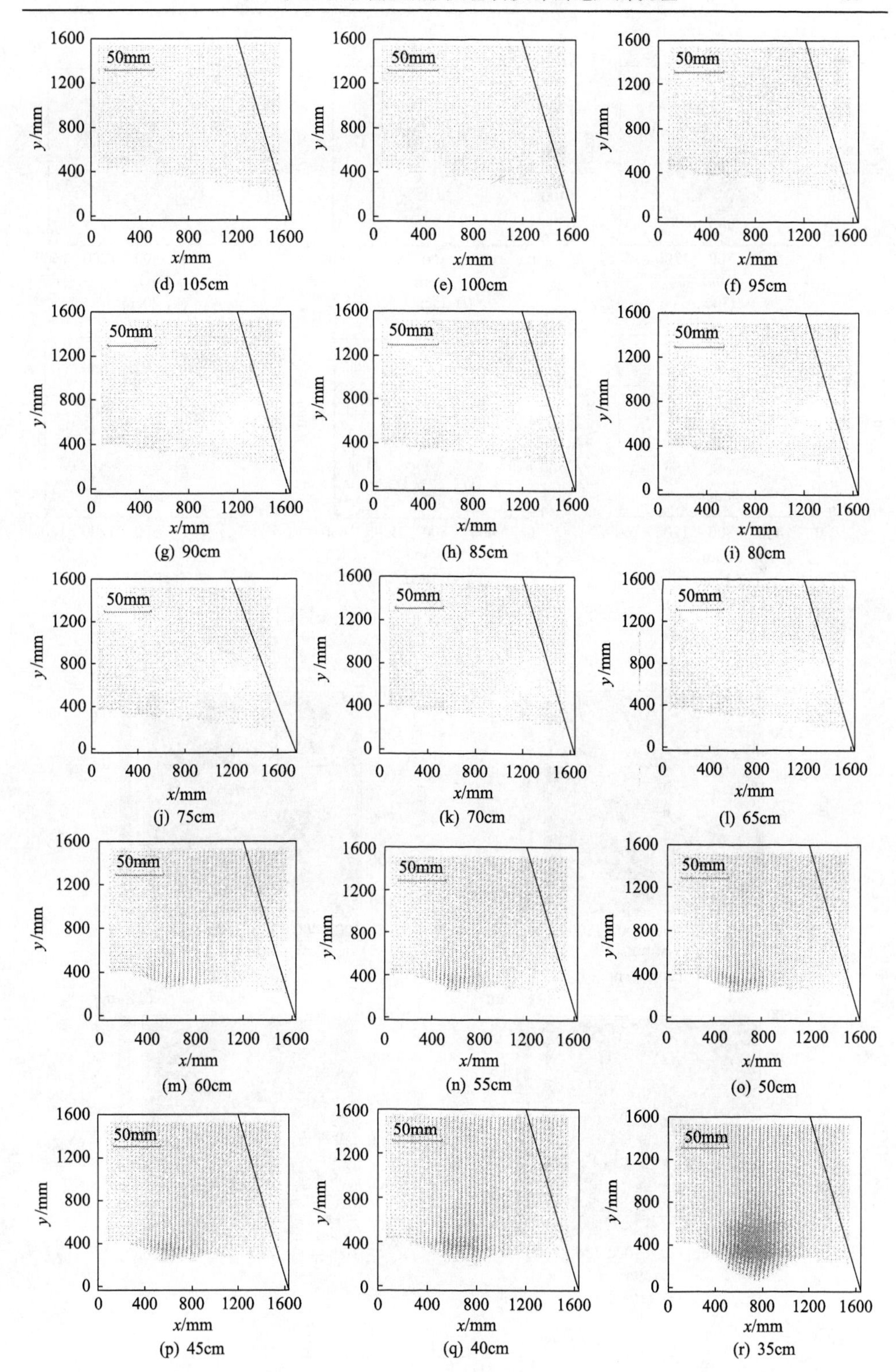

(d) 105cm　(e) 100cm　(f) 95cm

(g) 90cm　(h) 85cm　(i) 80cm

(j) 75cm　(k) 70cm　(l) 65cm

(m) 60cm　(n) 55cm　(o) 50cm

(p) 45cm　(q) 40cm　(r) 35cm

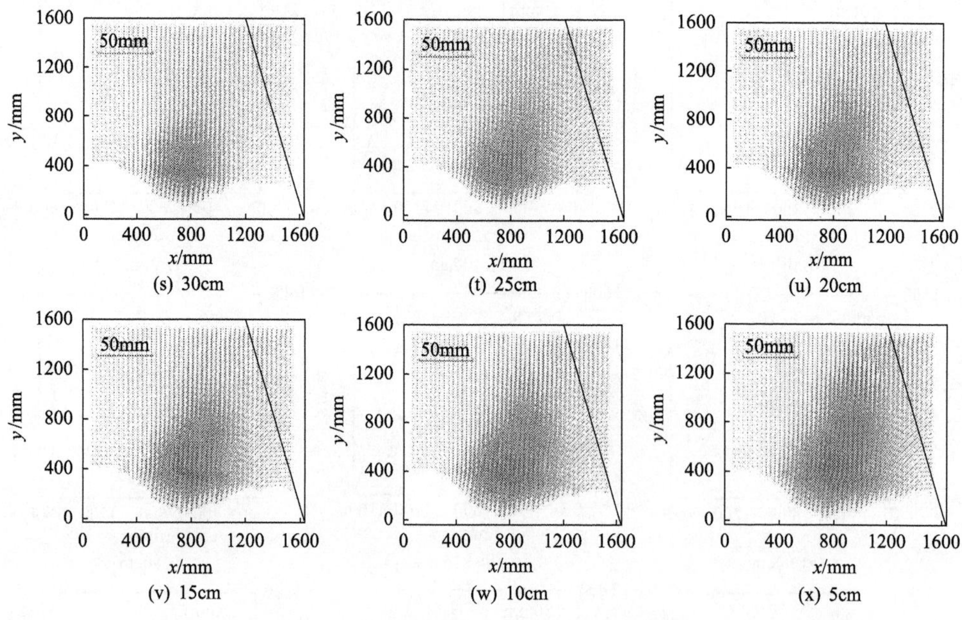

(s) 30cm　(t) 25cm　(u) 20cm

(v) 15cm　(w) 10cm　(x) 5cm

图 4-8　开采过程中上覆岩层位移矢量图

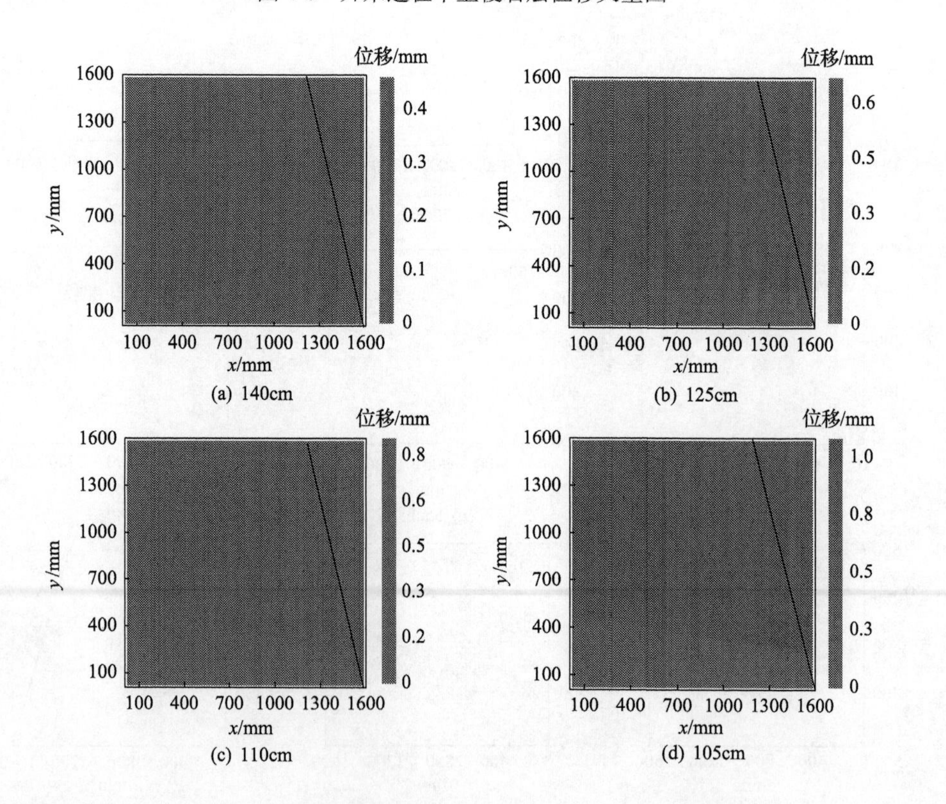

(a) 140cm　(b) 125cm

(c) 110cm　(d) 105cm

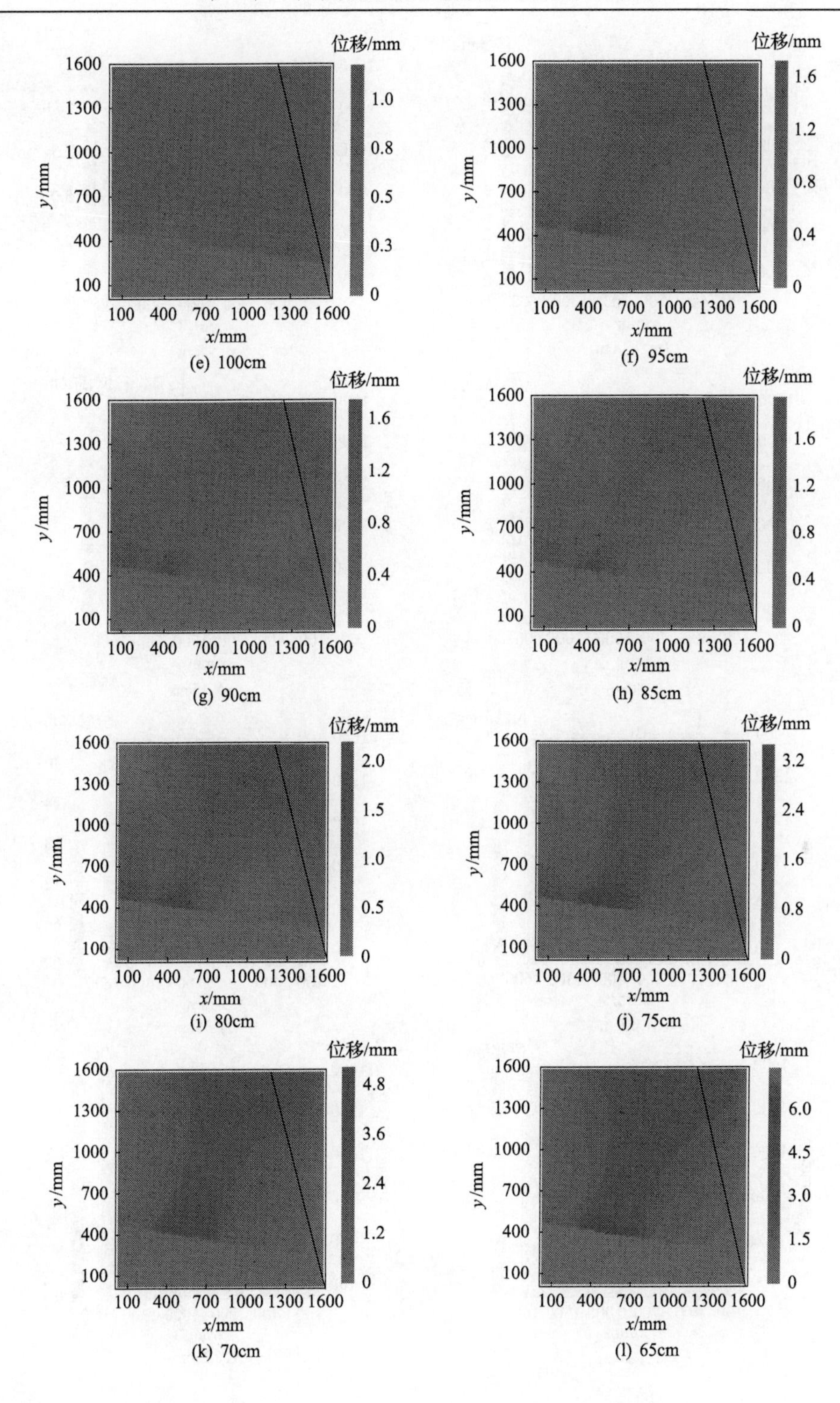

(e) 100cm　(f) 95cm
(g) 90cm　(h) 85cm
(i) 80cm　(j) 75cm
(k) 70cm　(l) 65cm

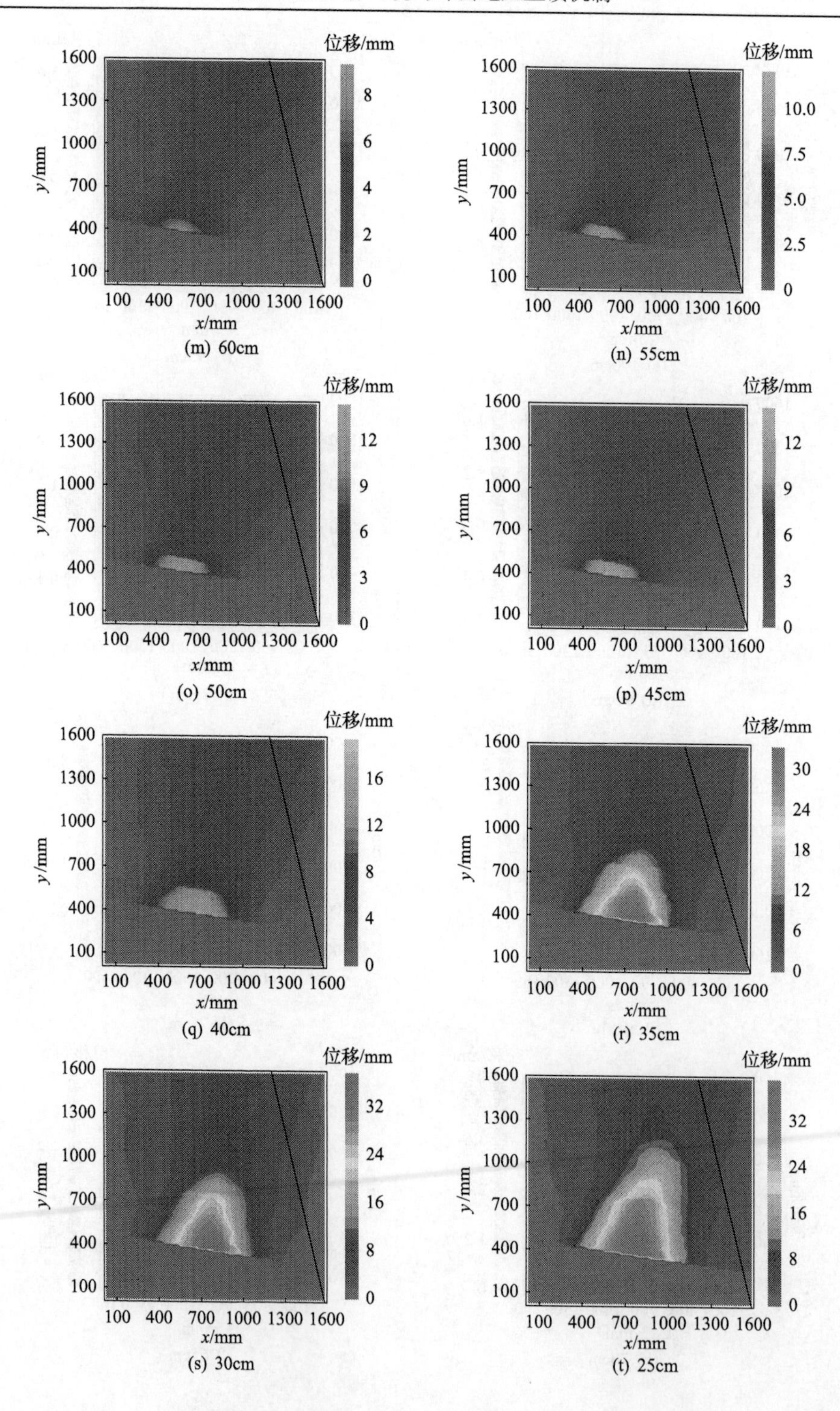

(m) 60cm (n) 55cm (o) 50cm (p) 45cm (q) 40cm (r) 35cm (s) 30cm (t) 25cm

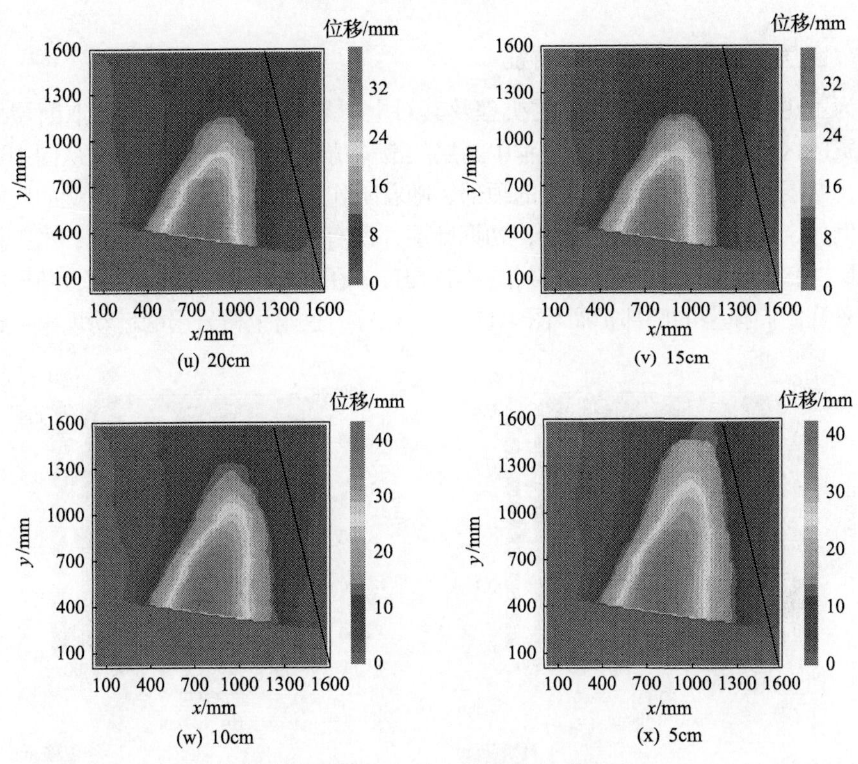

图 4-9 开采过程中上覆岩层位移云图

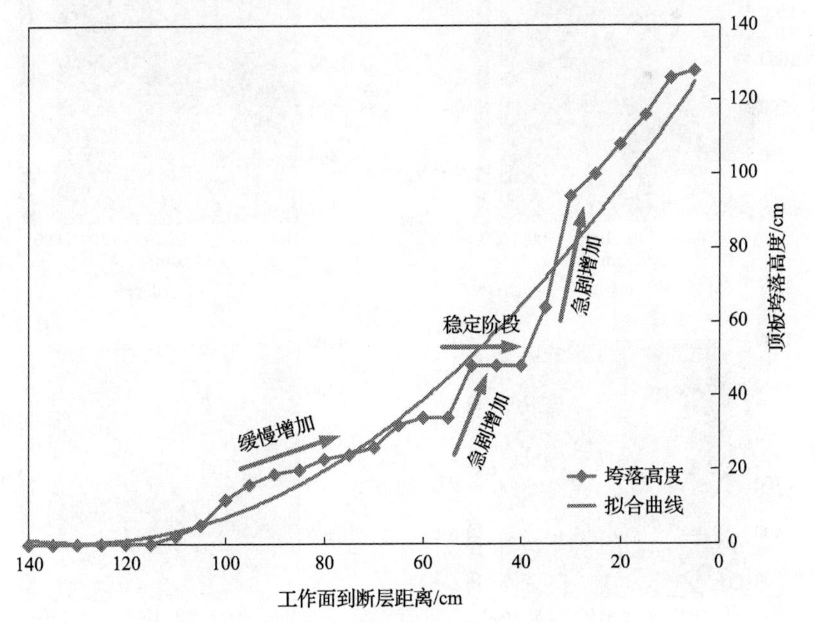

图 4-10 顶板垮落高度随煤层开采的变化曲线

4.1.4 断层面上的位移场演化特征

为了更好地了解断层滑移的机理及其对上覆岩层的影响，本节选取断层面上30m宽的区域分析工作面开采过程中断层的滑移情况，如图4-11所示。从图中可以看出，断层滑移首先出现在模型的顶部，随着工作面的推进，逐渐向模型的底部扩展。例如，在图4-11(a)～(c)中，初期断层并没有受到开采扰动的影响；当工作面距断层105cm时，断层开始滑移(图4-11(d))。在经历了第一次扰动后，断层滑移的位置开始向模型的底部扩展(图4-11(d)～(x))，这与上覆岩层的运动规律一致。

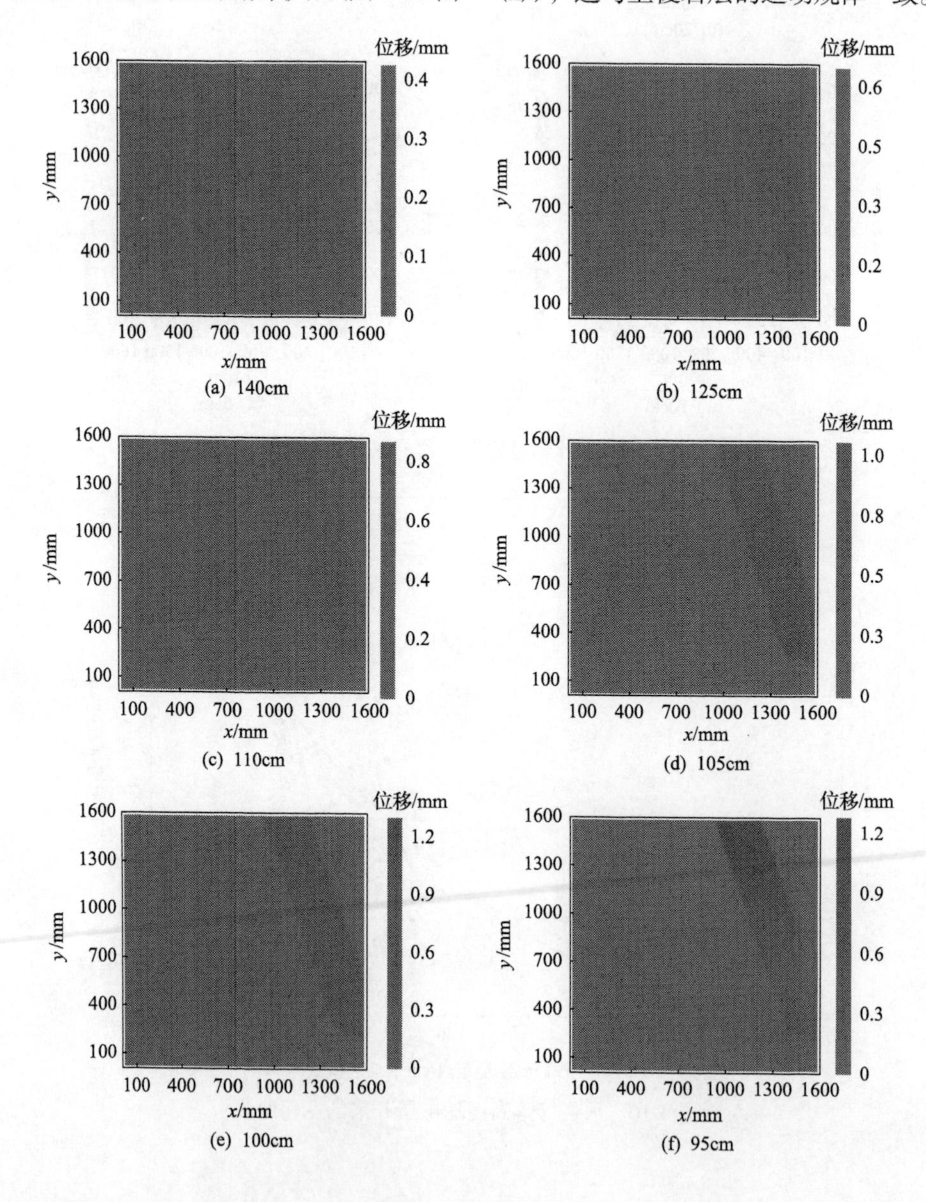

(a) 140cm (b) 125cm

(c) 110cm (d) 105cm

(e) 100cm (f) 95cm

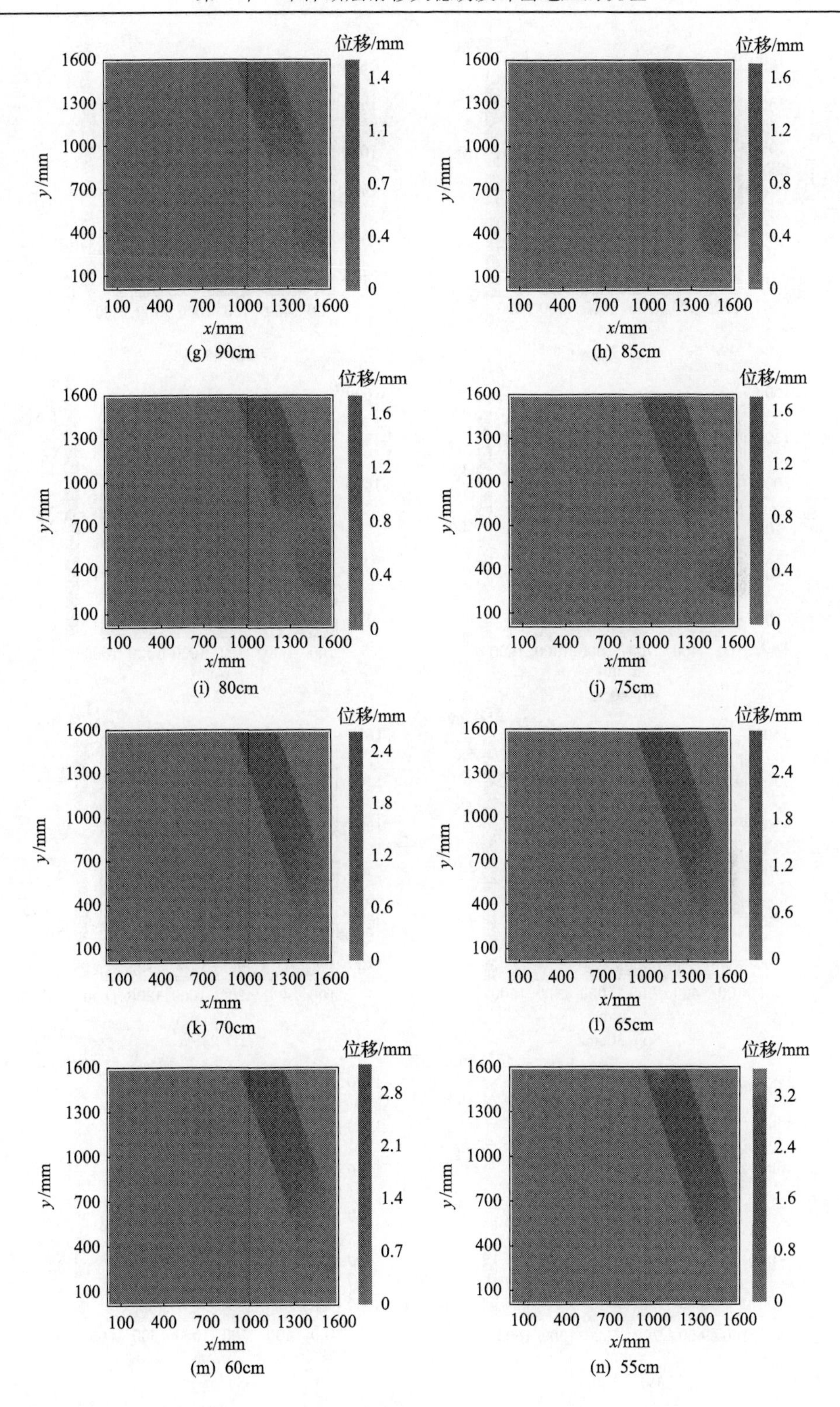

(g) 90cm　(h) 85cm

(i) 80cm　(j) 75cm

(k) 70cm　(l) 65cm

(m) 60cm　(n) 55cm

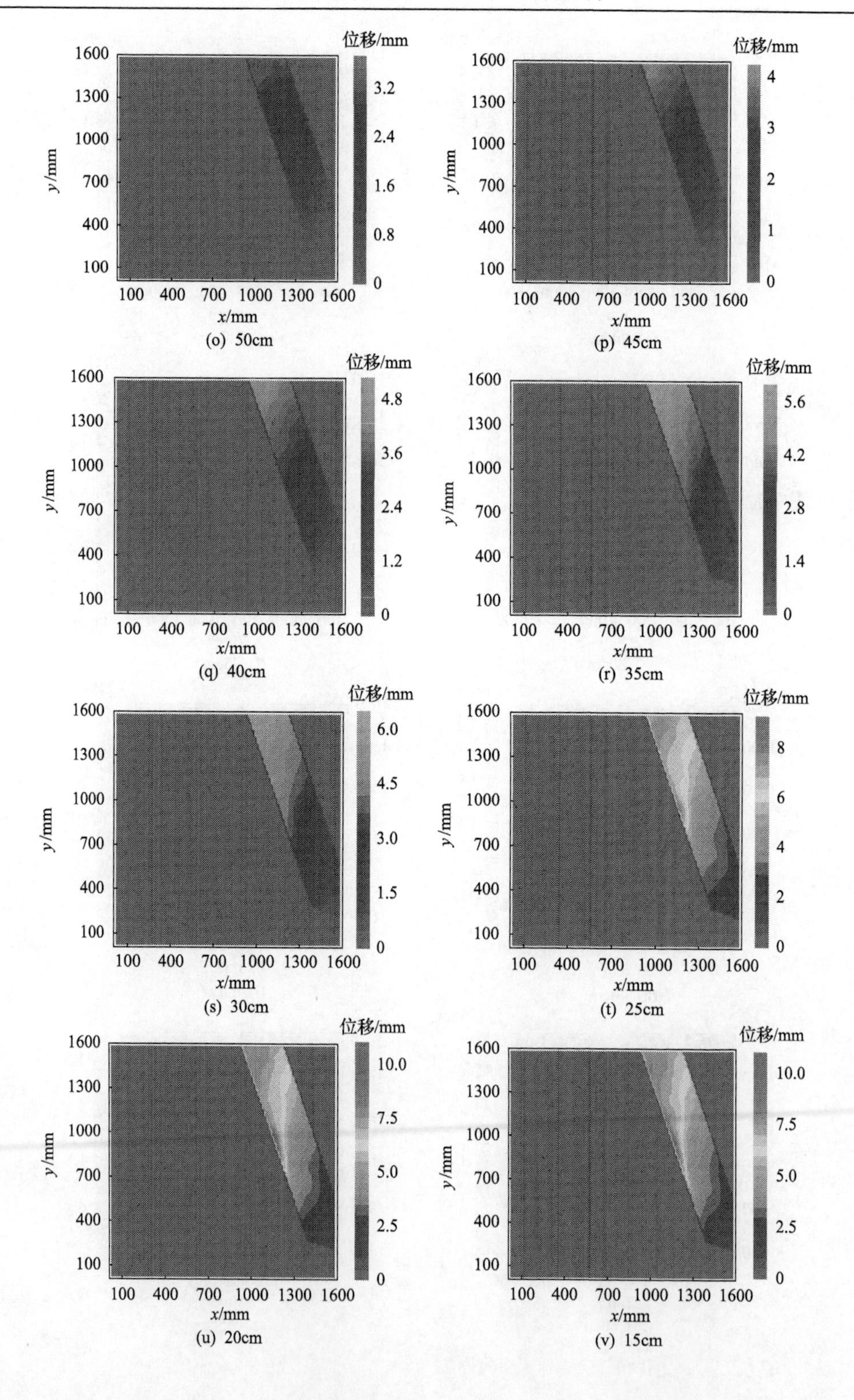

(o) 50cm　(p) 45cm　(q) 40cm　(r) 35cm　(s) 30cm　(t) 25cm　(u) 20cm　(v) 15cm

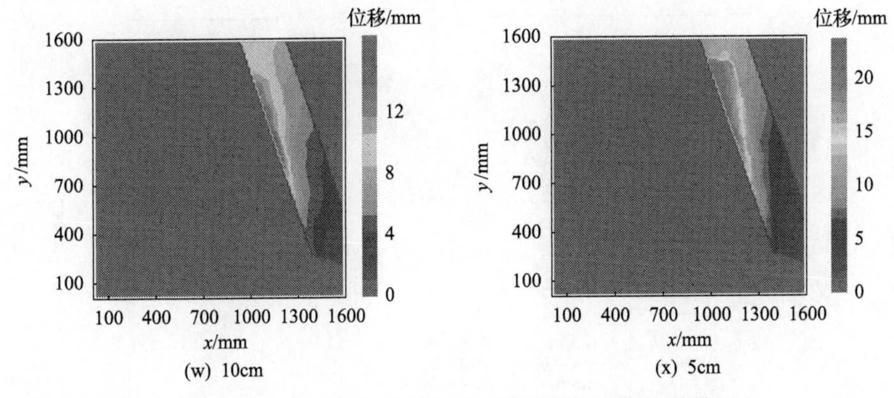

(w) 10cm　(x) 5cm

图4-11　工作面开采过程中30m宽断层面上的滑移情况

尽管在煤层开采的初期阶段，断层滑移主要出现在模型的顶部，但是随着工作面不断向断层推进，断层滑移严重的地方出现在模型的中部，此时工作面与断层之间的距离为25cm，如图4-11所示。为了阐述这一现象产生的原因，选取模型上断层左侧15cm处直线，对煤层开采过程中该线上各点的滑移情况进行分析，如图4-12所示。从图中可以看出，发生最大断层位移的点位于距断层左边110cm(图4-12(a))和距断层底部100cm(图4-12(b))处。

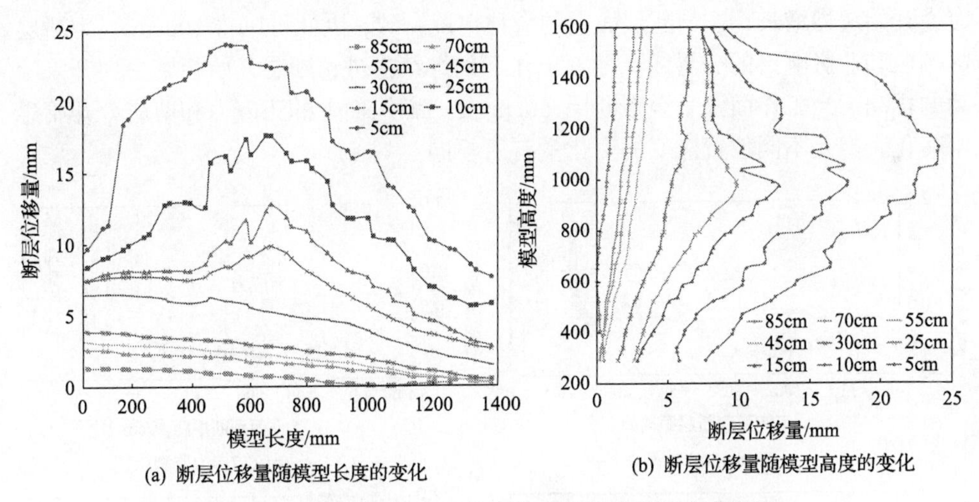

(a) 断层位移量随模型长度的变化　(b) 断层位移量随模型高度的变化

图4-12　断层左侧15cm处直线上各点的断层滑移情况

图4-13为煤层开采过程中断层左侧15cm处直线上各点最大位移出现的位置，图中圆圈的大小代表断层最大位移的值。当工作面与断层的距离介于140～25cm时，断层最大位移出现在模型的顶部；当工作面与断层的距离介于25～0cm时，断层最大位移出现在模型的中部。

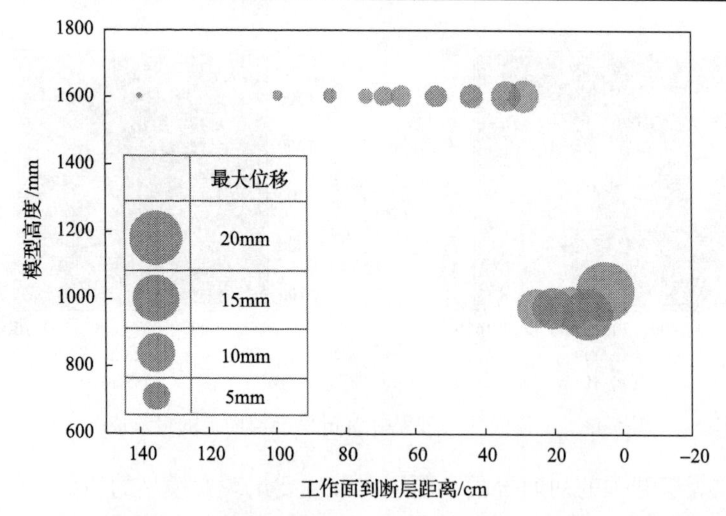

图 4-13　开采过程中断层左侧 15cm 处直线上各点最大位移出现的位置

4.1.5　断层面上的应力场演化特征

图 4-14 给出了相似模拟实验过程中断层面上的正应力和剪应力变化曲线。从图中可以看出，当工作面开采至距断层 100cm 时，除 S-2 监测点外，正应力和剪应力开始缓慢增长，这与断层面上的滑移情况一致，因此可以将 100cm 视为断层影响区和非影响区的分界线。随着工作面的继续推进，断层开始频繁受到开采活动的扰动。当工作面开采至距断层 60cm 处，断层面上的正应力和剪应力开始急剧变化，但是不同位置应变的变化量有所不同。

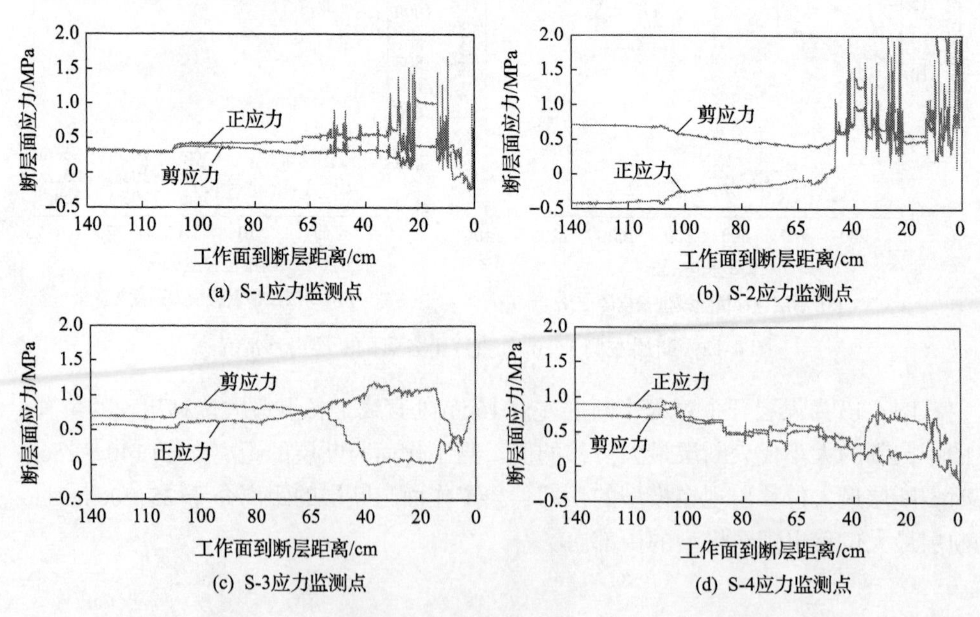

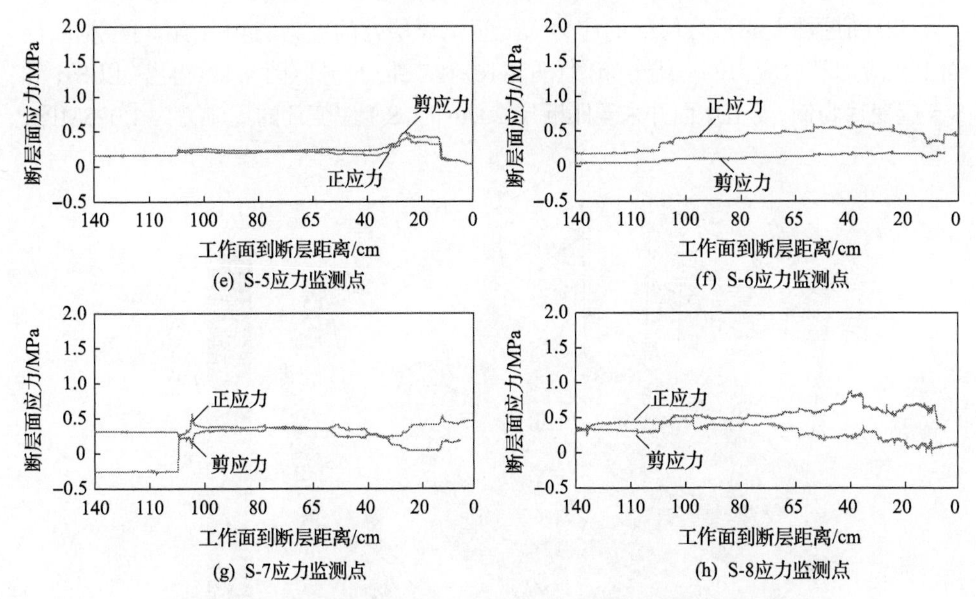

图 4-14　工作面推进过程中断层面上的正应力和剪应力变化曲线

通过观察工作面开采过程中断层面上不同测点的正应力和剪应力变化情况，可以得到如下结论：

(1) 正应力比剪应力变化剧烈。以 S-4 应变片为例，如图 4-15 所示，当工作面由距离断层 35cm 推进到距离断层 20cm 时，正应力增大了 233.3%，而剪应力增大了 41.7%。由于断层面上的正应力与加在模型两端的水平荷载有关，本次相似模拟实验的水平荷载大于垂直荷载，因此实验过程中的正应力比剪应力变化剧烈。

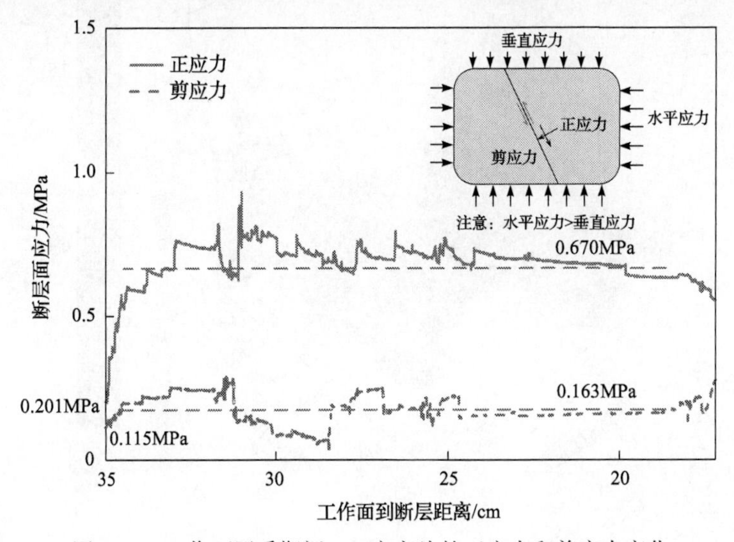

图 4-15　工作面回采期间 S-4 应变片的正应力和剪应力变化

(2)断层面上靠近煤层处的应力大于远离煤层处的应力。这一结论可根据断层面上正应力和剪应力的三维分布图(图 4-16)和二维分布图(图 4-17)得出。以 S-1 和 S-5 应变片为例,当工作面开采至距断层 20cm 时,S-1 应变片的正应力为 1.095MPa,

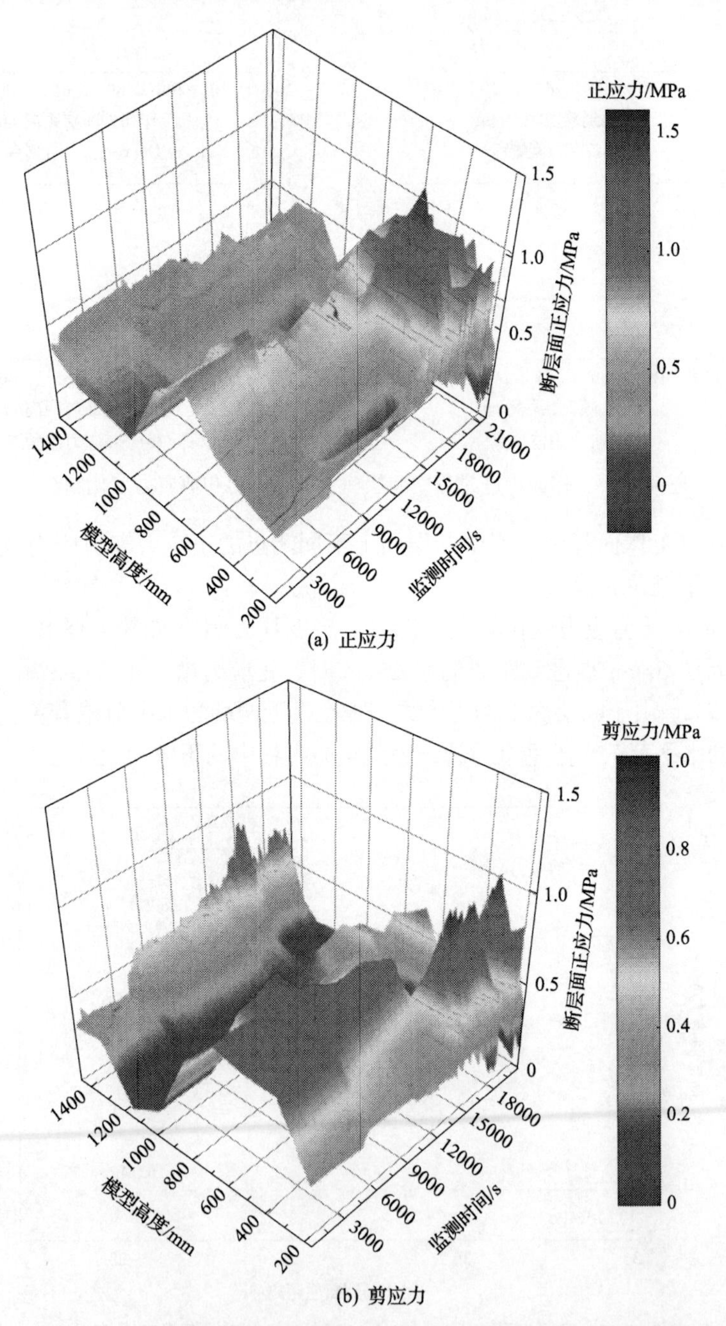

(a) 正应力

(b) 剪应力

图 4-16 工作面回采期间断层面上正应力和剪应力的三维分布图

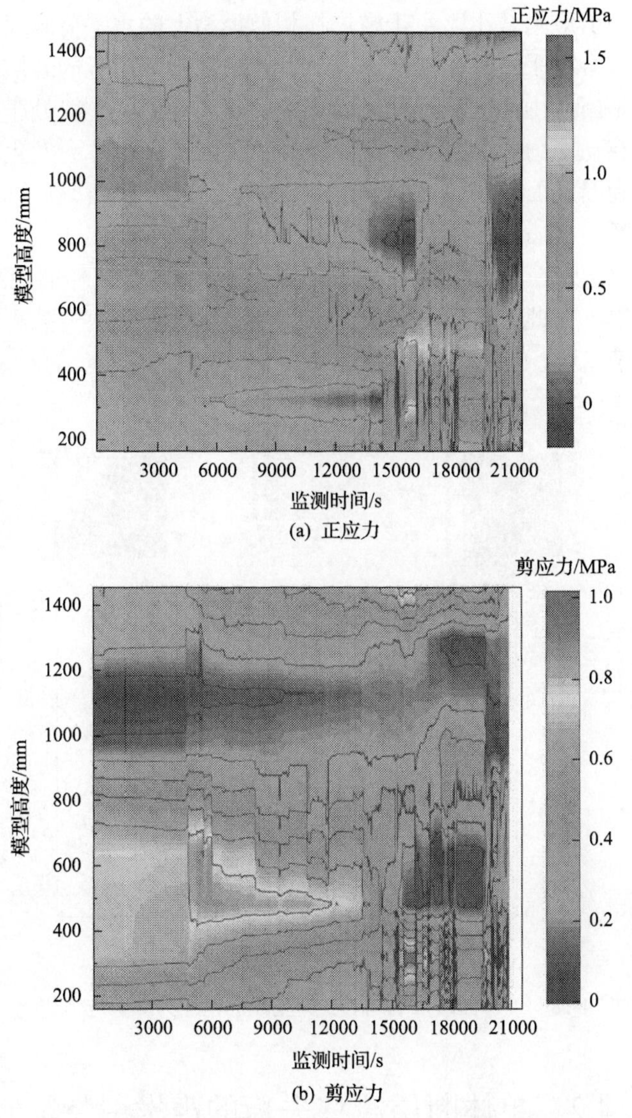

(a) 正应力

(b) 剪应力

图 4-17　工作面回采期间断层面上正应力和剪应力的二维分布图

而 S-5 应变片的正应力为 0.336MPa。当工作面距离断层较近时，靠近煤层处的断层会受到开采活动和断层滑移的联合作用，同时根据前面的分析，断层面上的最大位移出现在模型的中部，这一区域位于巨厚砾岩和断层的交界处，因此靠近煤层处的正应力和剪应力要大于远离煤层处的正应力和剪应力。

(3) 断层面上中部区域的应力变化情况应该引起重视，在这一区域正应力和剪应力的变化趋势相反。一般来说，当正应力增大时，摩擦力也会相应增大。以 S-3 应变片为例，如图 4-18 所示，当工作面由距断层 60cm 开采至距断层 25cm 时，正应力增大，而剪应力减小。由于施加在相似模型上的水平荷载大于垂直荷载，且水平荷载在整个开采过程中保持不变，因此断层中部附近的岩层已经被压实且不会松动，这是断层中部区域正应力增大的原因。逆断层一般处于压剪状态，也就是说，只有在正应力和剪应力的共同作用下，断层面上才会发生滑移，而断层滑移一般表现为断层面上剪应力的减小[1]。另外，由断层位移场的监测结果可知，在工作面从距断层 60cm 推进至距断层 25cm 的过程中，断层面上时刻都在发生着滑移，最大位移出现在工作面距断层 25cm 处，这意味着在工作面距断层 25cm 时，断层滑移最严重。因此，可以将断层面上正应力增大而剪应力减小的过程视为断层滑移的前兆信息[12]。

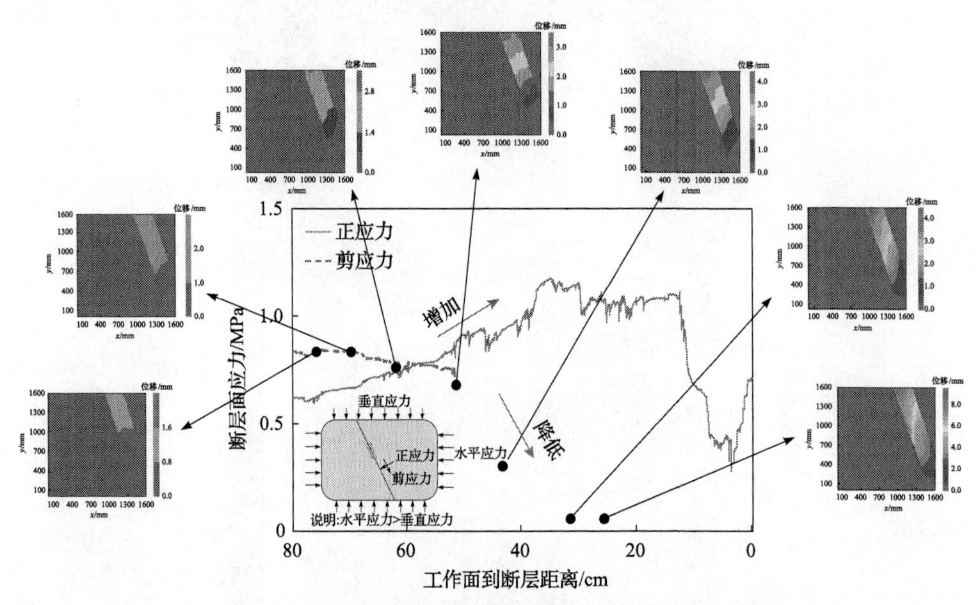

图 4-18　工作面回采期间 S-3 应变片的正应力和剪应力变化

4.2　单体断层滑移失稳的声发射特征

4.2.1　声发射实验方案

声发射监测技术作为一种无损检测手段，越来越多地应用于岩土工程和采矿工程领域。左建平等[13]认为，声发射的空间分布主要受煤体结构及原生裂隙的影响。赵扬锋等[14]研究发现，岩石试样在失稳前有明显的声发射前兆信号。赵善坤[15]综合运用声发射监测技术发现受逆断层南北两侧地层覆岩结构和构造运动的影响，断层“活化”前后工作面覆岩运动特征、矿压显现规律和动力响应明显不同。声发射技术具有实时监测并定位岩体变形和破坏等优点，因此本节将采用声发射技术监测断层滑移失稳的前兆信息[16-18]。

声发射信号特征参数包括振铃计数、幅值、能量释放率、峰值频率等，实验选取振铃计数和能量释放率 2 个指标作为衡量参数，并记为一个事件数，以此判断断层瞬时滑移失稳的前兆信息。振铃计数是单位时间内仪器监测到的声发射信号累计总数，反映岩体破裂的声发射频率，是岩体出现破坏的重要标志；能量释放率是单位时间内仪器监测到的声发射能量的相对累计值，是岩体破坏速度和大小变化程度的重要标志[19]。

在本次声发射实验中，采用 PCI-2 声发射系统对断层附近煤岩体的破裂和滑移进行监测，声发射测点的布置如图 4-19 所示。在相似模型断层附近设置 6 个声发射测点，测点从泥岩上方开始布置，每间隔 500mm 布置一处，前后共 6 个，编号为 N1～N6，采集实验过程中相似模型的声发射信号特征参数，监测断层区域岩层裂隙的发育情况。

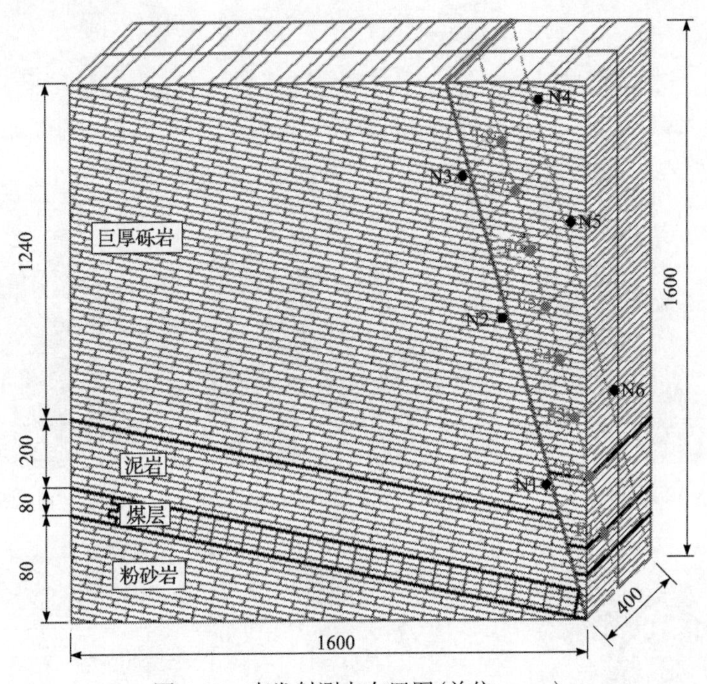

图 4-19　声发射测点布置图(单位：mm)

4.2.2　断层滑移失稳的能量变化特征

选取加载阶段和工作面开采阶段的监测数据进行研究，图 4-20 为工作面开采阶段声发射事件数分布图，大圆点代表振铃计数大于 8000 且能量释放率大于 500 的事件数位置，小圆点代表振铃计数小于 8000 或能量释放率小于 500 的事件数位置。实验共监测记录 34 个事件数，事件数随工作面开采的变化规律如图 4-21 所示，相关参数振铃计数、能量释放率随工作面开采的变化规律如图 4-22 所示[12,20]。

根据声发射事件数分布和变化情况，可知整个实验过程中事件数出现 3 次激增，分别是模型加载阶段、工作面距断层 18m 和工作面到达断层处，同时振铃计数和能量释放率也出现激增。出现上述三次激增现象的原因是在模型加载的初期阶段，单元板以及各岩层间逐渐压密，缝隙闭合，此时振铃计数和能量释放率较小；随着加载阶段施加的垂直荷载、水平荷载逐渐增大，断层上下盘相对滑动，

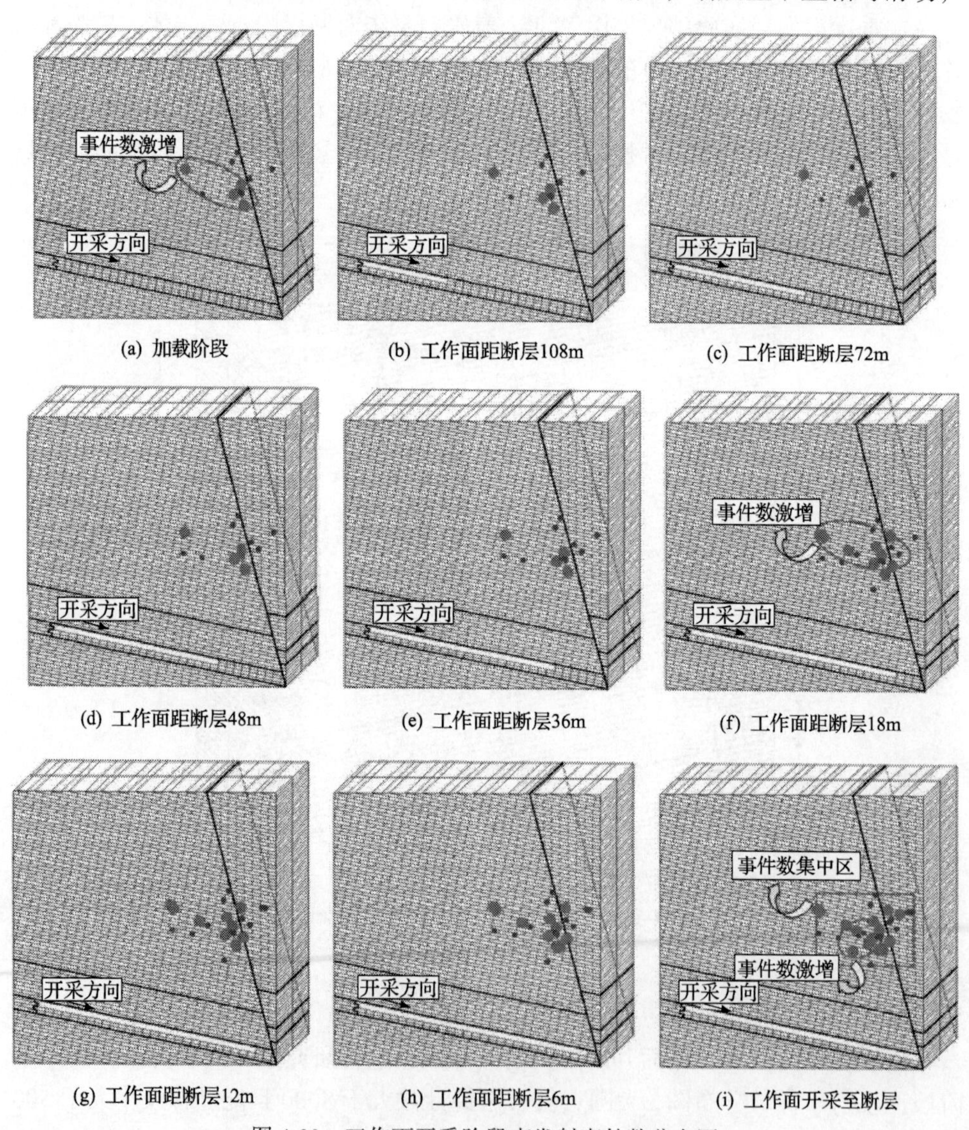

图 4-20　工作面开采阶段声发射事件数分布图

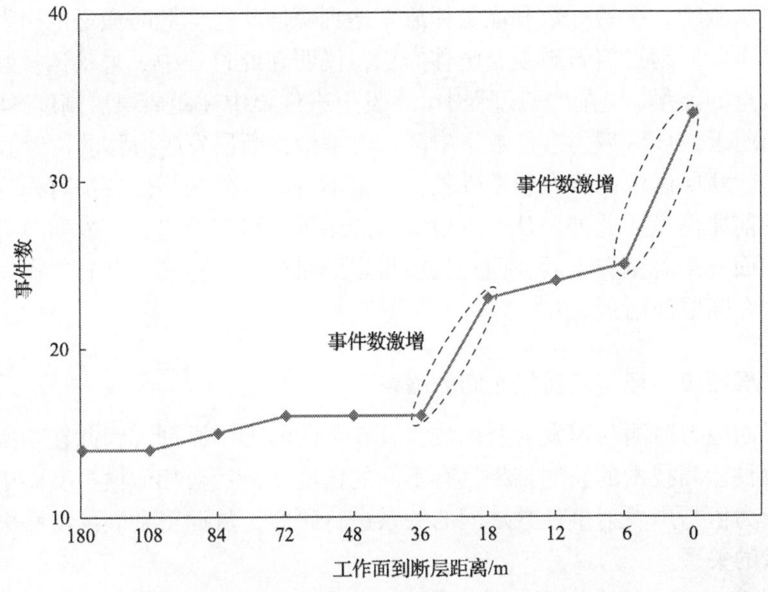

图 4-21　声发射事件数随工作面开采的变化规律

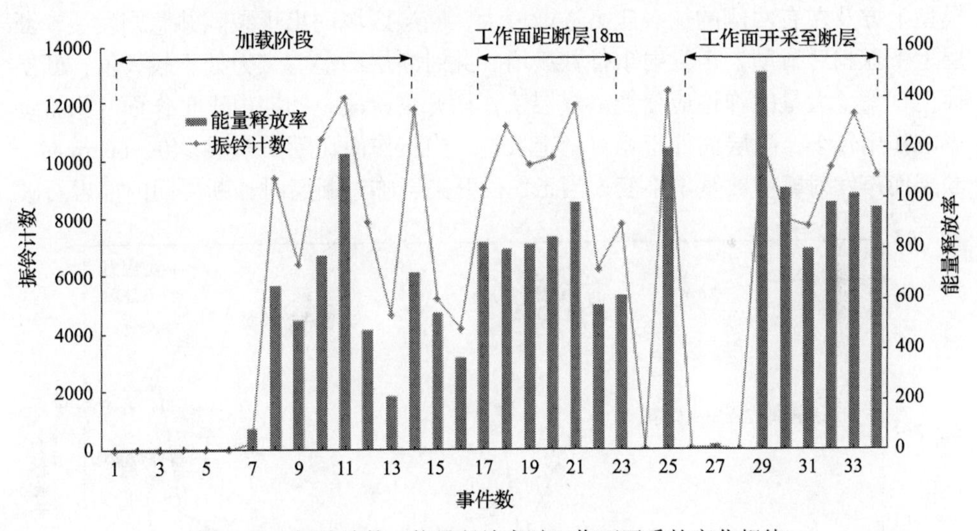

图 4-22　振铃计数、能量释放率随工作面开采的变化规律

断层区域内出现裂隙并急剧发展，声发射事件数激增，说明断层面上积聚了大量的应变能。工作面开采阶段，初期采动对断层扰动较小，上覆岩层较稳定，声发射事件数较少，几乎保持恒定不变，说明岩层中仅有微小的裂隙出现和发展，断层处于相对稳定状态；工作面开采距断层 18m 时，事件数激增，其振铃计数和能量释放率开始急剧增加，声发射信号主要来源于工作面顶板的弯曲变形破裂，此时断层频繁发生滑动，在开采扰动下断层即将滑移失稳；工作面开采到达断层时，

事件数再次激增，振铃计数和能量释放率达到峰值状态，此时激增的声发射信号主要来源于断层附近岩石破裂及滑移失稳，说明在此过程中，采动诱发断层滑动释放了大量的能量。整个实验过程中，声发射事件集中在距离煤层高度 54～104m 的断层面附近，该区域为事件数集中区，也是最终断层发生滑移的位置。

因此，断层区域内声发射事件数在恒定不变时突然激增的特征可作为断层滑移失稳的前兆信息。此外，从声发射实验的结果还可以看出，声发射事件并不是随着工作面开采时刻存在的，而是仅在特定的时刻才会存在。此外，声发射事件集中出现在断层面附近。

4.2.3 断层面应力场与能量场之间的联系

断层面应力监测与声发射监测技术具有不同的工作原理，因此在相似模拟实验中，两种监测技术的监测结果具有不同的精确度，针对相似模拟实验中监测的断层面应力值与声发射事件数之间的关系进行研究，从而得到断层滑移失稳时应力与能量的关系。

如图 4-23 所示，在模型加载阶段，相似模型板块间缝隙闭合压密，随着相似模型上方及左右两侧的加载应力逐渐增大，断层区域内出现裂隙并急剧发展，断层上下盘相对滑动，声发射事件数激增，此时断层面上剪应力处于较大值，断层面上积聚了大量的弹性应变能。煤层工作面开采阶段，初期由于工作面开采扰动影响作用较小，断层面处于相对稳定状态，当工作面在距离断层 140～60cm 时，断层面声发射事件数基本不变；当工作面开采至临近断层时，断层面内部岩石破

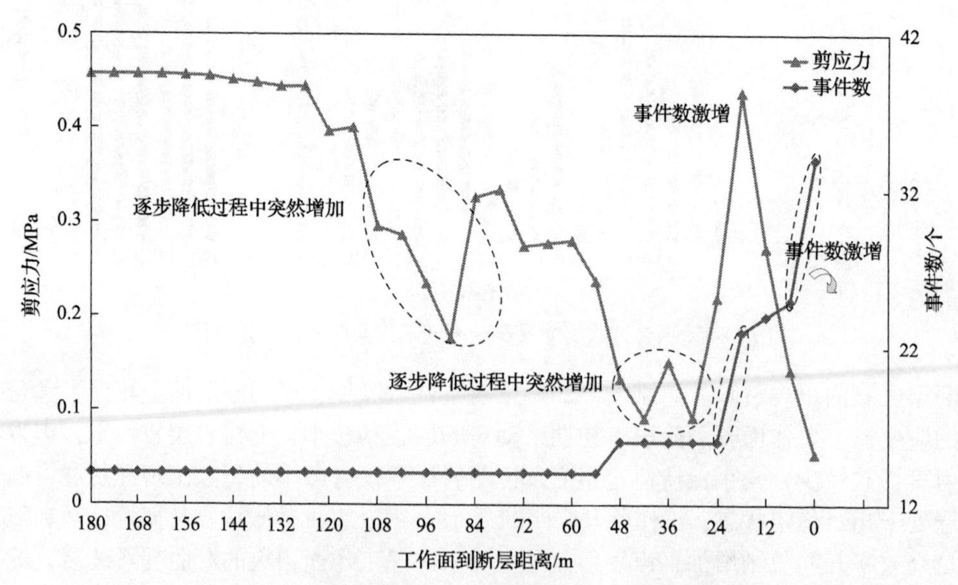

图 4-23　断层面上应力场和能量场之间的联系

碎，裂隙充分发育，断层即将滑移失稳，此时断层面正应力、剪应力变化剧烈。与声发射事件数相对应，在此过程中断层面应力出现两次逐步降低后陡然增加的过程。工作面开采距断层 15cm 处，第一次出现正应力与剪应力在逐步降低的过程突然增加，与此同时断层区域内声发射事件数激增，工作面顶板变形破坏，在开采扰动下滑动面即将滑移失稳；随着工作面继续开采，在工作面开采至断层处，应力降至谷值，声发射事件数再次激增，断层内部岩石破裂，在工作面开采扰动影响下断层滑移失稳并释放出大量的能量。

综合以上现象，可得到如下结论：

(1) 断层面应力的变化情况比声发射事件的变化更为复杂，因此断层面应力变化蕴含更多断层滑移失稳特征信息。

(2) 断层面应力在逐步降低的过程中陡然增加和声发射事件数恒定不变时突然激增的特征可作为断层滑移失稳的前兆信息。

4.2.4　断层面位移场和能量场之间的联系

图 4-24 为煤层开采过程中声发射事件和最大断层位移的综合分析图。从图中可以看出，断层面上并不是时时刻刻都在滑移，声发射事件也只能在特殊的阶段才能被捕捉。由 4.2.3 节可知，声发射事件数在突然激增前几乎保持不变。通过观察工作面开采过程中声发射事件数和断层面上的滑动位移可以看出，声发射事件数的激增阶段滞后于最大断层位移出现的时刻。例如，当工作面距断层 25cm 时，断层面上出现最大位移；而当工作面距断层 15cm 时，声发射事件数才出现激增。

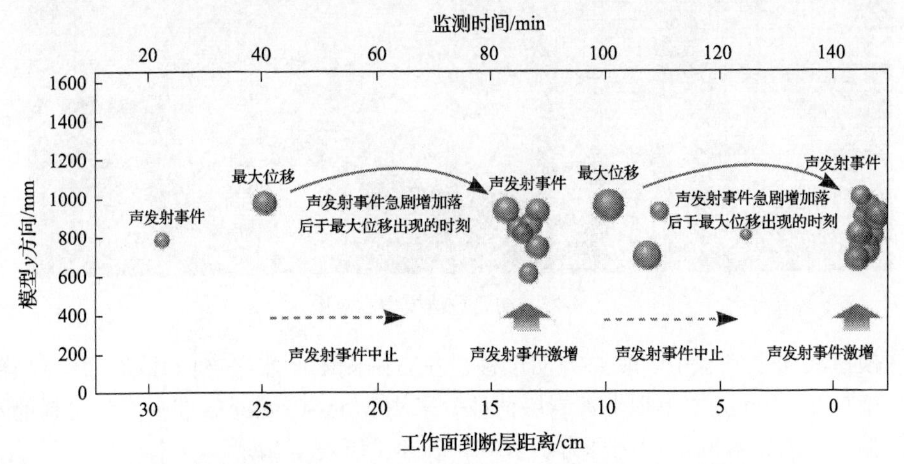

图 4-24　煤层开采过程中声发射事件和最大断层位移的综合分析图

在工作面向断层推进的过程中，断层结构持续受到扰动。根据声发射技术的原理，只有当断层发生严重的滑移时，才会捕捉到声发射事件。根据之前的实验描述可以知道，在顶板突然垮落或断层发生严重滑移之前，顶板或断层处于稳定阶段，岩层中裂缝较少，相应的声发射事件也较少。因此，可以将声发射事件激增前的恒定不变阶段视为断层滑移的前兆信息。

4.3 断层失稳诱发冲击地压的影响因素分析

4.3.1 数值模拟方案

以义马矿区千秋煤矿地质条件为地质原型，采用 FLAC3D 建立采深为 800m 的多个不同断层构造数值模型，研究断层倾角、断层切向刚度、侧压系数和水平构造应力地质因素对断层面应力场演化和滑移量突变的影响特征[21,22]。数值模型长 300m、高 120m，利用接触面单元 interface 模拟断层软弱结构面，断层面上 5 个监测点在模型中的位置如图 4-25 所示，测点间距 10m。千秋煤矿岩层综合柱状图见图 2-3。

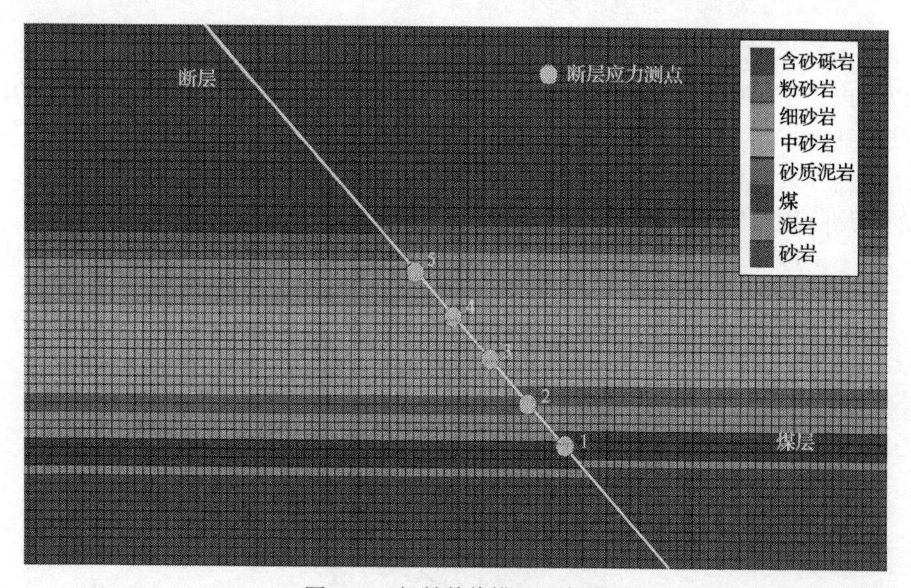

图 4-25　初始数值模型示意图

模型底面限制水平、垂直方向位移，左右两侧限制水平方向移动，模型顶部垂直施加 20MPa 应力模拟上覆岩层荷载，采用 Mohr-Coulomb 准则作为材料的本构模型。各岩层和断层面物理力学参数如表 4-3 和表 4-4 所示。

从断层上盘模拟工作面回采，分别模拟断层倾角为 5°～75°，断层切向刚度为 10～80MPa/m，侧压系数为 0.8、1.0、1.2、1.5、1.8、2.0 时断层面剪应力和滑移量的变化；在模型两侧以 10^{-5}m/s 的速度施加水平推力来模拟水平构造应力的挤压作用，研究断层面上剪应力、断层滑移量和滑移速率的变化特征[23-26]。

表 4-3　各岩层物理力学参数

岩性	密度/(kg/m^3)	体积模量/GPa	剪切模量/GPa	黏聚力/MPa	内摩擦角/(°)	抗拉强度/MPa
含砂砾岩	2707	11.21	8.76	5.20	29.5	8.0
粉砂岩	2730	12.13	9.21	4.70	28.2	14.0
细砂岩	2680	12.40	9.42	4.65	28.7	11.0
中砂岩	2580	12.05	9.13	4.54	28.6	10.0
砂质泥岩	2450	10.14	7.65	5.70	30.6	5.8
煤	1440	1.67	1.47	2.40	26.9	0.2
泥岩	2360	10.45	7.34	3.90	27.4	5.1
砂岩	2560	11.34	7.89	5.10	26.5	10.0

表 4-4　断层面物理力学参数

法向刚度/(MPa/m)	切向刚度/(MPa/m)	内摩擦角/(°)	抗拉强度/MPa
40	40	45	0.5

4.3.2　断层倾角对滑移失稳的影响

本节研究的断层倾角分别为 5°、15°、30°、45°、60°和 75°，限于篇幅，重点分析 2 号测点的剪应力和滑移量变化规律，如图 4-26 和图 4-27 所示。

由图 4-26 可知，断层面上剪应力随着工作面开采推进而逐渐增大，当工作面距断层 60m 时，剪应力开始出现迅速增大，当工作面距断层 10m 时，剪应力达到峰值，断层倾角为 45°时的剪应力为所有峰值的最大值，随后剪应力突然降低，发生断层滑移的可能性较大[27]。

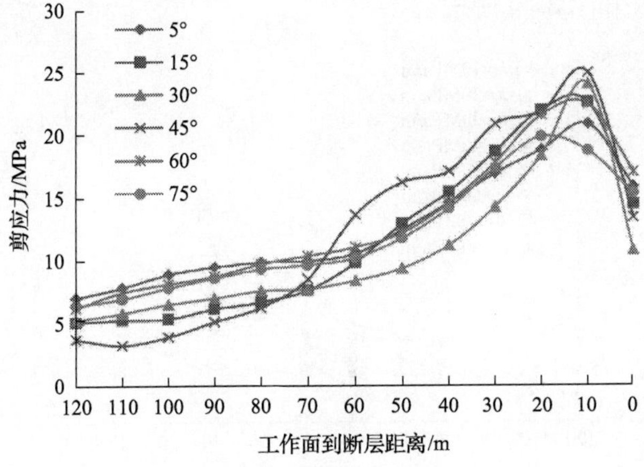

图 4-26　不同断层倾角时上盘开采 2 号测点剪应力变化规律

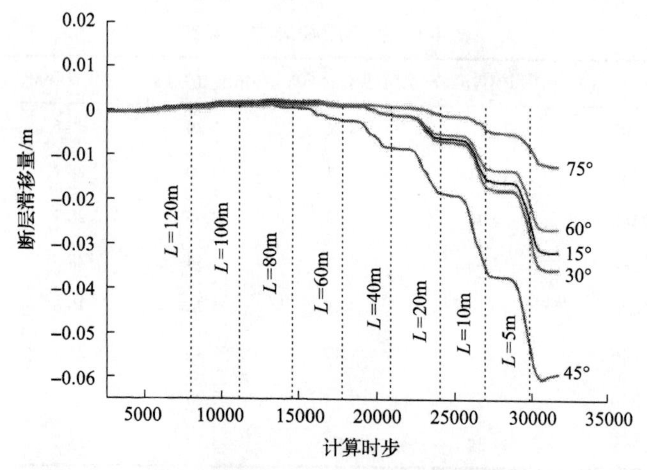

图 4-27 不同断层倾角时 2 号测点断层滑移量变化规律

由图 4-27 可知，随着工作面向断层靠近，工作面开采至距断层 60m 处时，2 号测点的滑移量出现明显变化，随着工作面继续向断层方向推进，2 号测点的滑移量出现了台阶式增长，这与断层黏滑位移变化现象相符。在工作面距离断层 5m 位置处，滑移速率极大，滑移量达到最大值，断层滑移突变显现。同时可以得出，随断层倾角的增大，滑移量峰值先增大后减小，断层倾角为 45°时的滑移量为所有峰值的最大值，断层滑移冲击危险性较高。

4.3.3 断层切向刚度对滑移失稳的影响

断层切向刚度主要控制断层剪切变形滑移。取断层切向刚度 k_s 为 10MPa/m、20MPa/m、30MPa/m、40MPa/m、50MPa/m、60MPa/m、70MPa/m、80MPa/m 进行计算，考察不同断层切向刚度情况下，断层面上 2 号测点剪应力和滑移量变化特征，如图 4-28 和图 4-29 所示。

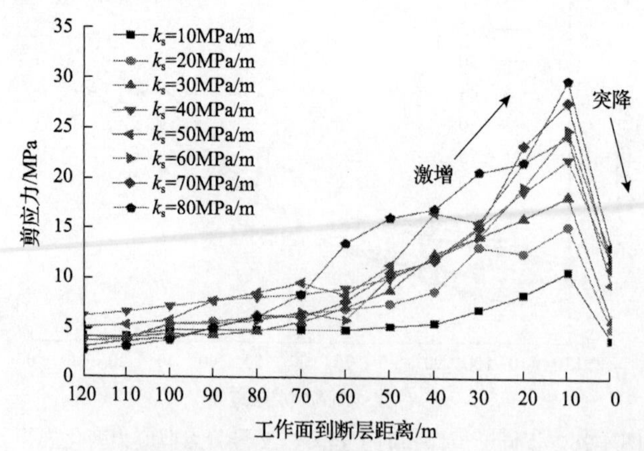

图 4-28 不同断层切向刚度时上盘开采 2 号测点剪应力变化规律

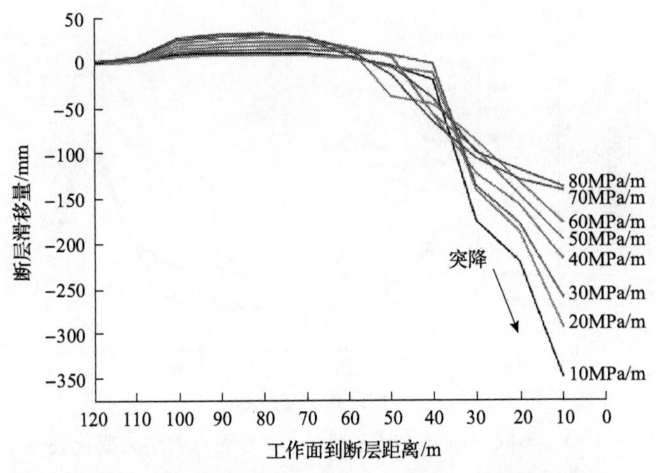

图 4-29　不同切向刚度时 2 号测点断层滑移量变化规律

由图 4-28 可知，在工作面距断层 60m 前，随着工作面逐渐向断层方向推进，断层面上剪应力增速极缓，当工作面距断层 30m 时，剪应力开始出现激增现象，在断层切向刚度较弱的情况下，随着断层切向刚度的增加，2 号测点剪应力也增大。在工作面距断层 10m 时，剪应力达到峰值，随后剪应力突降，且断层切向刚度越大，突降现象越明显，断层滑移危险性极高。

由图 4-29 可知，断层滑移量随着工作面向断层方向推进缓慢增大后逐渐减小，当工作面距断层 60m 时，滑移量开始出现逆向迅速增大，当工作面距断层 10m 时，滑移量达到峰值。在断层切向刚度较弱的情况下，随着断层切向强度的增加，断层面的自稳能力提升，2 号测点断层滑移量也逐步减小，同时随着断层切向刚度的增加，2 号测点断层滑移量增加的速率明显减缓。

4.3.4　侧压系数对滑移失稳的影响

侧压系数 λ 分别为 0.8、1.0、1.2、1.5、1.8、2.0 共 6 种情况下，2 号测点剪应力变化规律如图 4-30 所示。由图可知，随着工作面推进至距离断层 70m 时，断层面上剪应力基本没有变化，当工作面距断层 60m 时，剪应力开始出现迅速增大，当工作面距断层 10m 时，剪应力达到峰值，同时随侧压系数的增加，剪应力峰值增大，随后急剧突降，预示断层可能出现了明显的滑移现象，冲击危险性较大。

2 号测点断层滑移量在工作面开采至距断层 80m 前基本没有变化，在距断层 80m 后出现明显突降，并且随着侧压系数的增大，突降变化量增大，如图 4-31 所示。

由侧压系数和断层剪应力之间的关系可知，水平荷载越大，冲击危险性越高。因此，下面重点研究在模型两侧施加水平构造应力时，断层剪应力和滑移量的变化规律。

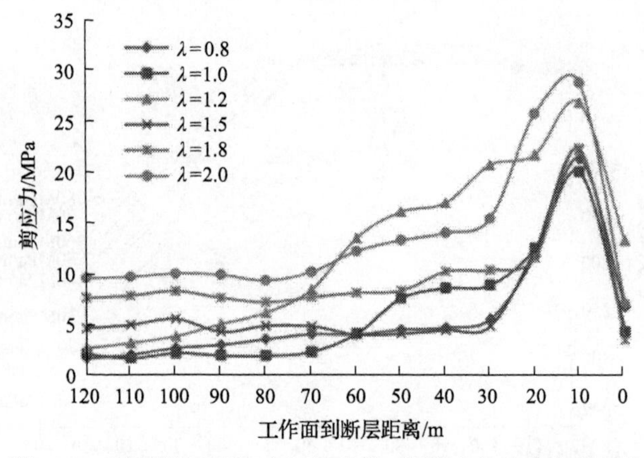

图 4-30 不同侧压系数时上盘开采 2 号测点剪应力变化规律

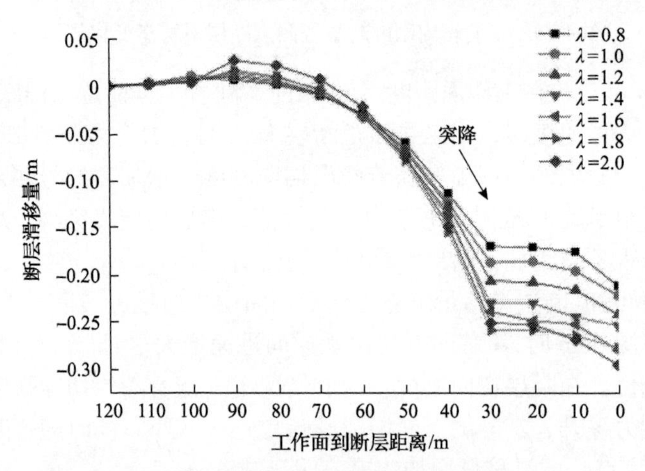

图 4-31 不同侧压系数时 2 号测点断层滑移量变化规律

4.3.5 水平构造应力对滑移失稳的影响

以逆断层为例，工作面从断层上盘推进过程中，在模型左右两侧施加水平构造应力，分析 5 个测点的剪应力和断层滑移量的变化规律，研究水平构造应力作用下工作面采掘期间断层冲击地压的形成机理。

1. 未开采时断层滑移矢量

断层形成过程中断层面上的位移矢量分布如图 4-32 所示。可以看出，断层面两侧岩层位移差异显著，断层上盘的位移大于下盘的位移，表现为逆断层特性。表明在水平构造应力与自重应力的持续作用下，断层面上积聚了大量的应变能，若在逆断层构造附近进行开采活动，受采动应力与构造应力叠加的影响，极易导致断层积聚能量的瞬间释放，进而诱发冲击地压。

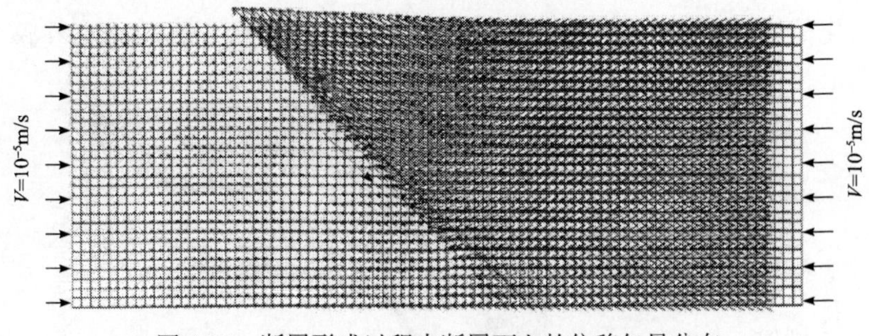

图 4-32　断层形成过程中断层面上的位移矢量分布

2. 断层面剪应力变化规律

在工作面开采过程中监测断层面剪应力的变化情况，分析开采扰动对断层滑移的影响。图 4-33 给出了断层面上不同高度监测点的剪应力分布。

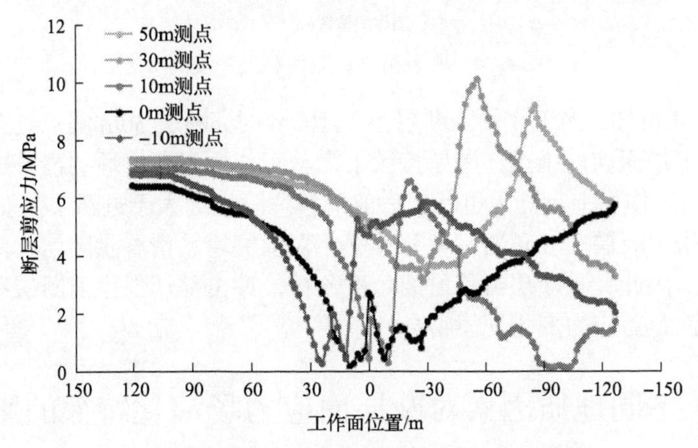

图 4-33　工作面开采时断层面剪应力变化规律

由于在开采前受到水平构造应力的挤压，断层面出现初始滑移，剪应力为 6～8MPa。工作面推进到距断层 100m 前，剪应力变化很小，说明此时开采活动对断层影响很小。随着工作面开采推进，采空区范围增大，上盘岩体沿断层下沉，一定程度上稳步释放了水平构造应力挤压积聚的应变能，因此在工作面距断层 100m 时，剪应力开始下降。工作面距断层 30m 内，断层面上剪应力最小，工作面开采过断层时对断层扰动非常大，各测点处剪应力突然反向激增，断层滑移危险极高。在工作面开采影响下，以断层面上剪应力为指标，其在逐渐降低过程中突然激增可作为冲击地压发生的前兆信息。

3. 断层滑移量变化规律

断层滑移量曲线的斜率为断层滑移速率，这里通过断层滑移速率来表征断层滑移量变化的快慢程度，反映断层滑移冲击危险性。断层 30m 测点处在整个开采过程中的滑移量及滑移速率变化如图 4-34 所示。

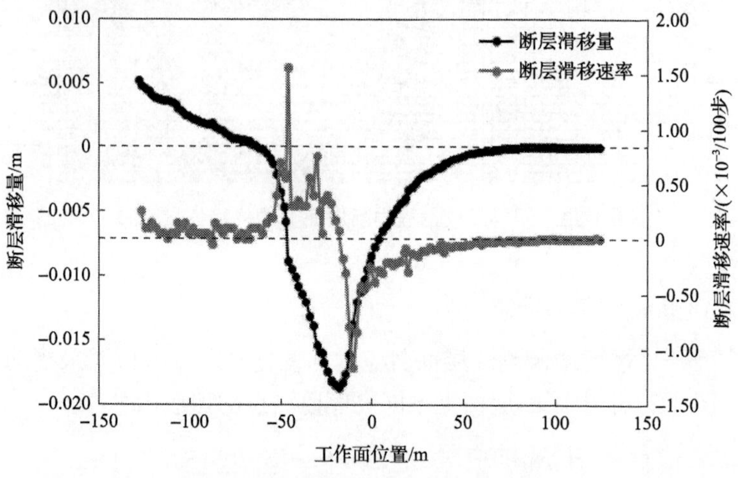

图 4-34　断层滑移量及滑移速率变化

由图 4-34 可知，当工作面距断层小于 100m 时，断层 30m 测点处开始有明显滑移。随着工作面向前推进，断层持续下滑。工作面过断层后的滑移速率比过断层前大，说明工作面上盘开采过断层后的滑移危险性远大于过断层前。特别指出，当工作面开采至断层前 5m 时，滑移速率绝对值突增，滑移量陡增，极易诱发断层滑移冲击。因此，从断层滑移量的角度分析，冲击地压发生前断层滑移速率激增，与断层面上剪应力变化规律吻合。

4.4　不同地质因素对断层面应力场演化特征的影响

本节以义马矿区地质条件为工程背景、以千秋煤矿 21221 工作面为原型建立数值模型，模拟工作面开采诱发 F_{16} 断层滑移突变的过程，并在此基础上探讨侧压系数和断层倾角对断层应力场演化特征的影响[28-30]。

4.4.1　数值模拟方案

本节以最大埋深为 800m 的 21221 长壁开采工作面为原型，建立 192m×192m×96m 的数值模型，巨厚砾岩、泥岩、煤层和粉砂岩的厚度分别为 114.96m、33.6m、9.6m 和 33.84m，煤层和顶底板的单元尺寸分别为 2.3m×2.3m×3.0m，岩层的平均密度为 2500kg/m^3，因此模型中的垂直荷载为 20MPa。在义马煤矿，最大主应力方向接近于水平，侧压系数为 1.17，所以在模型左右两边施加的水平荷载为 23.4MPa，约束模型四个竖直面的法向位移并将模型底面的垂直位移设为零。煤层和顶底板的物理力学参数如表 4-5 所示[31,32]。

表 4-5　数值模拟中煤层和顶底板的力学参数

岩性	密度/(kg/m³)	体积模量/GPa	剪切模量/GPa	黏聚力/MPa	内摩擦角/(°)	抗拉强度/MPa
粉砂岩	2560	12.1	9.2	4.7	37	2.8
煤层	1440	1.6	1.4	2.4	32	0.2
泥岩	2360	10.4	7.3	3.9	30	2.1
巨厚砾岩	2730	13.3	10.8	5.1	34	3.2

利用接触面单元 interface 模拟断层软弱结构面，断层倾角为 75°，岩层倾角为 10°，采用 Mohr-Coulomb 准则作为数值模型材料的本构模型。表 4-6 为模拟用到的断层面的物理力学参数。图 4-35 初始数值模型中 P1～P8 为应力监测点，监测点从煤层上方开始均匀间隔布置，用以监测煤层工作面开采过程中断层面正应力、剪应力的变化特征。相较于相似模型断层面布置 8 个传感器监测点，数值模型断层面上更易于设置应力监测点，更能全面记录工作面开采过程中断层面应力演化特征。

表 4-6　21221 长壁开采工作面断层面物理力学参数表

断层	法向刚度/(GPa/m)	切向刚度/(GPa/m)	内摩擦角/(°)	黏聚力/Pa
interface	10000	10000	30	1000

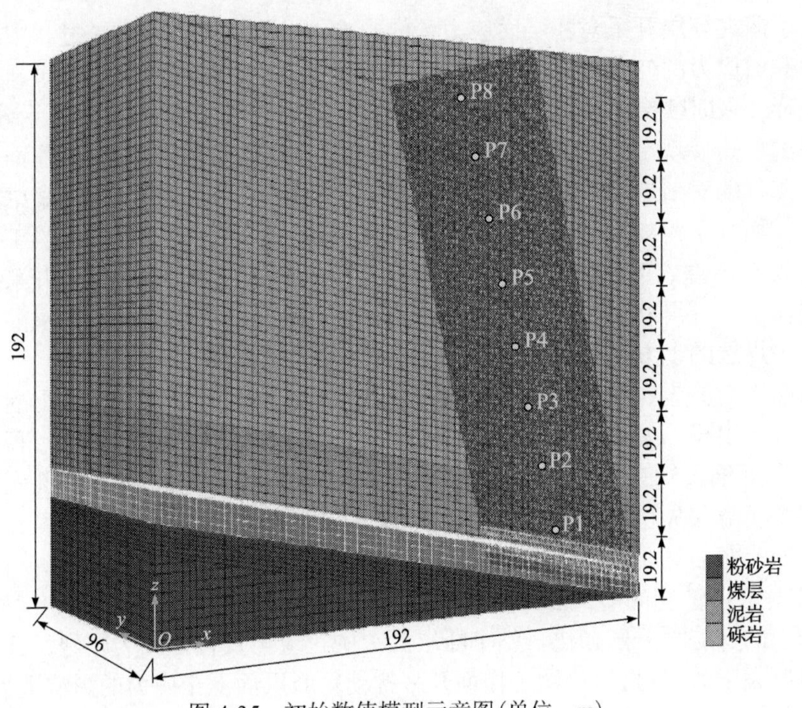

图 4-35　初始数值模型示意图(单位：m)

工作面沿煤层倾向布置在如图 4-35 所示数值模型的煤层中，沿煤层走向进行掘进开采。图 4-36 为工作面开采俯视图，左侧预留 14m 保护煤柱以减小边界效应对数值模拟的影响，煤层一共开采 40 次，每次沿 y 方向开采 2.4m。随着工作面逐步开采，整个数值模型分别进行三次顶板垮落和采空区填充。

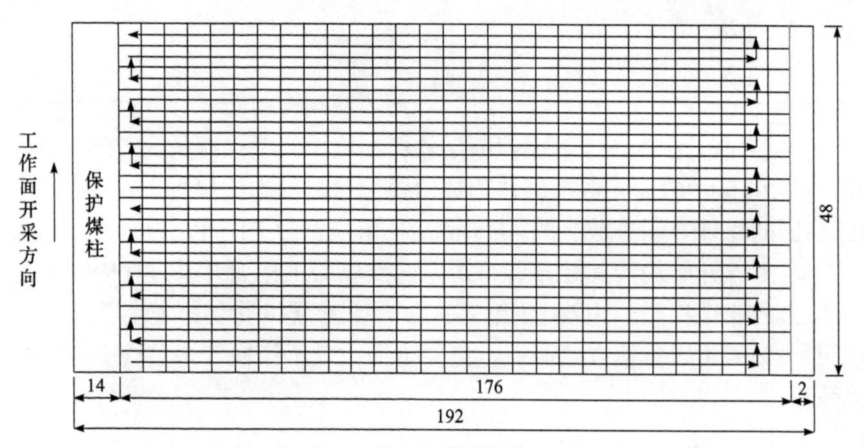

图 4-36　工作面开采俯视图(单位：m)

4.4.2　循环开采时工作面的应力场演化特征

为了研究煤层开采对断层面应力场的影响，分别对工作面推进过程中断层面正应力和剪应力的变化情况进行分析，揭示断层应力场的时空演化规律。

循环开采时断层面剪应力和正应力变化云图如图 4-37 和图 4-38 所示。图 4-37 以动态的形式展现了整个数值模拟过程中断层面剪应力变化情况。工作面开采前期，开采扰动对断层影响较小，但是在断层面上剪应力已经出现应力集中现象。随着工作面开采距离的增加，断层面上剪应力分布的范围不断增加。当工作面开采距离为 55m 左右时，断层面上的应力分布范围突然减小，这可能是开采扰动导致断层面上出现滑移失稳而引起的。在这之后的开采过程中，剪应力主要集中分布在开采煤层的上方。

由断层面剪应力的变化趋势可知，随着工作面开采，断层面剪应力的集中区域大致分为出现、发展、稳定三个阶段，且始终伴随工作面开采的全过程，因此煤层工作面开采对断层活化失稳的影响是分阶段逐步扩大的，从断层面应力集中到断层发生滑移失稳再到最后造成冲击地压事故。因此，可以根据前面介绍的断层滑移的前兆信息对这类冲击地压进行预防。

图 4-38 以动态的形式展现了整个数值模拟过程中断层面正应力变化情况。与断层面上的剪应力云图相比，整个断层面上的正应力变化都较为剧烈，且正应力的数值要大于剪应力，这说明工作面开采扰动对断层面上正应力的影响更为显著，这与相似模拟中得到的结论一致。

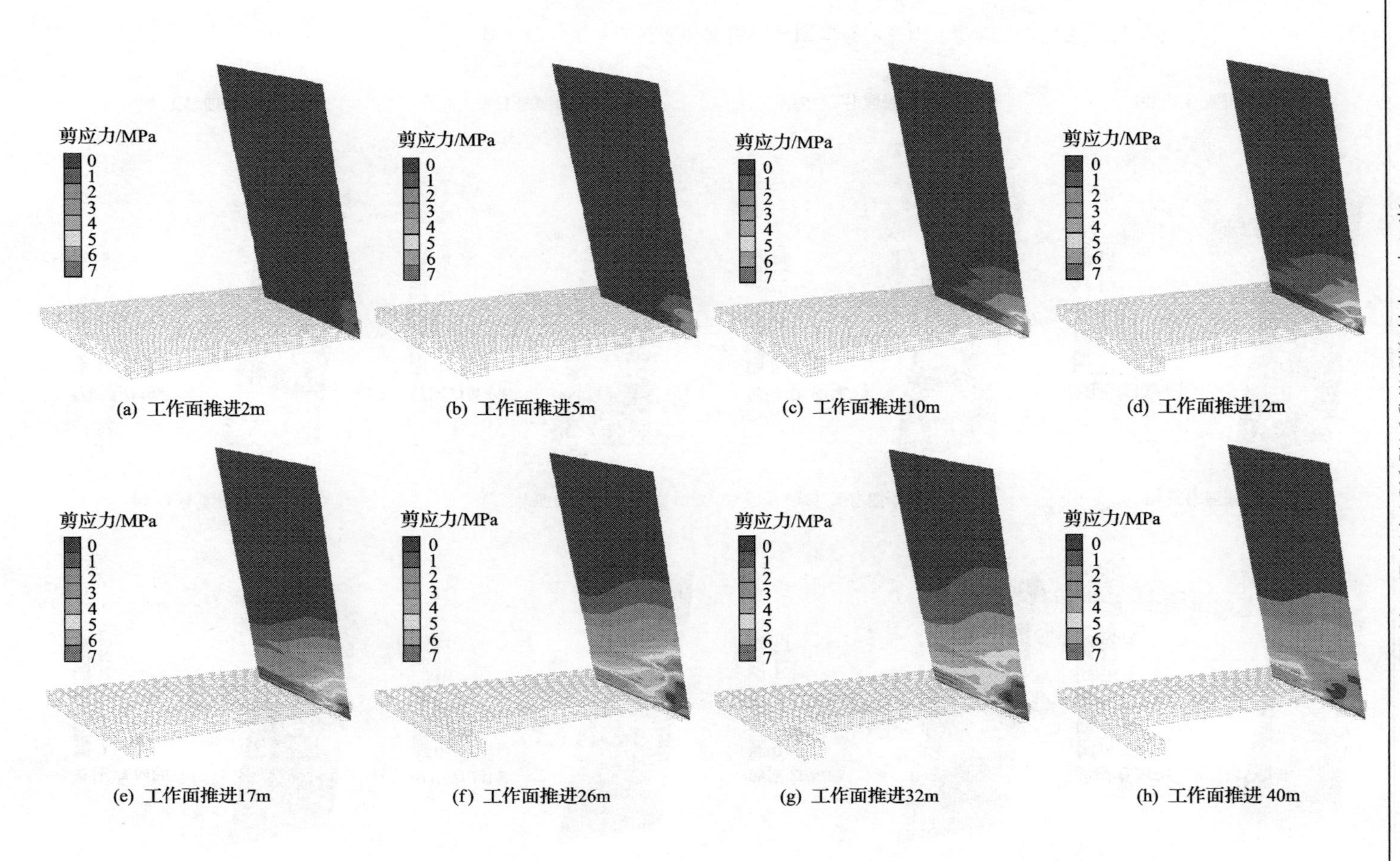

(a) 工作面推进2m

(b) 工作面推进5m

(c) 工作面推进10m

(d) 工作面推进12m

(e) 工作面推进17m

(f) 工作面推进26m

(g) 工作面推进32m

(h) 工作面推进 40m

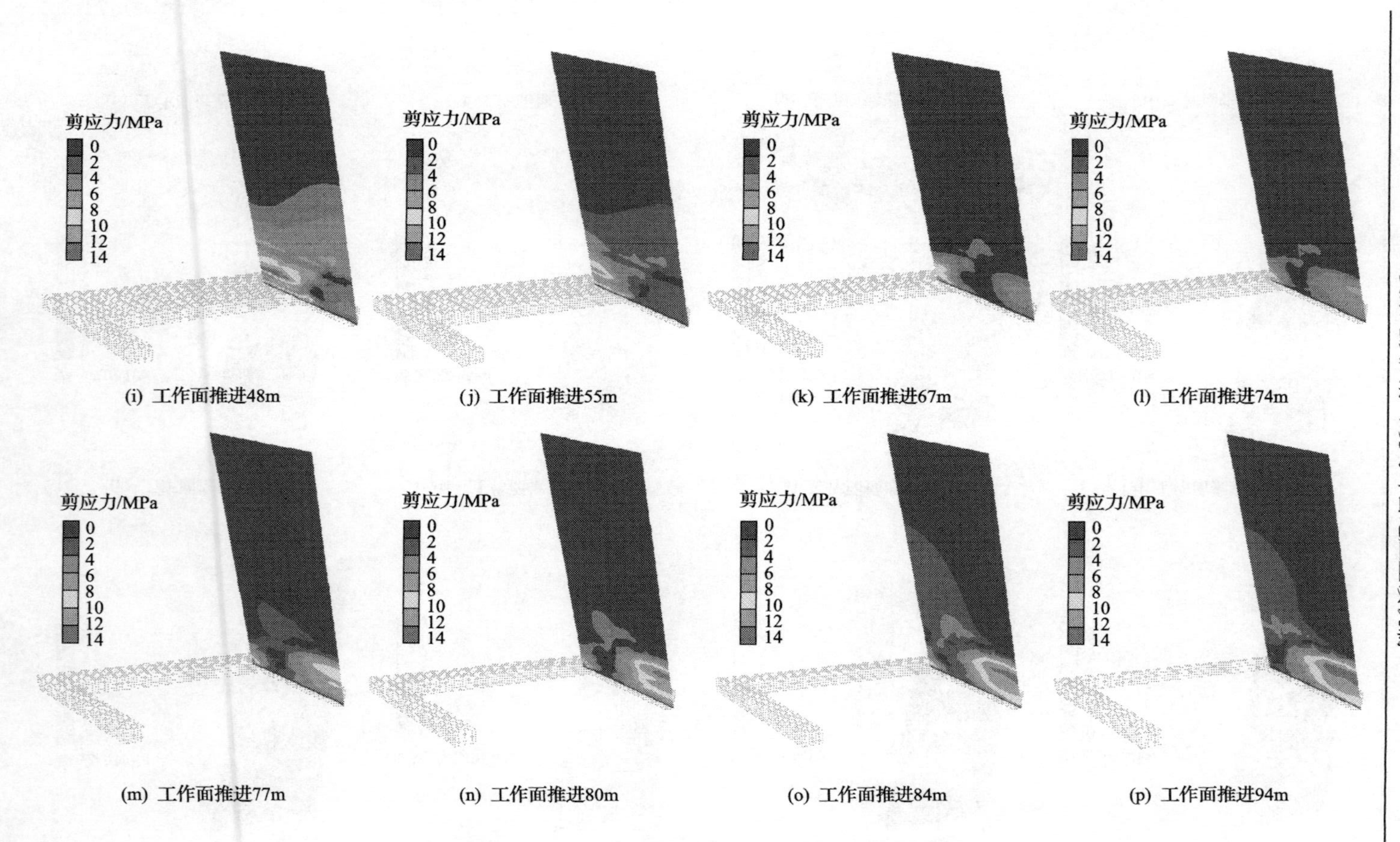

(i) 工作面推进48m　(j) 工作面推进55m　(k) 工作面推进67m　(l) 工作面推进74m

(m) 工作面推进77m　(n) 工作面推进80m　(o) 工作面推进84m　(p) 工作面推进94m

图4-37　工作面开采时断层面剪应力变化云图

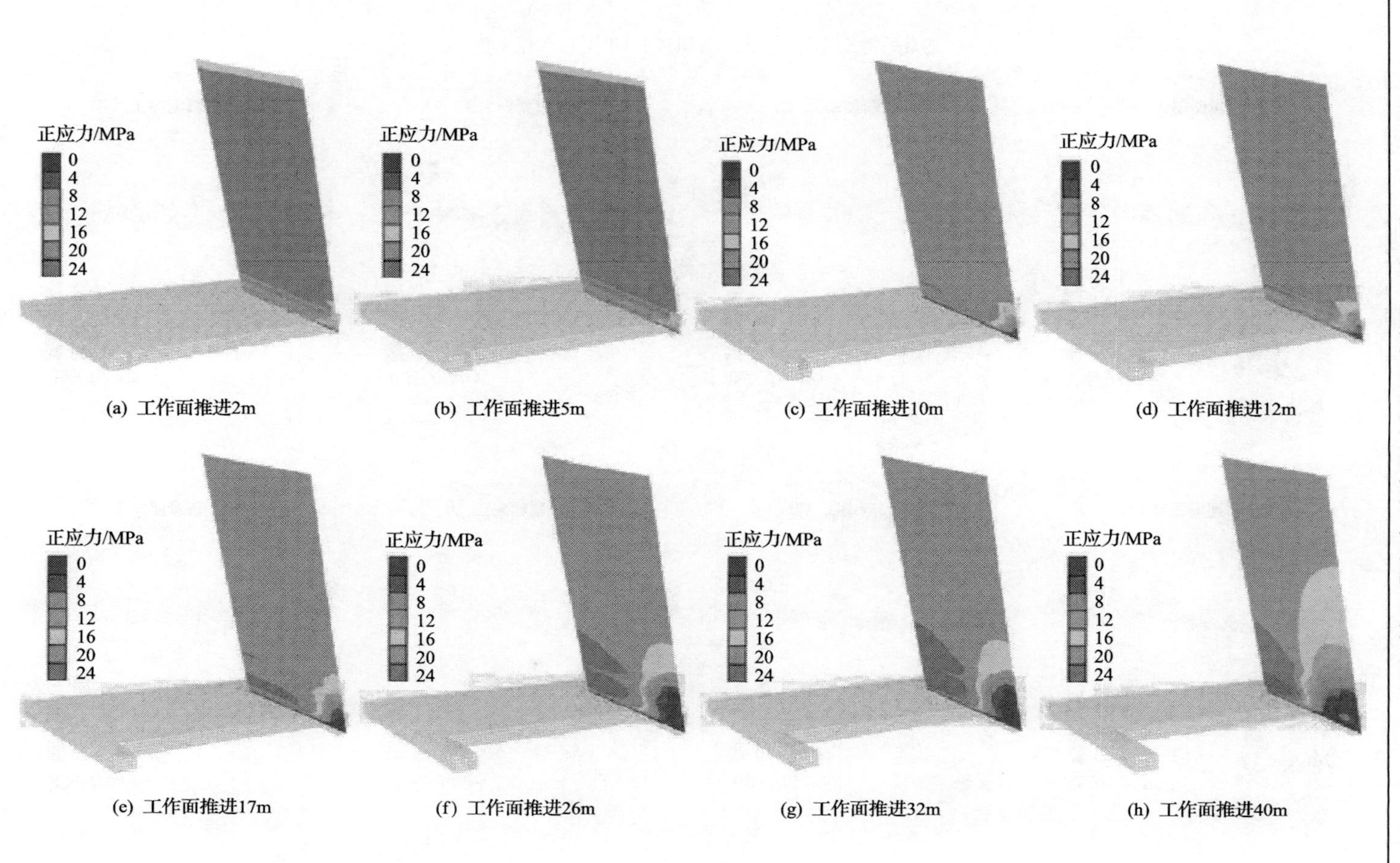

(a) 工作面推进2m　(b) 工作面推进5m　(c) 工作面推进10m　(d) 工作面推进12m

(e) 工作面推进17m　(f) 工作面推进26m　(g) 工作面推进32m　(h) 工作面推进40m

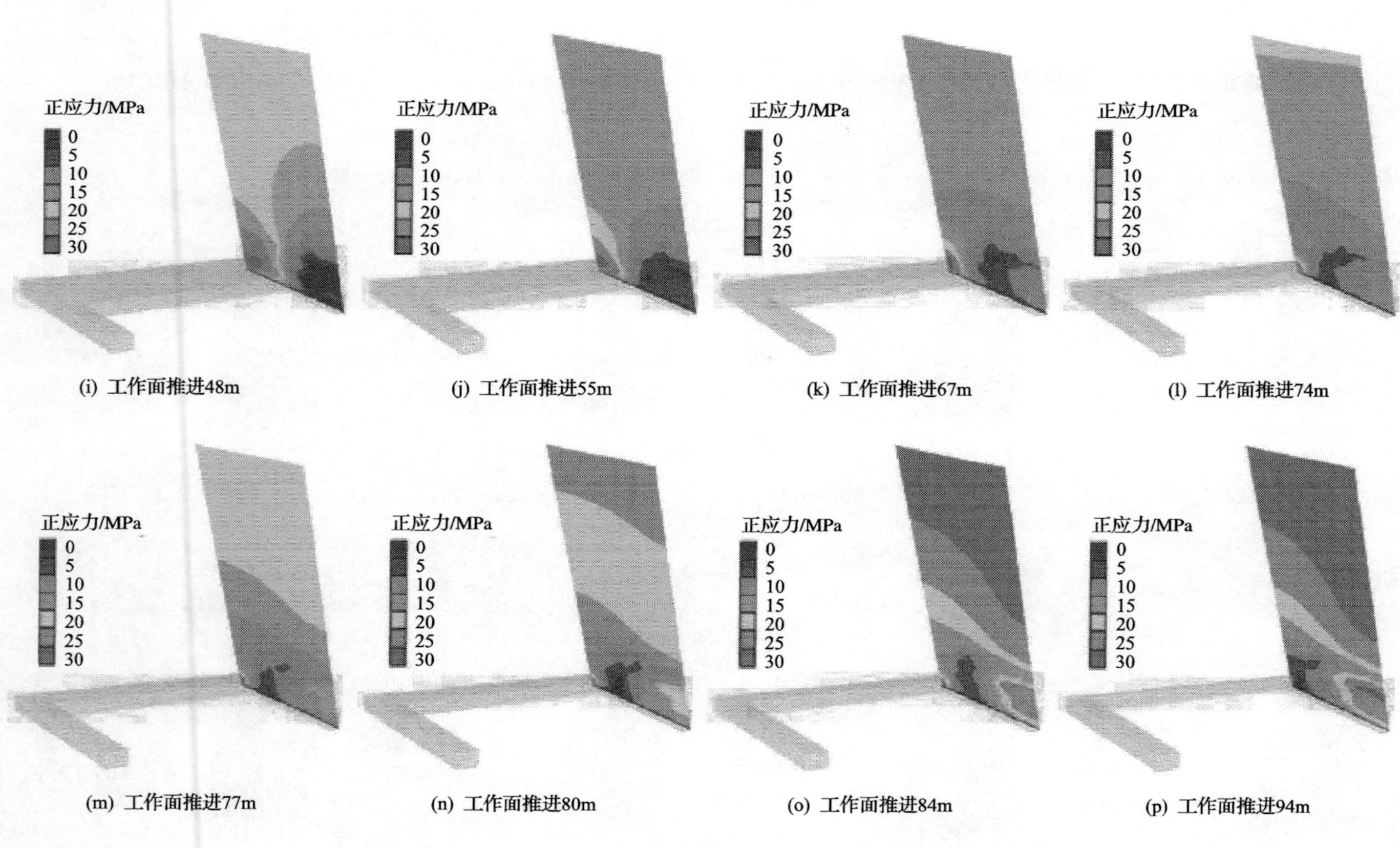

(i) 工作面推进48m

(j) 工作面推进55m

(k) 工作面推进67m

(l) 工作面推进74m

(m) 工作面推进77m

(n) 工作面推进80m

(o) 工作面推进84m

(p) 工作面推进94m

图 4-38　工作面开采时断层面正应力变化云图

综上所述，通过数值模拟研究对相似模拟实验中的现象和结果进行验证，以下现象与相似模拟实验结果基本一致：①正应力大于剪应力，工作面开采扰动对断层面上正应力的影响更为显著，且在断层中部附近两者的变化趋势相反；②数值模型中应力集中区基本分布在煤层附近，即煤层附近的断层面比远离煤层的断层面更易受到工作面开采扰动的影响。

4.4.3　侧压系数对断层面应力场演化特征的影响

以数值模型及各参数为基础，通过更改水平方向施加的初始应力值，研究侧压系数分别为 0.7、0.8、0.9、1.0、1.17 和 1.3 时断层面上正应力和剪应力的变化规律。如图 4-39 所示，选取整个数值模拟过程中侧压系数为 0.7、1.0 和 1.17 时 P3 监测点应力变化曲线研究侧压系数小于 1.0、等于 1.0 和大于 1.0 情况下断层面上正应力、剪应力的演化特征。

从图 4-39 可以看出，当工作面距断层 140m 时，正应力和剪应力曲线突然变化，工作面进入断层影响区域。随着工作面到断层距离的减小，断层面上应变能的积聚和释放交替发生，断层依次经历了轻微扰动、断层活化和断层严重滑移三个阶段。当侧压系数大于等于 1.0 时，能量积聚伴随着正应力的增加和剪应力的降低，当应变能积聚到一定程度时，正应力急剧降低，剪应力突然增大，伴随着大量应变能的释放。当侧压系数为 0.7 时，开采早期阶段能量积聚和释放时，断层面上的应力变化与侧压系数大于等于 1.0 时有所不同，这是由于侧压系数小于 1.0 时，垂直应力大于水平应力，断层上盘相对于下盘向下滑移，导致能量释放时正应力和剪应力均急剧减小。当工作面距断层 60m 时，断层活化，开采活动对断层的影响增大，断层发生严重滑移，且这个阶段不同侧压系数下的正应力和剪应力变化规律相同，正应力急剧减小，剪应力急剧增大。此外，在断层发生严重滑移之前，断层面上正应力缓慢增大，剪应力缓慢减小，因此可将这一现象视为断层严重滑移的前兆信息。

图 4-40 为侧压系数分别为 0.7、1.0 和 1.17 时断层面上正应力和剪应力曲线对比。在煤层工作面开采过程中正应力大于剪应力，该现象与相似模拟实验研究结果一致。此外，随着水平应力的增加，断层面上的正应力和剪应力也随之增大，因此断层面上积聚的应变能越多，一旦积聚到最大值，瞬间释放出来的能量也越大，断层滑移的程度也越剧烈。以上不同侧压系数的数值模拟结果表明，水平应力是诱发断层滑移失稳的主要因素，高水平应力环境为断层面滑移提供了动力，容易诱发冲击地压事故。

在煤层开采过程中，断层的存在会影响围岩的屈服和破坏过程，通过分析不同侧压系数条件下围岩中的塑性区分布，可以了解水平应力对断层结构的影响。图 4-41 为不同侧压系数下的塑性区分布。

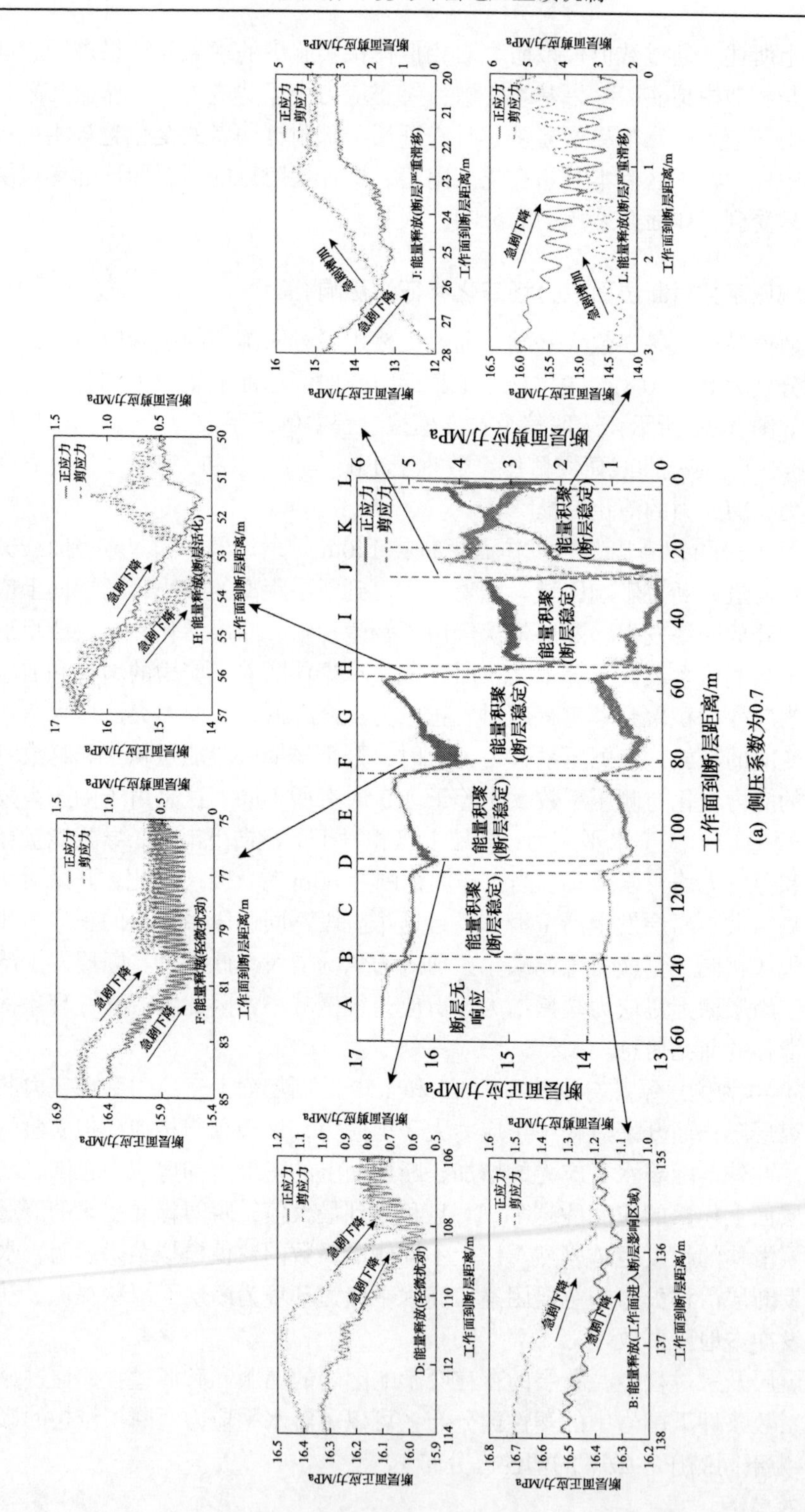
断层面正应力/MPa
断层面剪应力/MPa
工作面到断层距离/m
正应力
剪应力
断层无响应
能量积聚(断层稳定)
急剧下降
急剧增加
B: 能量释放(工作面进入断层影响区域)
D: 能量释放(轻微扰动)
F: 能量释放(轻微扰动)
H: 能量释放(断层活化)
J: 能量释放(断层严重滑移)
L: 能量释放(断层严重滑移)
A
B
C
D
E
F
G
H
I
J
K
L

(a) 侧压系数为0.7

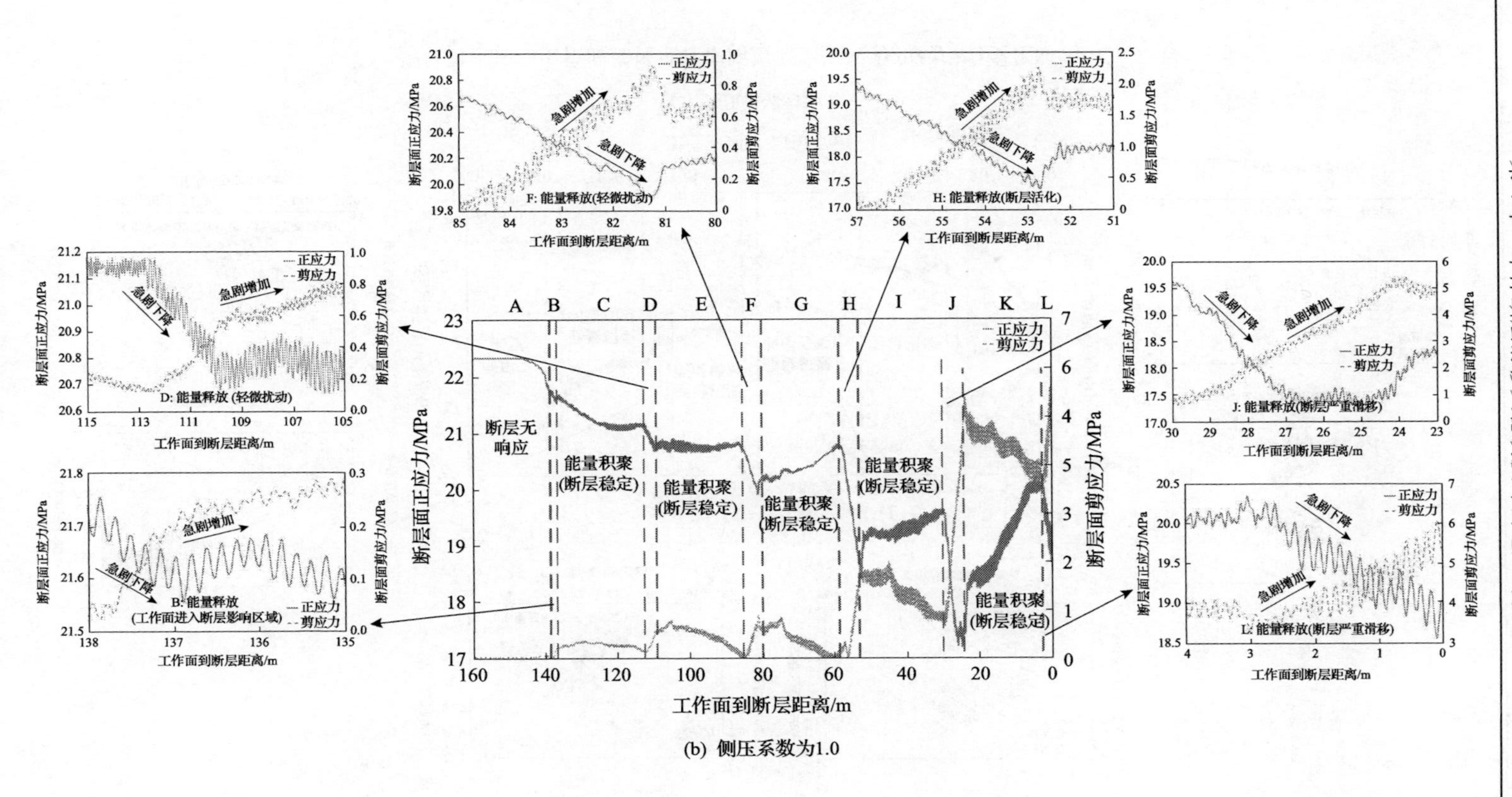
A B C D E F G H I J K L
断层面正应力/MPa
断层面剪应力/MPa
工作面到断层距离/m
正应力
剪应力
断层无响应
能量积聚(断层稳定)
能量积聚(断层稳定)
能量积聚(断层稳定)
能量积聚(断层稳定)
能量积聚(断层稳定)
急剧下降
急剧增加
B: 能量释放(工作面进入断层影响区域)
D: 能量释放 (轻微扰动)
F: 能量释放(轻微扰动)
H: 能量释放(断层活化)
J: 能量释放(断层严重滑移)
L: 能量释放(断层严重滑移)
(b) 侧压系数为1.0

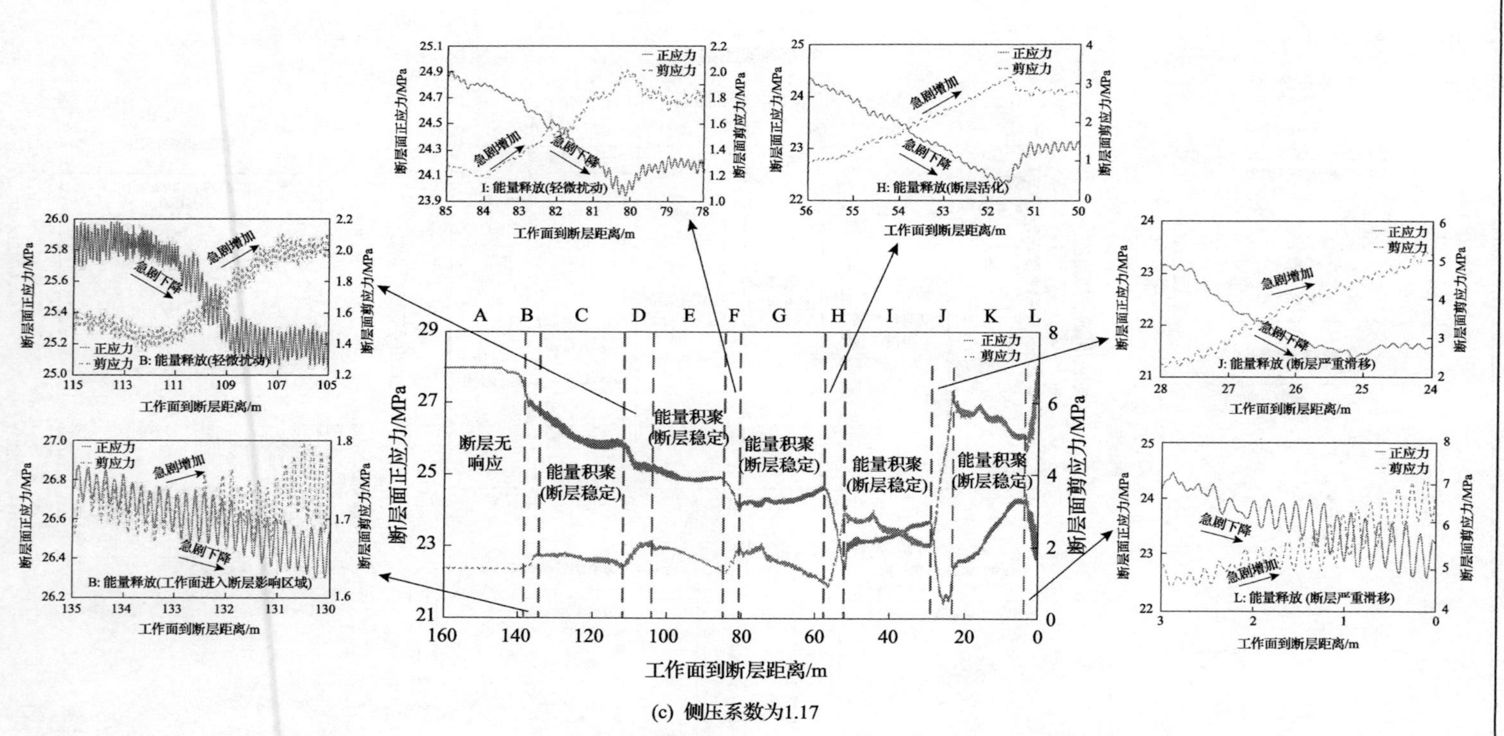

(c) 侧压系数为1.17

图 4-39　工作面推进过程中断层面上正应力和剪应力变化曲线

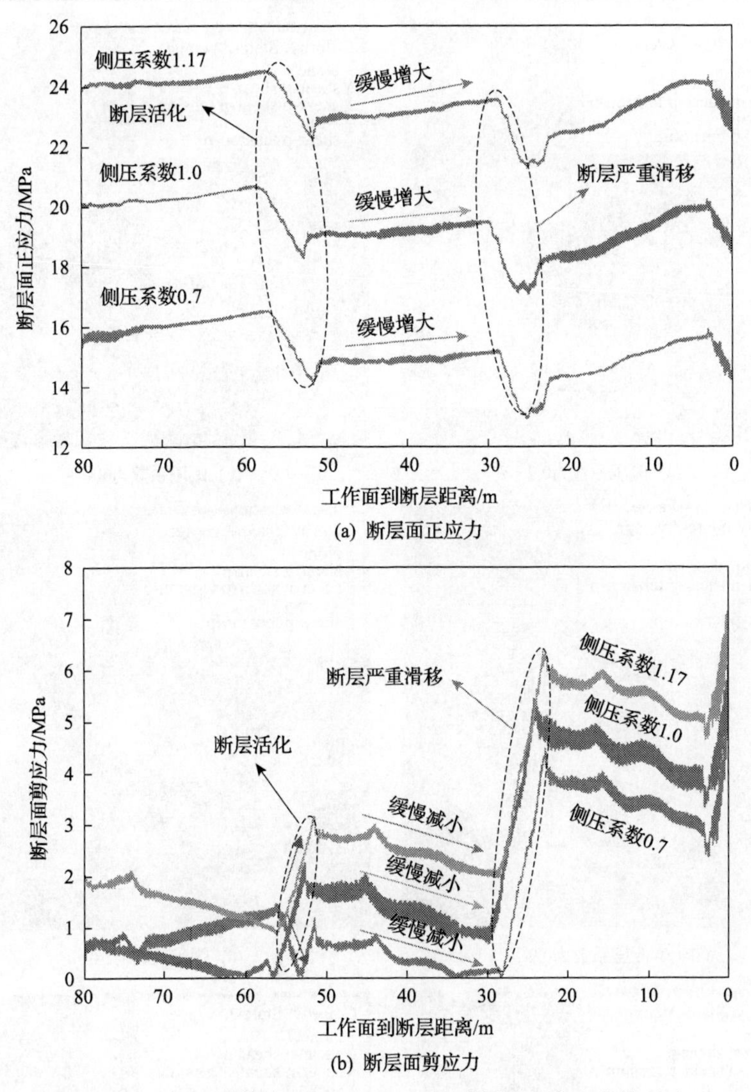

(a) 断层面正应力

(b) 断层面剪应力

图 4-40　侧压系数为 0.7、1.0 和 1.17 时断层面应力曲线对比

从图 4-41 中可以看出，当侧压系数大于 1.0 时，煤层上方的巨厚砾岩不容易破坏，塑性区主要分布在泥岩区域；而当侧压系数小于 1.0 时，塑性区可以延伸到巨厚砾岩。这是由于侧压系数大于 1.0 时，上覆岩层主要承受压力，而巨厚砾岩抗压强度较大，因此不容易破坏。一旦巨厚砾岩附近应变能积聚到最大值，就会造成应变能的急剧释放，极易引起冲击地压。而当侧压系数小于 1.0 时，上覆岩层处于比较松散的状态，积聚的应变能可以得到及时的释放，发生冲击地压的危险性减小。

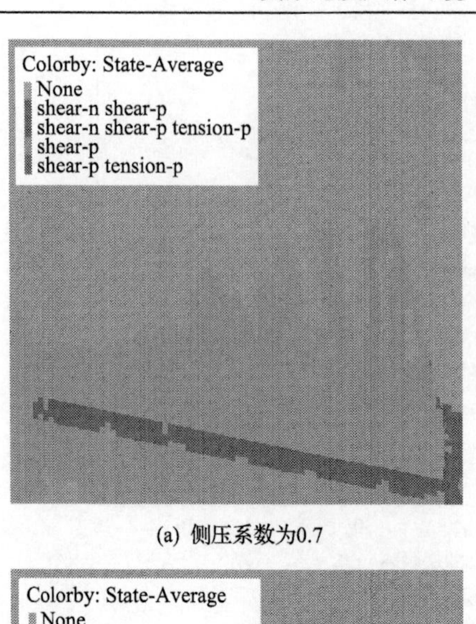

(a) 侧压系数为0.7

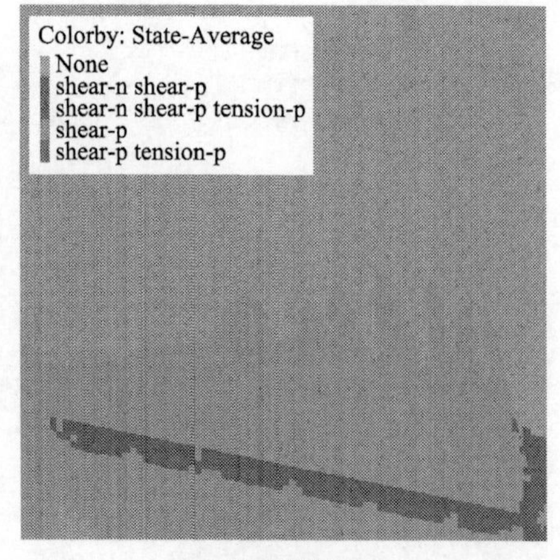

(b) 侧压系数为0.8

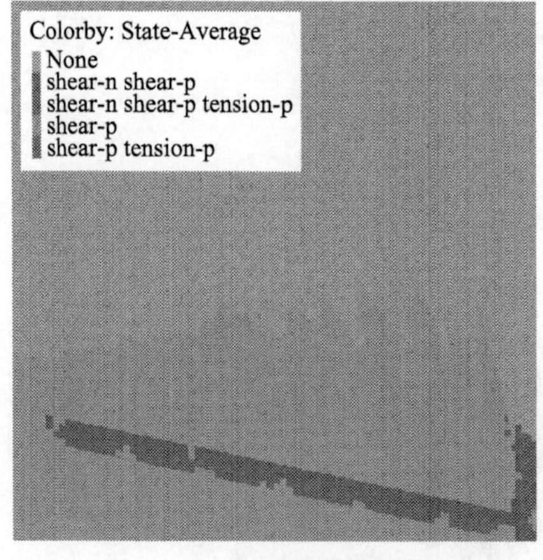

(c) 侧压系数为0.9

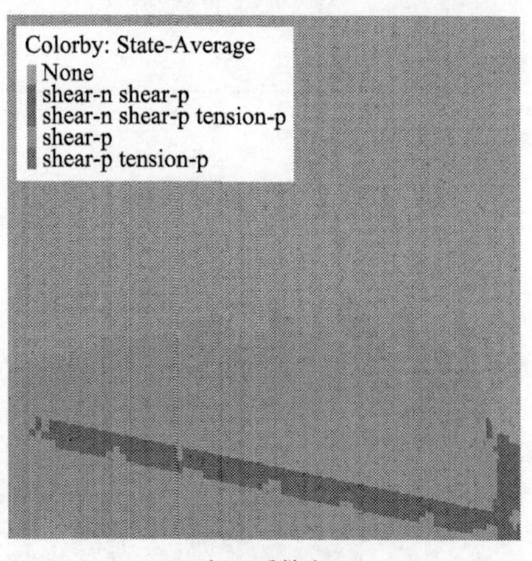

(d) 侧压系数为1.0

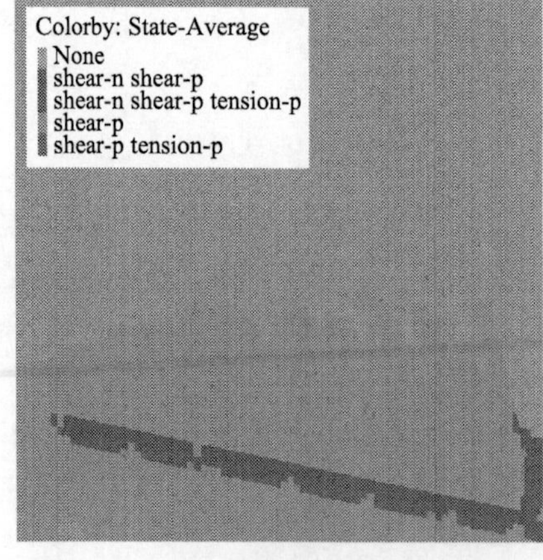

(e) 侧压系数为1.17

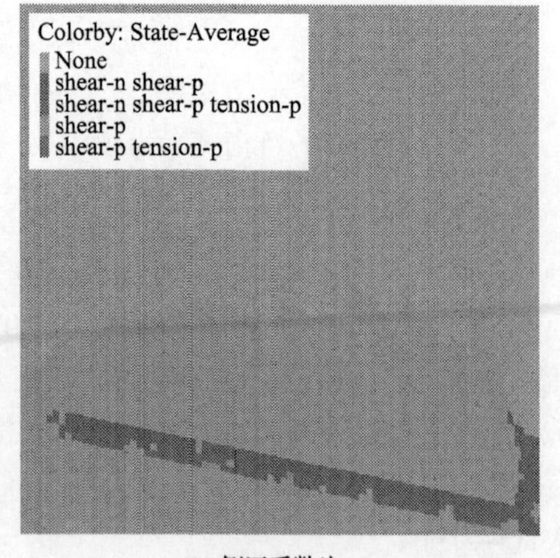

(f) 侧压系数为1.3

图 4-41　不同侧压系数下的塑性区分布

参 考 文 献

[1] Dou L M, Mu Z L, Li Z L, et al. Research progress of monitoring, forecasting, and prevention of rockburst in underground coal mining in China[J]. International Journal of Coal Science & Technology, 2014, 1(3): 278-288.

[2] 王宏伟, 姜耀东, 邓代新, 等. 义马煤田复杂地质赋存条件下冲击地压诱因研究[J]. 岩石力学与工程学报, 2017, 36(s2): 4085-4092.

[3] 张科学, 何满潮, 姜耀东. 断层滑移活化诱发巷道冲击地压机理研究[J]. 煤炭科学技术, 2017, 45(2): 12-20, 64.

[4] Chen H R, Qin S Q, Xue L, et al. A physical model predicting instability of rock slopes with locked segments along a potential slip surface[J]. Engineering Geology, 2018, 242: 34-43.

[5] 彭苏萍, 孟召平, 李玉林. 断层对顶板稳定性影响相似模拟试验研究[J]. 煤田地质与勘探, 2001, 29(3): 1-4.

[6] Ghabraie B, Ren G, Smith J V. Characterising the multi-seam subsidence due to varying mining configuration, insights from physical modelling[J]. International Journal of Rock Mechanics and Mining Sciences, 2017, 93: 269-279.

[7] Mao L T, Hao N, An L Q, et al. 3D mapping of carbon dioxide-induced strain in coal using digital volumetric speckle photography technique and X-ray computer tomography[J]. International Journal of Coal Geology, 2015, 147-148: 115-125.

[8] Mao L T, Zhu X X, An L Q, et al. Application of digital target marker image correlation method in model experiment[J]. Journal of Liaoning Technical University (Natural Science), 2013, 32(10): 1367-1373.

[9] Mao L T, Chiang F P. 3D strain mapping in rocks using digital volumetric speckle photography technique[J]. Acta Mechanica, 2016, 227(11): 3069-3085.

[10] Deng S X, Li J, Jiang H M, et al. Experimental and theoretical study of the fault slip events of rock masses around underground tunnels induced by external disturbances[J]. Engineering Geology, 2018, 233: 191-199.

[11] 王涛, 王曌华, 姜耀东, 等. 开采扰动下断层滑移过程围岩应力分布及演化规律的实验研究[J]. 中国矿业大学学报, 2014, 43(4): 588-592, 683.

[12] Li X L, Wang E Y, Li Z H, et al. Rock burst monitoring by integrated microseismic and electromagnetic radiation methods[J]. Rock Mechanics and Rock Engineering, 2016, 49(11): 4393-4406.

[13] 左建平, 裴建良, 刘建锋, 等. 煤岩体破裂过程中声发射行为及时空演化机制[J]. 岩石力学与工程学报, 2011, 30(8): 1564-1570.

[14] 赵扬锋, 刘力强, 潘一山, 等. 岩石变形破裂微震、电荷感应、自电位和声发射实验研究[J]. 岩石力学与工程学报, 2017, 36(1): 107-123.

[15] 赵善坤. 采动影响下逆冲断层“活化”特征试验研究[J]. 采矿与安全工程学报, 2016, 33(2): 354-360.

[16] Gong W L, Wang J, Liu D Q. Infrared Thermography for Geomechanical Model Test[M]. Beijing: Science Press, 2016.

[17] He M C, Gong W L, Li D J, et al. Physical modeling of failure process of the excavation in horizontal strata based on IR thermography[J]. Mining Science and Technology (China), 2009, 19(6): 689-698.

[18] He M C, Jia X N, Gong W L, et al. Physical modeling of an underground roadway excavation in vertically stratified rock using infrared thermography[J]. International Journal of Rock Mechanics and Mining Sciences, 2010, 47(7): 1212-1221.

[19] He H, Dou L M, Fan J, et al. Deep-hole directional fracturing of thick hard roof for rockburst prevention[J]. Tunnelling and Underground Space Technology, 2012, 32: 34-43.

[20] Li B L, Li N, Wang E Y, et al. Characteristics of coal mining microseismic and blasting signals at Qianqiu coal mine[J]. Environmental Earth Sciences, 2017, 76(21): 1-15.

[21] Castro L A M, Carter T G, Lightfoot N. Investigating factors influencing fault-slip in seismically active structures[C]// Proceedings of the 3rd CANUS Rock Mechanics Symposium, Toronto, 2009.

[22] Lin Q, Labuz J F. Fracture of sandstone characterized by digital image correlation[J]. International Journal of Rock Mechanics and Mining Sciences, 2013, 60: 235-245.

[23] Fakhimi A, Lin Q, Labuz J F. Insights on rock fracture from digital imaging and numerical modeling[J]. International Journal of Rock Mechanics and Mining Sciences, 2018, 107: 201-207.

[24] Jiang Y D, Wang T, Zhao Y X, et al. Experimental study on the mechanisms of fault reactivation and coal bumps induced by mining[J]. Journal of Coal Science and Engineering(China), 2013, 19(4): 507-513.

[25] Jiang Y D, Zhao Y X, Wang H W, et al. A review of mechanism and prevention technologies of coal bumps in China[J]. Journal of Rock Mechanics and Geotechnical Engineering, 2017, 9(1): 180-194.

[26] 曾宪涛. 巨厚砾岩与逆冲断层共同诱发冲击失稳机理及防治技术[D]. 北京：中国矿业大学(北京), 2014.

[27] Gong W L, Peng Y Y, He M C, et al. Thermal image and spectral characterization of roadway failure process in geologically 45° inclined rocks[J]. Tunnelling and Underground Space Technology, 2015, 49: 156-173.

[28] Alejano L R, Ferrero A M, Ramírez-Oyanguren P, et al. Comparison of limit-equilibrium, numerical and physical models of wall slope stability[J]. International Journal of Rock Mechanics and Mining Sciences, 2011, 48(1): 16-26.

[29] Cai W, Dou L M, Cao A Y, et al. Application of seismic velocity tomography in underground coal mines: A case study of Yima mining area, Henan, China[J]. Journal of Applied Geophysics, 2014, 109: 140-149.

[30] Cao A Y, Dou L M, Wang C B, et al. Microseismic precursory characteristics of rock burst hazard in mining areas near a large residual coal pillar: A case study from Xuzhuang coal mine, Xuzhou, China[J]. Rock Mechanics and Rock Engineering, 2016, 49(11): 4407-4422.

[31] Liu Y K, Zhou F B, Liu L, et al. An experimental and numerical investigation on the deformation of overlying coal seams above double-seam extraction for controlling coal mine methane emissions[J]. International Journal of Coal Geology, 2011, 87(2): 139-149.

[32] Lu C P, Liu Y, Zhang N, et al. In-situ and experimental investigations of rockburst precursor and prevention induced by fault slip[J]. International Journal of Rock Mechanics and Mining Sciences, 2018, 108: 86-95.

第5章　双体断层滑移失稳诱发冲击地压的机理

本章研究双体断层赋存条件下工作面上覆岩层的运移规律和断层的滑移特征，确定断层影响区域和非影响区域的边界，从应力和应变速率的角度分析采动与断层的相互作用规律，揭示双体断层赋存诱发冲击地压的外因，总结双体断层赋存时断层瞬时失稳诱发冲击地压的前兆信息。

5.1　双体断层区域巷道的矿压显现规律

5.1.1　工程地质背景

正利煤矿位于山西省吕梁市，井田东西走向约 3.2km，南北走向约 5.0km，面积约 9.26km^2。井田采用立井开拓，长壁综采一次采全高法，矿井的年生产能力为150万t。图5-1为正利煤矿1#矿区开采布局示意图。主采工作面为14^{-1}101、14^{-1}103和14^{-1}107，其中14^{-1}103工作面正在回采，14^{-1}107工作面正在进行两条回采巷道的掘进工作。14^{-1}103工作面走向长1589m，倾向宽180m，可采储量130.63t。

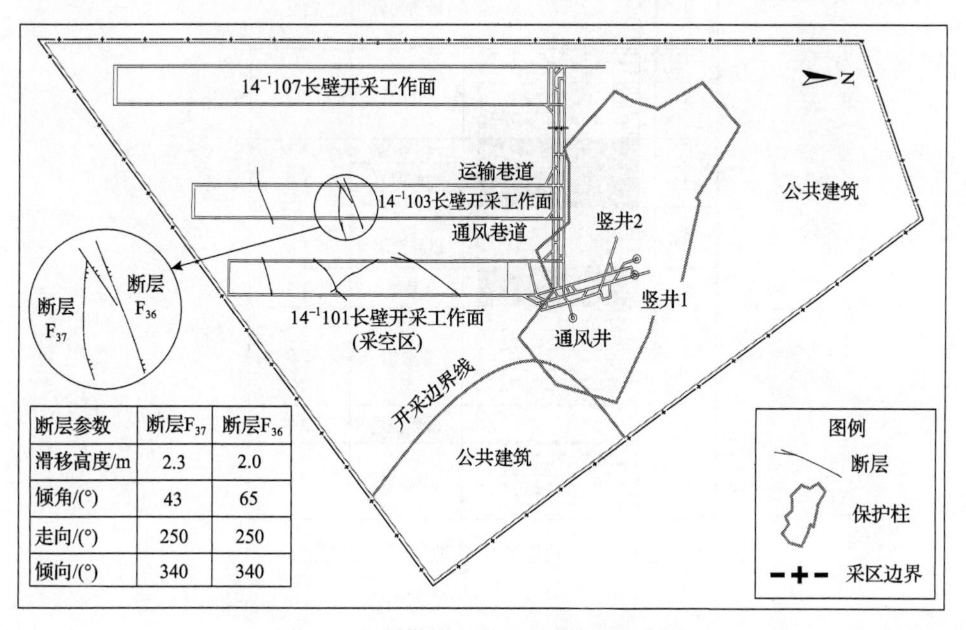

断层参数	断层F_{37}	断层F_{36}
滑移高度/m	2.3	2.0
倾角/(°)	43	65
走向/(°)	250	250
倾向/(°)	340	340

图5-1　正利煤矿1#矿区开采布局示意图

工作面煤层整体呈单斜构造，岩层走向大致近南北向，倾向东6°左右，工作面地质构造以小断层发育为主，共揭露 7 条断层，落差最大为 5.5m。本章主要研究 F_{36} 和 F_{37} 断层，其中 F_{36} 断层在 F_{37} 断层右方 240m 处。断层的主要概况如表 5-1 所示。

表 5-1　正利煤矿 14^{-1}103 工作面断层主要概况

断层编号	位置	断层性质	落差 H/m	走向/(°)	倾向/(°)	倾角/(°)
F_{36}	14^{-1}130 胶带巷道	逆断层	2.0	250	340	65
F_{37}	14^{-1}130 胶带巷道	逆断层	2.3	250	340	43

正利煤矿可开采煤层分为 4^{-1} 号煤、4 号煤、7 号煤和 9 号煤，共 4 层，批采标高为 990～350m，目前主采煤层为 4^{-1} 号煤。图 5-2 为正利煤矿煤系地层综合柱状图。4^{-1} 号煤埋深为 645～720m，厚度为 2.47～3.90m，平均厚度为 3.13m，煤层倾角为 6°。底板岩性为砂质泥岩，厚度为 3.6m，抗压强度为 15.2MPa；顶板主要为细砂岩，属于坚硬顶板岩石，厚度为 5.4m，抗压强度为 112MPa。

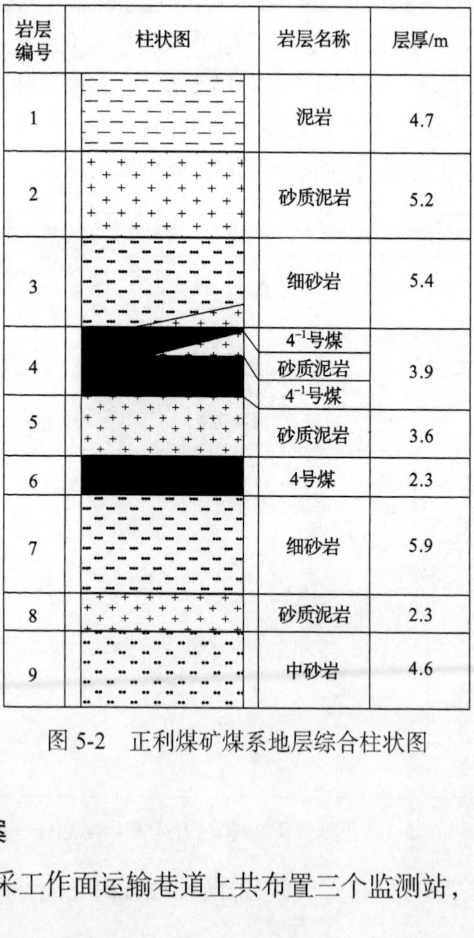

岩层编号	柱状图	岩层名称	层厚/m
1		泥岩	4.7
2		砂质泥岩	5.2
3		细砂岩	5.4
4		4^{-1}号煤 砂质泥岩 4^{-1}号煤	3.9
5		砂质泥岩	3.6
6		4号煤	2.3
7		细砂岩	5.9
8		砂质泥岩	2.3
9		中砂岩	4.6

图 5-2　正利煤矿煤系地层综合柱状图

5.1.2　现场监测方案

14^{-1}103 长壁开采工作面运输巷道上共布置三个监测站，进行四项现场监测，包括表面位移(顶板和两帮变形量)、顶板离层、顶板锚杆受力和工作面支撑压力。图 5-3 为 $14^{-1}103$ 工作面现场监测站布置示意图。在三个监测站均进行顶板锚杆荷载和巷道变形量的监测，在 1 号和 3 号监测站进行顶板离层量的监测，每个监测站布置两个测点，一个深基点，一个浅基点，深基点 7m，浅基点 2m，在 120 台液压支架上观测开采过程中工作面支撑压力的变化情况。

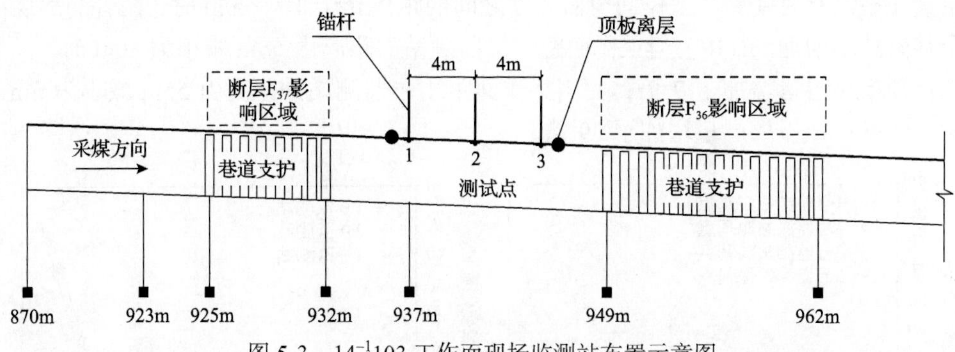

图 5-3　$14^{-1}103$ 工作面现场监测站布置示意图

5.1.3　监测结果及分析

1. 表面位移

图 5-4 给出了巷道开采过程中两帮收敛量和顶底板移近量的变化情况。从图中可以看出，随着工作面的推进，两帮收敛量和顶底板移近量均呈现逐渐增加的趋势。尽管两帮收敛量要小于顶底板移近量，但在工作面距断层 20m 之前，两者几乎保持不变，当工作面开采至距断层 20m 时，巷道变形量曲线出现激增的现象。

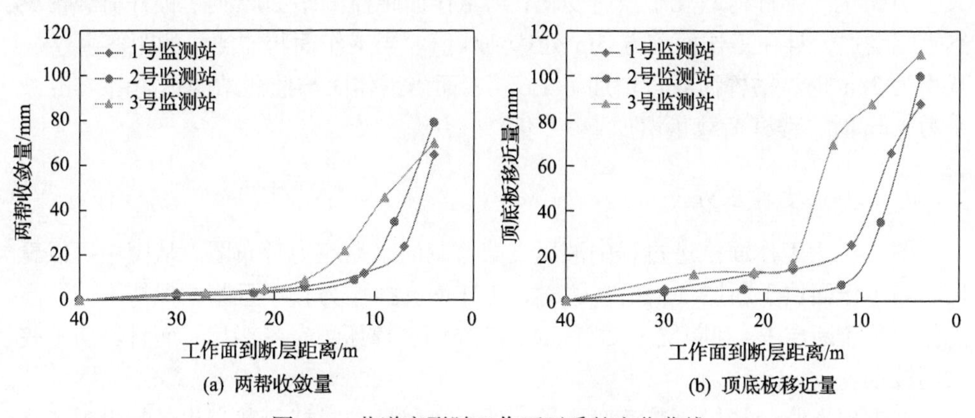

图 5-4　巷道变形随工作面开采的变化曲线

2. 顶板离层

顶板离层量通常用来研究煤矿中顶板的稳定性。图 5-5(a)给出了 1 号和 3 号监测站的顶板离层量随工作面推进的变化情况。从图中可以看出，当工作面与断层之间的距离大于 20m 时，无论深基点还是浅基点，除 3 号监测站外，其顶板离层量几乎没有改变；当工作面与监测站之间的距离介于 10～20m 时，两者的离层量突然急剧增加。其中，当工作面距 1 号监测站的距离由 55m 减小为 10m 时，浅基点顶板离层量增加了 7 倍；而当工作面距 1 号监测站的距离由 55m 减小为 5m 时，浅基点顶板离层量增加了 39 倍。

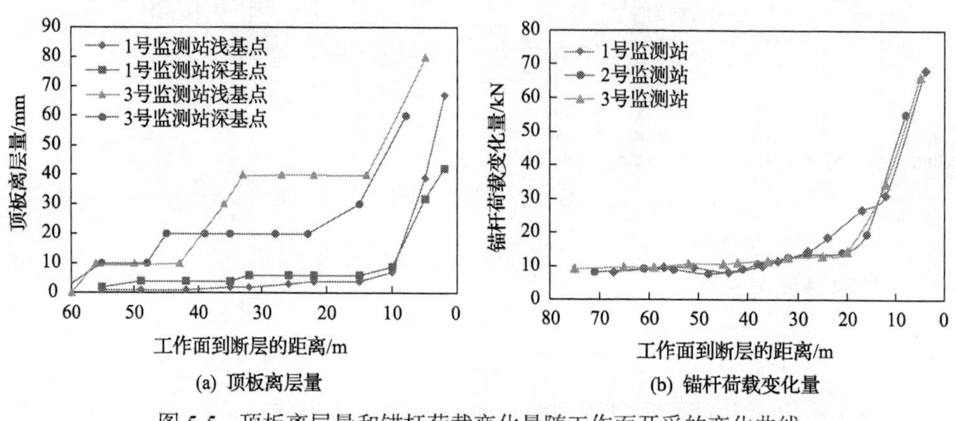

(a) 顶板离层量　(b) 锚杆荷载变化量

图 5-5　顶板离层量和锚杆荷载变化量随工作面开采的变化曲线

3. 锚杆受力

图 5-5(b)给出了三个监测站的锚杆荷载变化情况。当工作面与监测站的距离大于 20m 时，锚杆荷载几乎没有变化；当工作面距监测站 20m 时，锚杆荷载量突然急剧增加，且在工作面前方 5m 处达到峰值。当工作面与监测站的距离由 75m 减小为 20m 时，锚杆荷载量增加了 1.6 倍；而当工作面与监测站的距离由 75m 减小为 12m 时，锚杆荷载量增加了 7.2 倍。

4. 工作面支撑压力

图 5-6 为工作面推进过程中液压支架监测的采动应力分布图。从图中可以看出，当工作面位于断层 F_{37} 的左边时，工作面支撑压力较小且基本保持不变；当工作面位于断层 F_{36} 和断层 F_{37} 之间时，工作面支撑压力突然激增，而且经历了较大的波动。

根据现场监测结果，巷道变形量、顶板离层量和锚杆荷载变化量都出现了急剧增长的现象。在其他的现场监测中也出现过类似的矿压显现规律，如沈宝堂

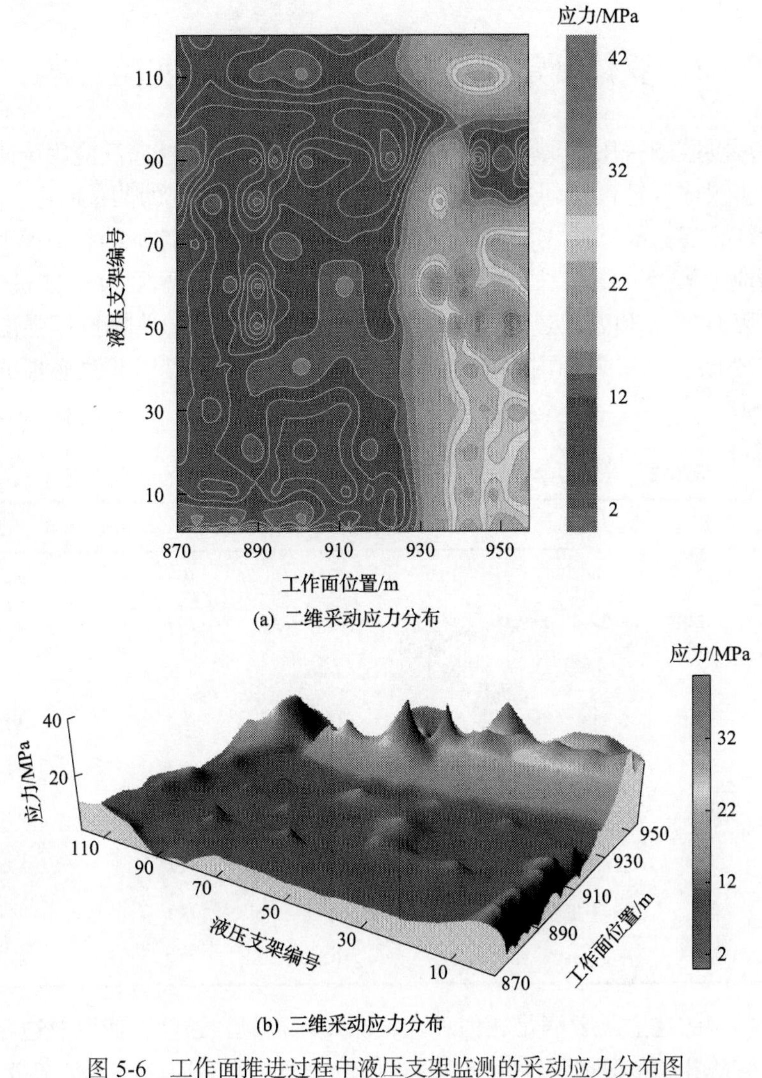

(a) 二维采动应力分布

(b) 三维采动应力分布

图 5-6　工作面推进过程中液压支架监测的采动应力分布图

等[1-5]指出，在覆岩应力较高时，巷道会产生过度变形甚至垮落；Kang 等[6]发现在长壁开采时期，当巷道变形受到采动应力影响时，巷道收敛量开始逐渐增加；Wang 等[7,8]通过对比断层影响区域和陷落柱区域的巷道变形发现，断层区域的锚杆荷载量和巷道变形量较大。因此，巷道变形量越大，锚杆受力就越大，即锚杆中的较高荷载是由巷道产生大变形导致的，这与正利煤矿两帮收敛量、顶底板移近量、顶板离层量和锚杆荷载量的现场监测结果一致。实际上，工作面采动应力的急剧增加也是由于上覆岩层的垮落，而工作面支撑压力的波动现象与上覆岩层的不规律沉降有关。因此，工作面支撑压力波动较大现象与巷道的大变形有关，而工作面支撑压力在断层 F_{37} 和断层 F_{36} 之间波动较大的原因应该进一步研究。

5.2　双体断层赋存条件下相似模拟实验方案

由于现场监测费用昂贵、监测周期长，目前相似模拟被广泛应用于研究上覆岩层的运移规律。针对正利煤矿 1#矿区 103 工作面所揭露的两条断层 F_{36} 和 F_{37} 的构造特征，建立长壁工作面回采过程中两条断层赋存条件下的相似模型，模型采用平面应力模型，框架长度为 4.20m，宽度为 0.25m，厚度为 0.25m。通过对正利煤矿钻探岩芯和岩块进行室内样品测试，确定围岩的单轴抗压强度、弹性模量、泊松比、黏聚力和内摩擦角等参数。实验结果及煤层和顶底板的力学参数见表 5-2。

表 5-2　岩层力学参数及不同岩层砂子、石灰和石膏的混合比例

岩层	厚度/m	密度/(kg/m³)	弹性模量/GPa	泊松比	单轴抗压强度/MPa	砂∶石灰∶石膏
泥岩	4.7	2647	10.0	0.35	10.4	9∶8∶2
砂质泥岩	5.2	2740	16.5	0.30	24.6	9∶8∶2
细砂岩	5.4	2687	29.4	0.26	41.0	8∶6∶4
4^{-1}号煤层	3.9	1360	2.5	0.36	3.0	9∶7∶3
砂质泥岩	3.6	2740	16.5	0.30	24.6	9∶8∶2
4 号煤层	2.3	1360	2.5	0.36	3.0	9∶7∶3
细砂岩	5.9	2687	29.4	0.26	41.0	8∶6∶4
砂质泥岩	2.3	2470	16.5	0.30	24.6	9∶8∶2
中砂岩	4.6	2723	11.9	0.27	37.3	8∶5∶5

物理模型的建立需要满足相似理论，即几何相似、强度相似以及边界条件和原岩应力状态相似。根据弹性相似理论，相似模型和原型应该满足平衡微分方程，因此材料的几何尺寸、强度和密度应该满足

$$\frac{C_\sigma}{C_\rho C_L}=1 \tag{5-1}$$

式中，C_σ、C_ρ 和 C_L 分别为材料的强度、密度和几何尺寸相似系数。

$$C_\sigma=\frac{\sigma_{\mathrm{p}}}{\sigma_{\mathrm{m}}},\quad C_\rho=\frac{\rho_{\mathrm{p}}}{\rho_{\mathrm{m}}},\quad C_L=\frac{L_{\mathrm{p}}}{L_{\mathrm{m}}} \tag{5-2}$$

式中，σ_{p}、ρ_{p} 和 L_{p} 分别为原型的强度、密度和几何尺寸；σ_{m}、ρ_{m} 和 L_{m} 分别为

相似模型的强度、密度和几何尺寸。当 C_ρ 和 C_L 确定后，C_σ 可以通过式(5-1)计算[9,10]。

5.2.1　相似模型制作

根据正利煤矿工程地质资料中的岩层分布情况，在中国矿业大学(北京)的矿山实验室进行二维大尺度物理模型实验研究[11,12]。相似材料由骨料和黏结剂组成，其中细砂是骨料的主要组成成分，而石膏和石灰可以用作黏结剂，用来改善材料的强度和脆性。因此，可以通过配置不同配比的石膏、石灰、砂子和水实现对物理模型中各个岩层的模拟，岩层的力学参数及不同岩层的砂子、石灰和石膏的混合比例如表 5-2 所示。

在本次相似模拟实验中，物理模型的几何尺寸为 4.2m×1.5m×0.25m(长×宽×高)。考虑到煤层、上覆岩层及实验台的尺寸特性，模型的几何尺寸相似系数 C_L 为 200，根据砂子、石膏和石灰混合质量的经验值，密度相似系数应该介于 1.2～1.7，在本章的相似模拟研究中，将密度相似系数定为 1.5。根据式(5-1)可以计算出强度相似系数 C_σ 为 300。根据边界条件，模型的左右侧和底部受到约束，在模型的上方施加大小为 20MPa 的垂直荷载来模拟上覆岩层的压力，在模型的两边留设 40cm 宽的煤柱以减小边界效应[10]。

为了能在实验中重现地质演化和断层形成的过程，采用从下向上的方式构建断层 F_{36} 和断层 F_{37}，同时在断层面上加入云母粉来改善断层滑动[13-22]。图 5-7 为相似模型和断层建模示意图。

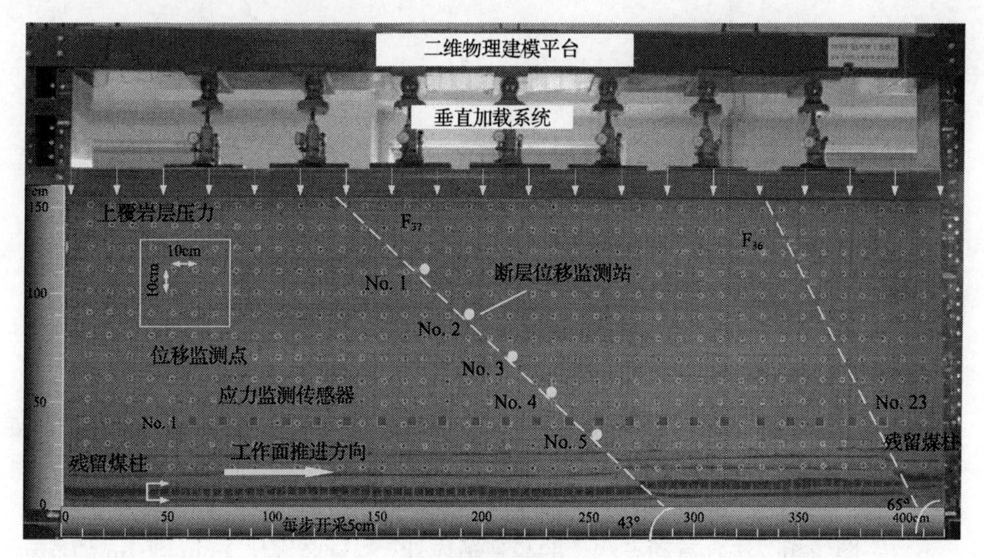

(a) 相似模型及监测系统

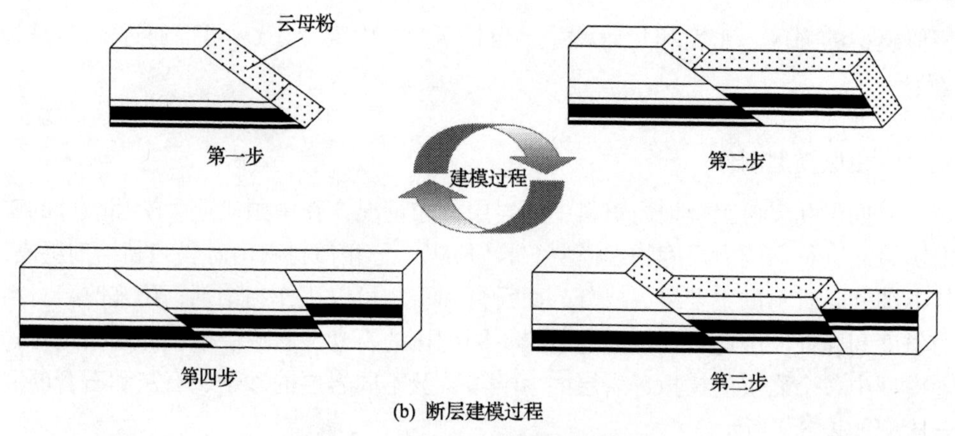

(b) 断层建模过程

图 5-7 相似模型和断层建模示意图

5.2.2 相似模型监测方案

物理模型的应力通过应变片来监测，应变片放置在距离 4^{-1} 号煤层 40cm 的上方顶板处，其中在断层 F_{37} 的左边布置 13 个应变片，在断层 F_{37} 和断层 F_{36} 中间布置 9 个应变片，两个应变片之间的距离是 15cm。应变信号通过 CM-2B 静态应变仪来监测，它有 32 个监测通道，并且它的最小监测间隔为 5s。根据图 5-8 所示应变片的应力-应变曲线可以计算工作面开采对断层附近应力场的影响[23]。

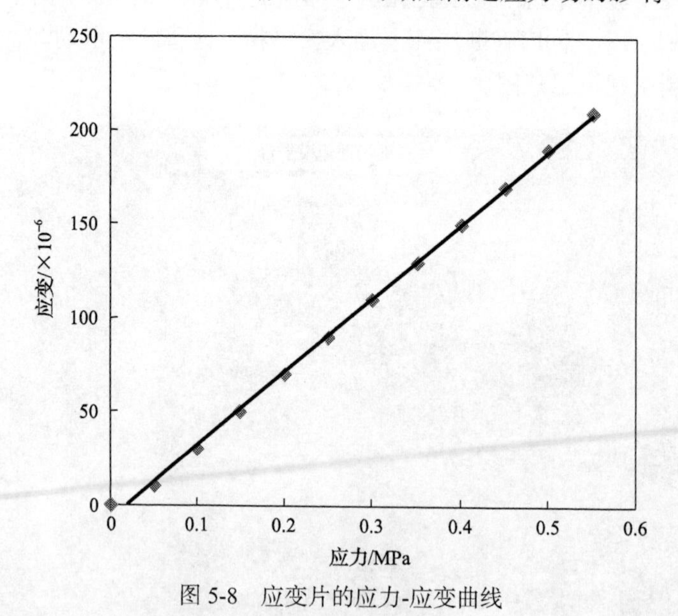

图 5-8 应变片的应力-应变曲线

数字图像相关法具有动态测量的高速适应性、测量区域从 2mm 到 2m 的灵活选择性和视野范围内高达 1/100000 的测量敏感性，并且可以显示表面轮廓、三维位移和应变云图。在物理模型的表面沿着水平方向和垂直方向布置了间隔 10cm 的目标点来研究工作面开采过程中的覆岩变形。

5.2.3　相似模拟实验开采过程及结果分析

在相似模型的上部及左右两侧施加荷载后开始进行模型的开采过程，整个开采过程从左向右逐步进行，每步开采 5cm，然后模型静置 2min。本节主要研究采动条件下双体断层赋存区域的覆岩运移规律和断层滑移特征[24-26]。

1. 顶板垮落变化规律

在工作面开采至断层 F_{37} 的过程中，基本顶经历了初次垮落和 16 次周期性垮落。其中，顶板初次垮落的步距为 45cm；不受断层影响的区域顶板周期性垮落的步距为 15cm；受断层影响的区域顶板周期性跨落的步距为 10cm；断层 F_{37} 和断层 F_{36} 之间的区域顶板周期性垮落的步距为 10～15cm 不等。以上实验现象说明两个断层之间的区域岩层裂隙发育充分。实验的具体过程如表 5-3 和图 5-9 所示。

表 5-3　覆岩运动的实验描述

工作面推进距离/cm	工作面到断层距离/cm	实验现象	顶板周期性垮落步距/cm	断层响应
5	235	没有明显变化	—	—
35	200	轻微的顶板离层现象	—	—
40	195	直接顶垮落	—	—
45	190	基本顶初次垮落	45	—
60	175	基本顶第 1 次周期性垮落	15	—
75	160	基本顶第 2 次周期性垮落；上覆岩层垮落	15	—
90	145	基本顶第 3 次周期性垮落；上覆岩层严重垮落	15	—
105	130	基本顶第 4 次周期性垮落	15	—
115	120	基本顶第 5 次周期性垮落	15	—
120	115	—	—	轻微响应
130	105	基本顶第 6 次周期性垮落	10	—
140	95	基本顶第 7 次周期性垮落；上覆岩层严重垮落	10	—
150	85	基本顶第 8 次周期性垮落；上覆岩层严重垮落	10	轻微响应
165	70	基本顶第 9 次周期性垮落	10	—
175	60	基本顶第 10 次周期性垮落；上覆岩层严重垮落	10	严重响应
185	50	基本顶第 11 次周期性垮落	10	—
190	45	—	—	断层附近出现裂缝

续表

工作面推进距离/cm	工作面到断层距离/cm	实验现象	顶板周期性垮落步距/cm	断层响应
195	40	基本顶第 12 次周期性垮落	10	—
205	30	基本顶第 13 次周期性垮落；断层轻微滑移	10	断层轻微滑移
215	20	直接顶频繁垮落；基本顶第 14 次周期性垮落；上覆岩层严重垮落；断层严重滑移	10	断层严重滑移
225	10	基本顶第 15 次周期性垮落	10	—
230	5	基本顶第 16 次周期性垮落；断层滑移	10	断层严重滑移
235	0	—	—	断层滑移

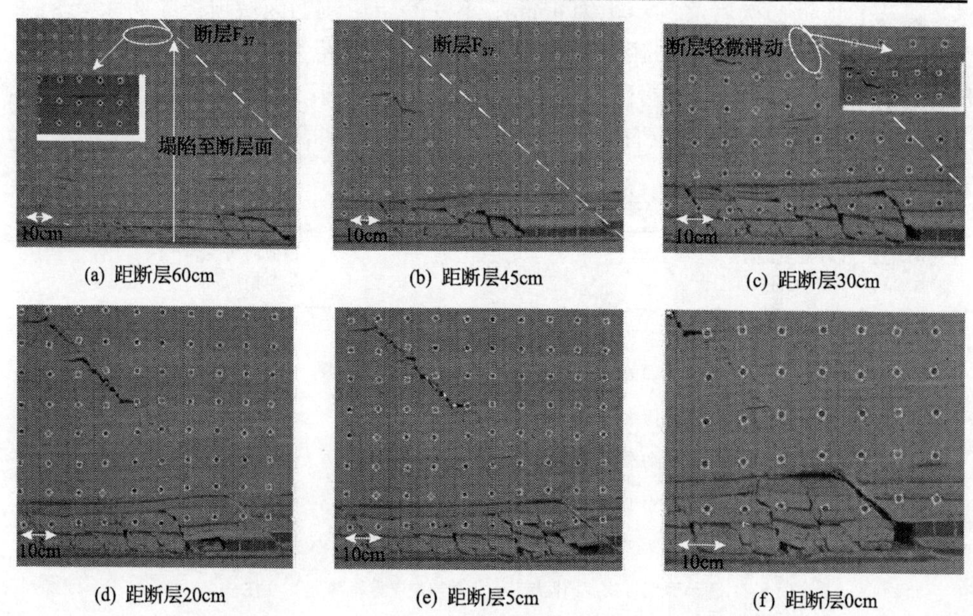

(a) 距断层60cm (b) 距断层45cm (c) 距断层30cm
(d) 距断层20cm (e) 距断层5cm (f) 距断层0cm

图 5-9 煤层开采过程中上覆岩层运动的代表性图像

当工作面开采过断层 F_{37} 并不断向断层 F_{36} 推进的过程中，上覆岩层经历了周期性垮落，断层滑移现象严重。当工作面与断层 F_{36} 之间的距离为 80cm 时，上覆岩层水平方向的裂隙与断层贯通；当工作面与断层 F_{36} 之间的距离为 10cm 时，断层 F_{36} 严重滑移。

图 5-10 给出了断层 F_{37} 和断层 F_{36} 之间上覆岩层的垮落高度和断层 F_{37} 左边上覆岩层垮落高度的对比情况。从图中可以看出，两条断层之间上覆岩层的垮落高度为 110cm，而断层 F_{37} 左边上覆岩层的垮落高度为 75cm，这是因为当工作面开采至两条断层之间时，上覆岩层会受到两条断层的相互影响。此外，当工作面位于两条断层之间时，上覆岩层出现了大规模的裂缝；而工作面位于断层 F_{37} 左边

时，上覆岩层并没有出现大规模的裂缝。

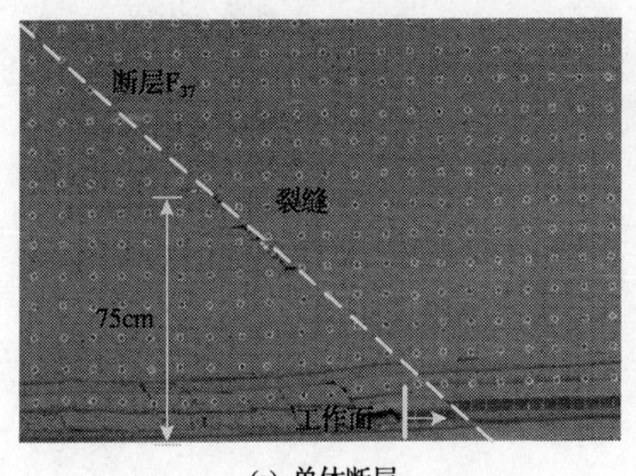

(a) 单体断层

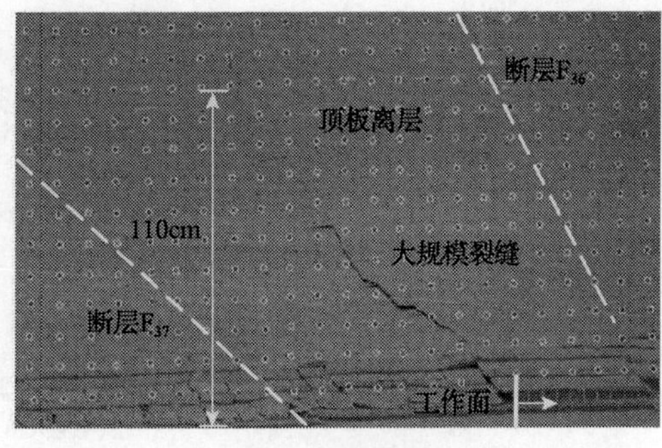

(b) 双体断层

图 5-10　工作面临近单体断层及双体断层时上覆岩层垮落高度对比

虽然在实验中没有对应变能进行监测，但可以根据开采过程中顶板的运动情况对应变能的释放进行评估。煤层开采过程中的顶板周期性垮落及垮落高度较大现象揭示了岩层中积聚的应变能已经从煤岩内部释放到工作面，这有可能导致冲击地压现象的发生，因此开采过程中断层的响应情况值得进一步研究[27]。

2. 断层滑移变化规律

如表 5-3 和图 5-9 所示，整个开采过程分为两个阶段，第一阶段为工作面开采至第一条断层处，第二阶段为工作面开采两条断层之间的部分。在第一阶段的开采初期，由于工作面距离断层较远，开采活动没有对断层滑移产生影响；当工作面推进到距断层 115cm 时，开采活动开始对断层滑移产生影响；当工作面距断层 60cm 时，断层附近裂缝不断发育扩展，开采活动严重影响到断层滑移；当工作面距断层 30cm 时，断层上下盘开始出现错动，断层出现轻微滑移现象；当工作面距断层 10cm 时，断层出现严重滑移。第二阶段开采过程中受到断层滑移影响区域的面积大于第一阶段开采过程中断层滑移影响区域的面积。

5.3　工作面回采诱发双体断层失稳的前兆信息

5.3.1　工作面回采诱发第一条断层失稳的前兆信息

由于断层活化受到煤层开采的影响，断层未影响区和断层影响区的采动应力具有不同的分布特征[28-32]。由表 5-3 和图 5-9 的实验结果可知，当工作面与断层 F_{37} 之间的距离为 115cm 时，断层 F_{37} 开始对煤层开采过程做出响应，因此初步推测断层 F_{37} 左边 115cm 处为断层影响区和非断层影响区的分界线。图 5-11 给出了工作面开采过程中从断层 F_{37} 左边 13 个应变片中监测到的应变变化曲线。

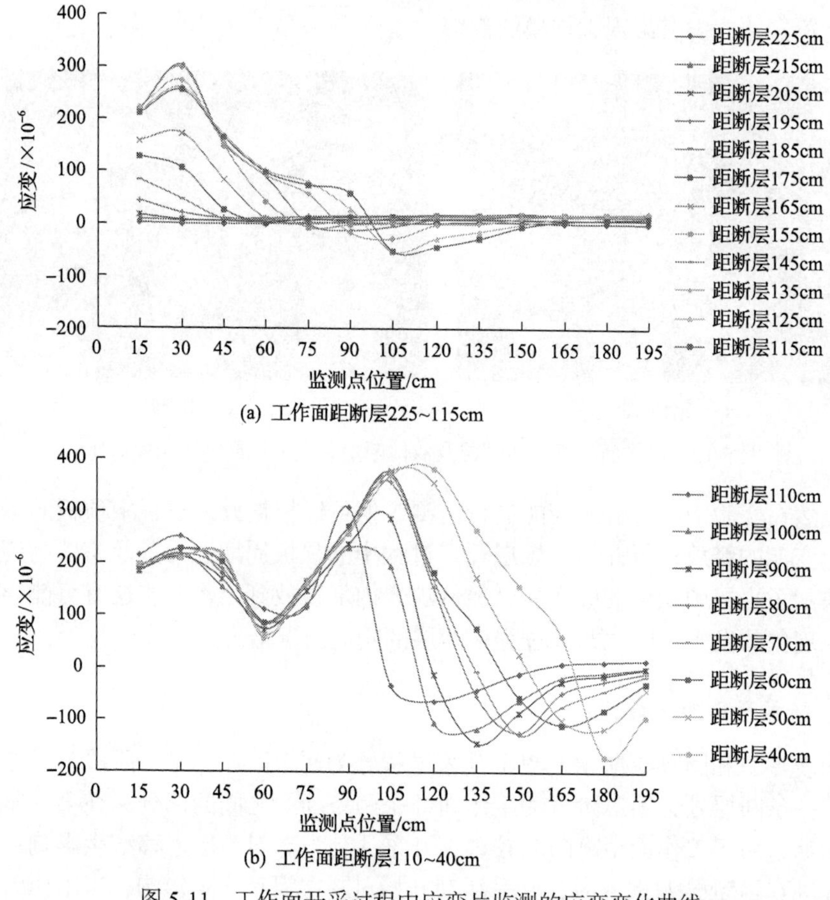

图 5-11 工作面开采过程中应变片监测的应变变化曲线

从图 5-11 可以看出，当工作面距离断层 115cm 时，采动应力开始显著变化，这说明断层开始进入断层影响区，所以断层影响区和非影响区的边界线可以确定为工作面距断层 115cm。

图 5-12 给出了工作面开采过程中断层非影响区应变片的采动应力分布。从图中可以看出，在刚开采时，采动应力相对较低，然后在工作面前方的某一时刻采动应力出现激增的现象。同时图中还呈现了断层影响区 8～11 号应变片随工作面前进过程中的采动应力变化情况。通过对比断层影响区和断层非影响区的采动应力可以发现，断层影响区采动应力的最大值比断层非影响区采动应力的最大值大 26%。

这里分别以 1 号和 11 号应变片为研究对象，分析煤层开采过程中断层非影响区和断层影响区采动应力的变化情况。图 5-13 为工作面前进过程中 1 号应变片的采动应力变化情况。从图中可以看出，工作面开采过程中，采动应力的峰值出现在工作面前方 5cm(原型中的尺寸为 10m)。在实验尺度上，煤层开采引起的影响区长度在长壁工作面前方约为 15cm(原型中的尺寸为 30m)。

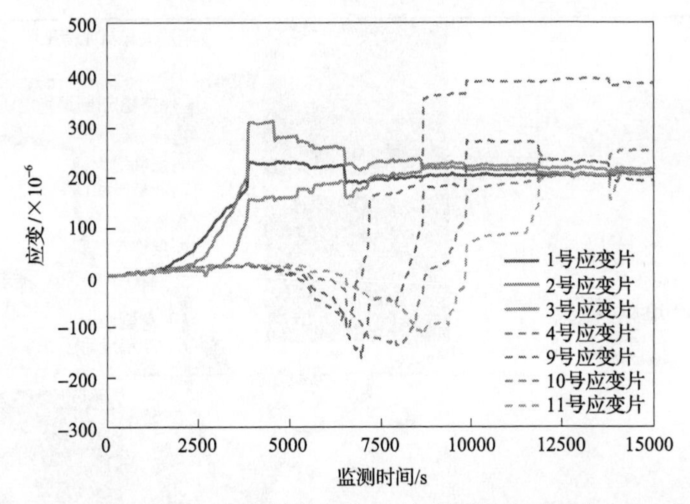

图 5-12　工作面开采过程中断层非影响区与断层影响区的采动应力分布

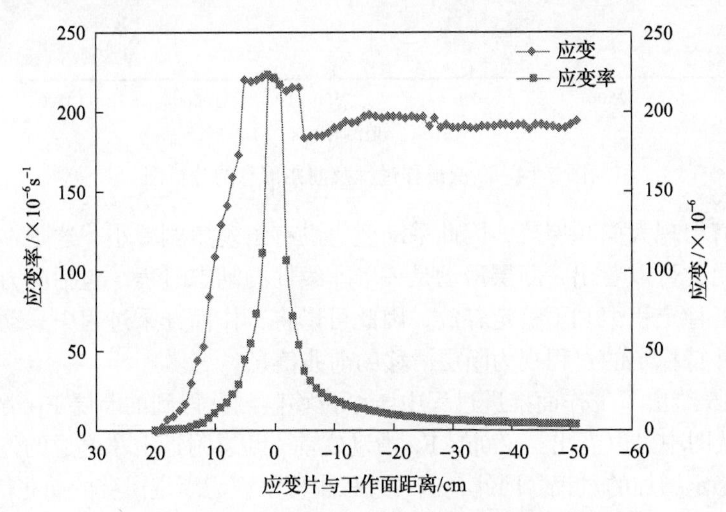

图 5-13　1 号应变片采动应力随工作面推进的变化曲线

图 5-14 为断层滑移过程及前兆信息的分析图。从图中可以看出，11 号应变片的采动应力经历了多阶段的变化过程，依次为略微增大、逐渐增大、逐渐减小、急剧增大、保持稳定和急剧减小。

在煤层开采的初期阶段，上覆岩层受到挤压，这就表现为前两个阶段的采动应力逐渐增加；随后由于顶板出现离层和垮落等现象，采动应力逐渐减小；当工作面前进了一定距离后，断层 F_{37} 开始受到煤层开采的扰动，断层面上积聚的应变能得以释放，断层出现滑动，在这一阶段采动应力受断层滑动的影响而不断减小；当断层滑动一定距离后，又开始保持稳定，与此同时，11 号应变片的采动应力出现急剧增大和保持稳定的阶段。由于在实验过程中，应变片放置在顶板附近

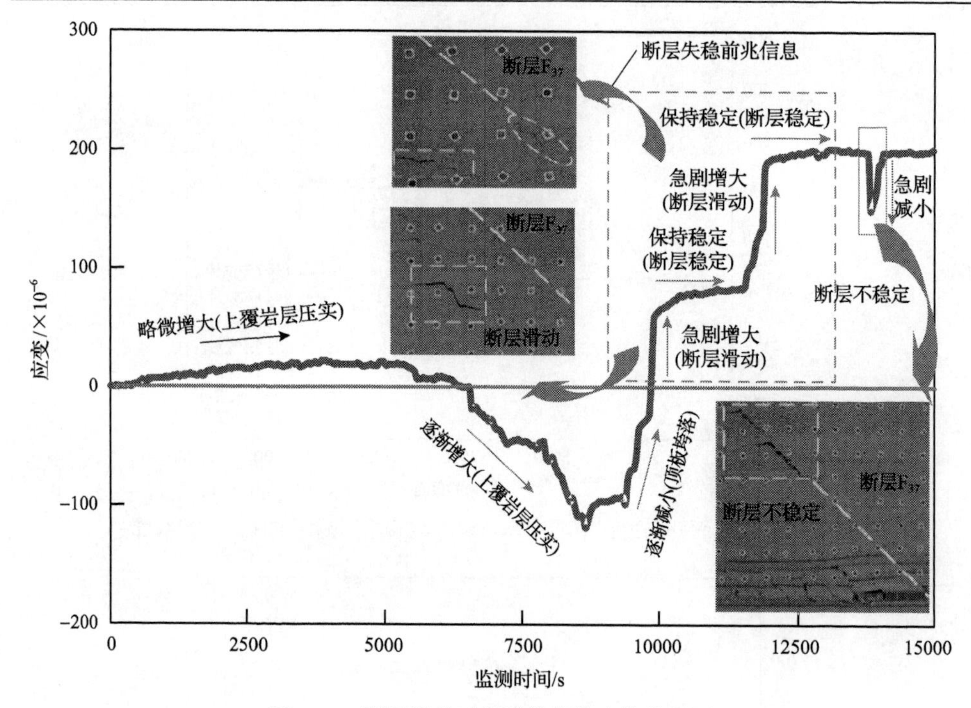

图 5-14　断层滑移过程及前兆信息的分析图

且顶板没有出现大面积垮落，因此采动应力没有出现急剧减小，这是本次实验的局限性。由此可以看出，断层滑动是一个非线性的动态过程，包括应力甚至是弹性应变能的稳定积聚和不稳定释放，因此可以将工作面开采过程中采动应力的急剧增大和保持稳定的过程视为断层滑移的前兆信息。

图 5-15 给出了工作面推进过程中 5 个位移监测站得到的断层 F_{37} 滑移量的变化曲线。从图中可以看出，在断层 F_{37} 滑动之前，断层附近上覆岩层的位移变化曲线有一个稳定增加的过程。因此，这一过程也可以视为断层滑移的前兆信息。

图 5-16 为断层 F_{37} 滑移前后的物理模型位移云图。从图中可以看出，断层 F_{37} 滑移失稳前后，断层附近的围岩位移出现急剧增加的现象，因此断层滑移现象极有可能诱发冲击地压，应该进行更深入的研究[33]。

5.3.2　工作面回采诱发第二条断层失稳的前兆信息

图 5-17 给出了工作面推进过程中布置在断层 F_{37} 和断层 F_{36} 之间的应变片采动应力变化曲线。从图中可以看出，在开采的初始阶段，9 个应变片的采动应力大小几乎保持不变，当开采到某一位置后，曲线开始急剧增加，而且这些应变片的采动应力均在工作面前方 5cm 处达到峰值(原型中为 10m)，但是仅从采动应力的变化曲线中并不能看出工作面的推进过程对不同位置处应变片采动应力变化的影响。

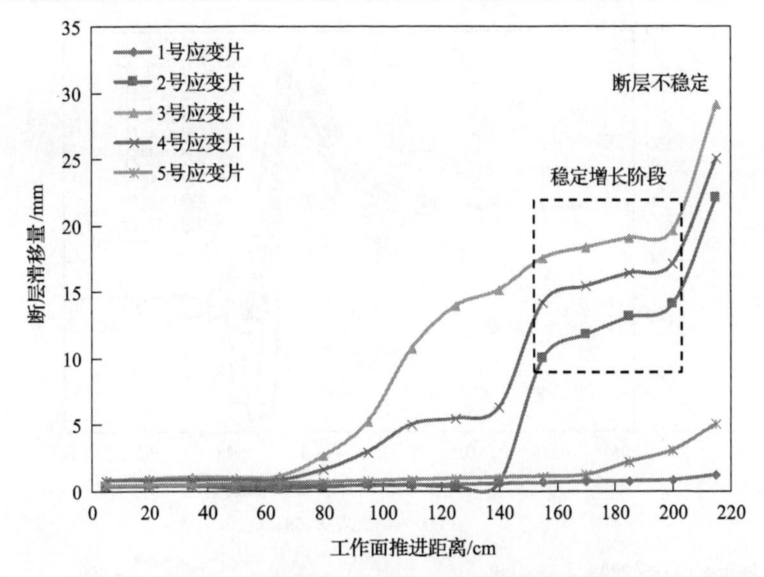

图 5-15　断层 F_{37} 附近监测的断层滑移曲线

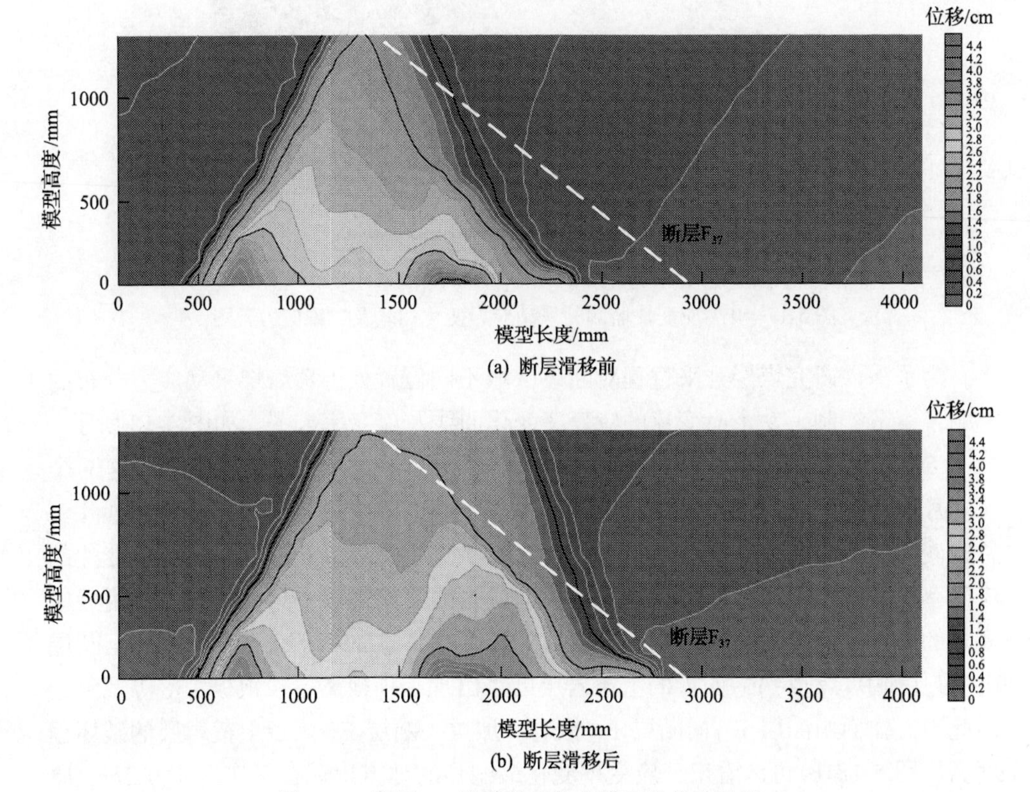

图 5-16　断层 F_{37} 滑移前后物理模型的位移云图

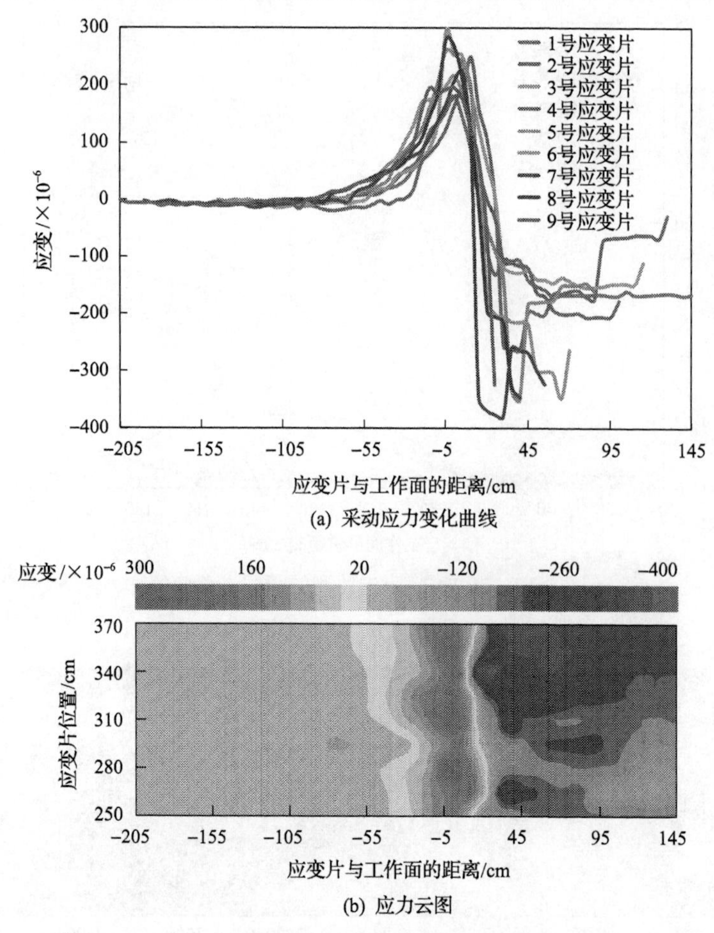

(a) 采动应力变化曲线

(b) 应力云图

图 5-17　9 个应变片监测的采动应力变化曲线及二维应力云图

为了深入研究煤层开采过程对断层区域不同位置处上覆岩层采动应力分布的影响，本节绘制了 9 个应变片的应变率变化曲线及应变率云图，如图 5-18 所示。从图 5-18(a)可以看出，在工作面由断层 F_{37} 向断层 F_{36} 推进的初期阶段，这 9 个应变片的应变率几乎保持不变；随着工作面不断向前推进，应变率曲线出现几个急剧变化的阶段，这是由双体断层的相互影响作用造成的；断层影响区应变片的应变率大于其他区域，这与单体断层采动应力的变化规律一致；断层 F_{37} 附近应变片的应变率大于断层 F_{36} 附近应变片的应变率，这是由于在工作面开采至断层 F_{37} 的过程中，断层 F_{37} 附近的上覆岩层已经出现了顶板离层、顶板垮落等现象，因此当工作面由断层 F_{37} 向断层 F_{36} 推进时加重了断层 F_{37} 附近上覆岩层的破坏程度。从图 5-18(b)可以看出，应变率变化最剧烈的地方出现在工作面前方 5cm(原型中为 10m)，这与应变片的采动应力变化情况一致。

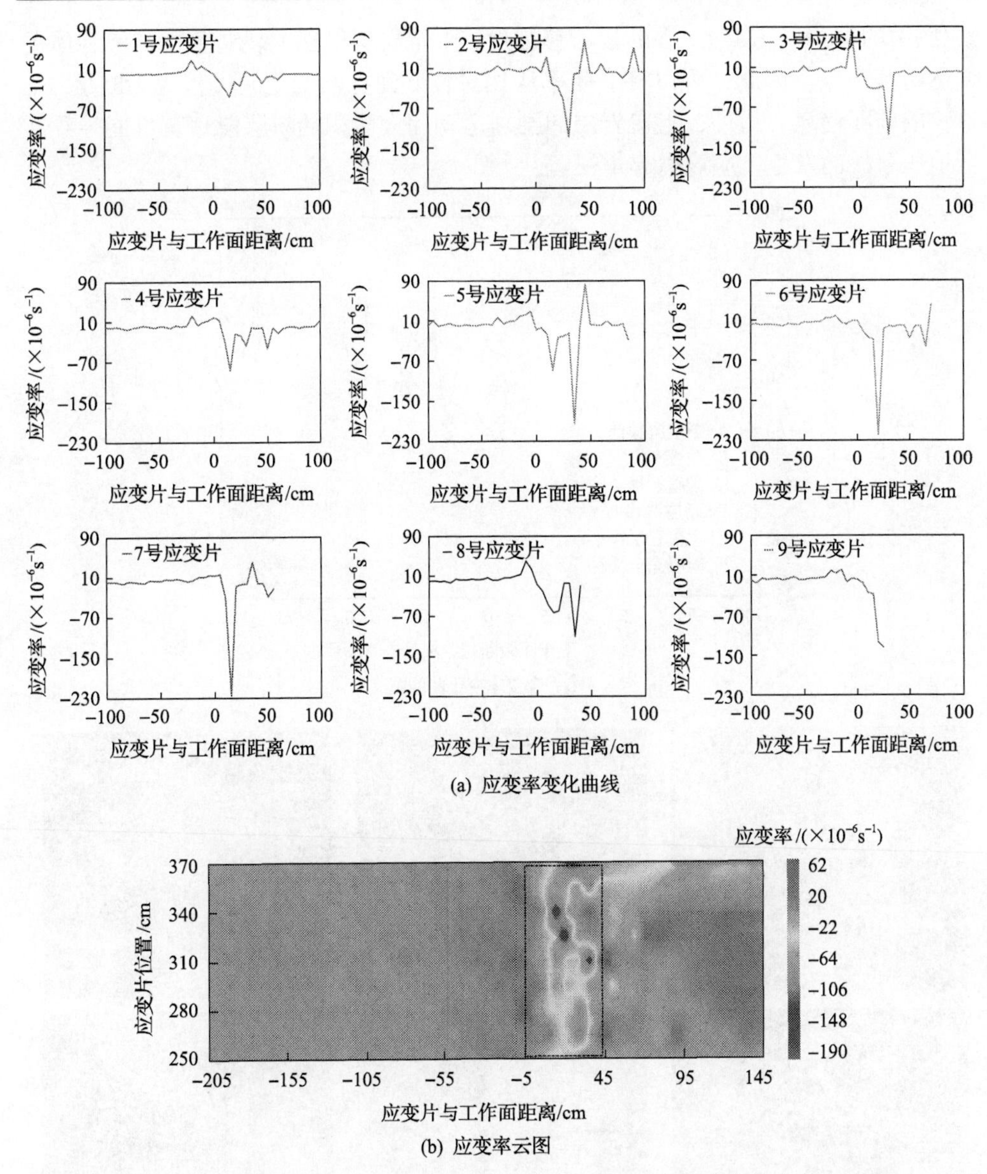

(a) 应变率变化曲线

(b) 应变率云图

图 5-18　工作面开采过程中 9 个应变片监测的应变率变化曲线及应变率云图

图 5-19 给出了 4 号应变片的应变率变化曲线及曲线上具有代表性的 6 个点对应的实验图片。从图中可以看出，断层 F_{36} 发生了 3 次滑移，分别是 *A* 到 *B*、*C* 到 *D* 和 *E* 到 *F*。由于断层滑移，上覆岩层出现了顶板离层、上覆岩层垮落和裂缝扩展现象，严重影响了上覆岩层的稳定性。从图 5-19(a)可以看出，在断层滑移之前，应变率相对较低，几乎保持不变；在断层滑移之后，应变率急剧增加。从图 5-19(b)可以看出，在断层滑移之前，上覆岩层出现了裂缝断裂成核和扩展的现

象(图中的 A、C、E 点)；在断层滑移之后，上覆岩层出现了裂缝急剧扩展和顶板突然垮落现象。因此，可以将应变率从相对较低到急剧变化的过程视为断层 F_{36} 滑移的前兆信息。另外，上覆岩层的剧烈运动和大面积的断层滑移有可能导致冲击地压事故的发生，应该引起重视。

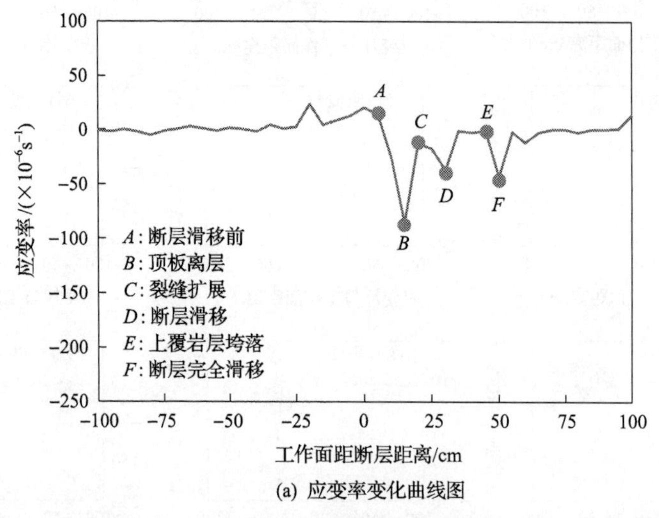

(a) 应变率变化曲线图

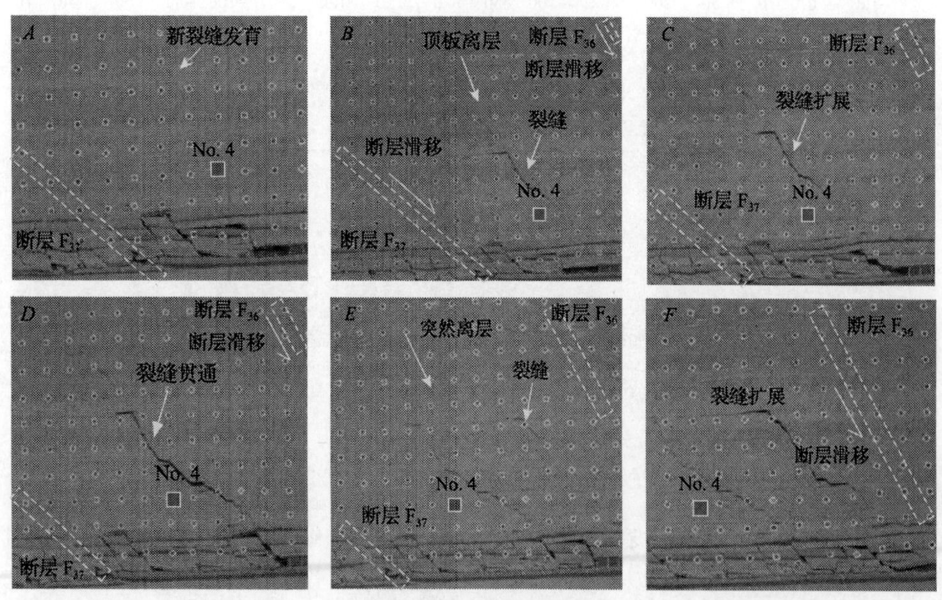

(b) 6个典型点对应的实验图

图 5-19 4 号应变片的应变率变化曲线及 6 个典型点对应的实验图

根据正利煤矿现场监测结果及相似模型的实验结果，可知双体断层赋存区域岩层的应力和变形等指标在临近断层时出现突变现象，为了探究这一现象产生的机理，图 5-20 绘制了双体断层区域工作面开采过程中的断层滑移及上覆岩层垮落示意图。从图中可以看出，在第一阶段的开采过程(即工作面推进到断层 F_{37} 附近)中，当工作面开采到一定距离后，断层面上积聚的应变能得以释放，顶板区域出现离层甚至周期性垮落现象；在第二阶段的开采过程(工作面过断层 F_{37} 并不断向断层 F_{36} 推进)中，顶板区域出现不规律的周期性垮落现象，这是由断层 F_{37} 和断层 F_{36} 的相互影响造成的。

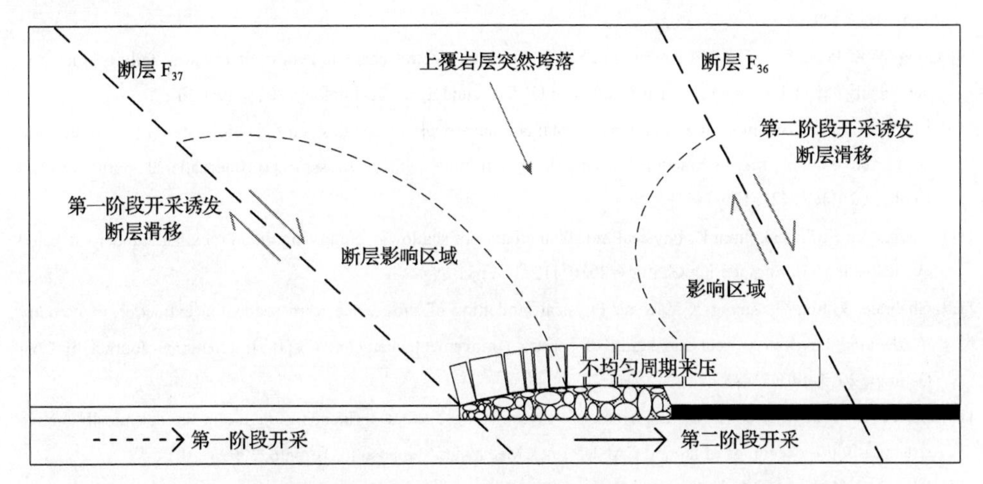

图 5-20　双体断层滑移诱发的上覆岩层不规律沉降及突然垮落示意图

通过以上分析可以发现，第一阶段开采过程和第二阶段开采过程有如下不同点：

(1)第二阶段开采过程中断层滑移影响区域的面积大于第一阶段开采过程中断层滑移影响区域的面积。

(2)与第二阶段煤层开采过程相比，第一阶段开采引起的应力变化范围更大。

(3)第一阶段断层滑移的程度比第二阶段更大，这是因为在整个煤层开采过程中，断层 F_{37} 首先滑移失稳，并释放了积聚在上覆岩层中的大部分应变能。

参 考 文 献

[1] Bryant W A. Fault[M]//Encyclopedia of Natural Hazards. Dordrecht: Springer. 2013: 317-321.

[2] Caniven Y, Dominguez S, Soliva R, et al. Relationships between along-fault heterogeneous normal stress and fault slip patterns during the seismic cycle: Insights from a strike-slip fault laboratory model[J]. Earth and Planetary Science Letters, 2017, 480: 147-157.

[3] Hatem A E, Cooke M L, Toeneboehn K. Strain localization and evolving kinematic efficiency of initiating strike-slip faults within wet Kaolin experiments[J]. Journal of Structural Geology, 2017, 101: 96-108.

[4] Shen B T, King A, Guo H. Displacement, stress and seismicity in roadway roofs during mining-induced failure[J]. International Journal of Rock Mechanics and Mining Sciences, 2008, 45(5): 672-688.

[5] Shen B T. Coal mine roadway stability in soft rock: A case study[J]. Rock Mechanics and Rock Engineering, 2014, 47(6): 2225-2238.

[6] Kang H P, Lin J, Fan M J. Investigation on support pattern of a coal mine roadway within soft rocks—a case study[J]. International Journal of Coal Geology, 2015, 140: 31-40.

[7] Wang H W, Jiang Y D, Xue S, et al. Influence of fault slip on mining-induced pressure and optimization of roadway support design in fault-influenced zone[J]. Journal of Rock Mechanics and Geotechnical Engineering , 2016, 8(5): 660-671.

[8] Wang H W, Xue S, Jiang Y D, et al. Field investigation of a roof fall accident and large roadway deformation under geologically complex conditions in an underground coal mine[J]. Rock Mechanics and Rock Engineering, 2018, 51(6): 1863-1883.

[9] Gong W L, Peng Y Y, He M C, et al. Thermal image and spectral characterization of roadway failure process in geologically 45° inclined rocks[J]. Tunnelling and Underground Space Technology, 2015, 49: 156-173.

[10] Liu Y K, Zhou F B, Liu L, et al. An experimental and numerical investigation on the deformation of overlying coal seams above double-seam extraction for controlling coal mine methane emissions[J]. International Journal of Coal Geology, 2011, 87(2): 139-149.

[11] Fuenkajorn K, Phueakphum D. Physical model simulation of shallow openings in jointed rock mass under static and cyclic loadings[J]. Engineering Geology, 2010, 113(1-4): 81-89.

[12] Ghabraie B, Ren G, Zhang X Y, et al. Physical modelling of subsidence from sequential extraction of partially overlapping longwall panels and study of substrata movement characteristics[J]. International Journal of Coal Geology, 2015, 140: 71-83.

[13] Castro L A M, Carter T G, Lightfoot N. Investigating factors influencing fault-slip in seismically active structures[C]//Proceedings of the 3rd CANUS Rock Mechanics Symposium, Toronto, 2009.

[14] Islam M R, Shinjo R. Mining-induced fault reactivation associated with the main conveyor belt roadway and safety of the Barapukuria Coal Mine in Bangladesh: Constraints from BEM simulations[J]. International Journal of Coal Geology, 2009, 79(4): 115-130.

[15] Maerten L, Willemse E J M, Pollard D D, et al. Slip distributions on intersecting normal faults[J]. Journal of Structural Geology, 1999, 21(3): 259-272.

[16] Orlic B, Wassing B B T. A study of stress change and fault slip in producing gas reservoirs overlain by elastic and viscoelastic caprocks[J]. Rock Mechanics and Rock Engineering, 2013, 46(3): 421-435.

[17] Rice J R, Lapusta N, Ranjith K. Rate and state dependent friction and the stability of sliding between elastically deformable solids[J]. Journal of the Mechanics and Physics of Solids, 2001, 49(9): 1865-1898.

[18] Rice J R. Heating and weakening of faults during earthquake slip[J]. Journal of Geophysical Research: Solid Earth, 2006, 111(B5): B05311.

[19] Song D Z, Wang E Y, Liu Z T, et al. Numerical simulation of rock-burst relief and prevention by water-jet cutting[J]. International Journal of Rock Mechanics and Mining Sciences, 2014, 70: 318-331.

[20] Vazouras P, Dakoulas P, Karamanos S A. Pipe-soil interaction and pipeline performance under strike-slip fault movements[J]. Soil Dynamics and Earthquake Engineering, 2015, 72: 48-65.

[21] Vernant P. What can we learn from 20 years of interseismic GPS measurements across strike-slip faults[J]. Tectonophysics, 2015, 644: 22-39.

[22] Wallace R E, Morris H T. Characteristics of faults and shear zones in deep mines[J]. Pure and Applied Geophysics, 1986, 124(1-2): 107-125.

[23] Jiang Y D, Wang H W, Xue S, et al. Assessment and mitigation of coal bump risk during extraction of an island longwall panel[J]. International Journal of Coal Geology, 2012, 95: 20-33.

[24] Deng S X, Li J, Jiang H M, et al. Experimental and theoretical study of the fault slip events of rock masses around underground tunnels induced by external disturbances[J]. Engineering Geology, 2018, 233: 191-199.

[25] Sainoki A, Mitri H S. Dynamic behaviour of mining-induced fault slip[J]. International Journal of Rock Mechanics and Mining Sciences, 2014, 66: 19-29.

[26] Sainoki A, Mitri H S. Quantitative analysis with plastic strain indicators to estimate damage induced by fault-slip[J]. Journal of Rock Mechanics and Geotechnical Engineering, 2018, 10(1): 1-10.

[27] Jiang Y D, Zhao Y X, Wang H W, et al. A review of mechanism and prevention technologies of coal bumps in China[J]. Journal of Rock Mechanics and Geotechnical Engineering, 2017, 9(1): 180-194.

[28] Jain A, Verma A K, Vishal V, et al. Numerical simulation of fault reactivation phenomenon[J]. Arabian Journal of Geosciences, 2013, 6(9): 3293-3302.

[29] Morris A P, Ferrill D A. The importance of the effective intermediate principal stress ($\sigma'2$) to fault slip patterns[J]. Journal of Structural Geology, 2009, 31(9): 950-959.

[30] 左建平, 陈忠辉, 王怀文, 等. 深部煤矿采动诱发断层活动规律[J]. 煤炭学报, 2009, 34(3): 305-309.

[31] 王爱文, 潘一山, 李忠华, 等. 断层作用下深部开采诱发冲击地压相似试验研究[J]. 岩土力学, 2014, 35(9): 2486-2492.

[32] Tranos M D. The use of stress tensor discriminator faults in separating heterogeneous fault-slip data with best-fit stress inversion methods. Journal of Structural Geology, 2017, 102: 168-178.

[33] Jiang Y D, Wang T, Zhao Y X, et al. Experimental study on the mechanisms of fault reactivation and coal bumps induced by mining[J]. Journal of Coal Science and Engineering (China), 2013, 19(4): 507-513.

第6章　褶皱构造不均匀应力场对冲击地压的影响机制

本章建立褶皱向斜构造赋存条件下的相似模型和数值模型，研究工作面采动过程中向斜构造区域矿压显现规律，分析向斜构造区域位移场和应力场的演化特征，揭示褶皱构造不均匀应力场诱发冲击地压的外因，为褶皱构造条件下的工作面回采诱发巷道围岩动力失稳的防治提供理论依据[1-14]。

6.1　褶皱构造赋存下工作面开采相似模拟实验

义马向斜构造的结构特征深刻影响着矿井的安全高效开采，义马向斜的发育和形成主要受东西方向构造应力的影响。该向斜大致走向为东西向，平均倾角为6°～25°，在复杂的地质构造运动中，由于受到义马F_{16}逆冲断裂带的影响、破坏，义马向斜的部分区域发生严重歪斜或直立，有的区域甚至出现倒逆情况。义马向斜在构造的西南区域边缘处有轻微扬起，角度约为13°。由于地质构造作用，向斜轴部区域存在较大的残余构造应力，该区域经常发生动力失稳和冲击地压等现象。

6.1.1　相似模拟实验

本节相似模拟实验以义马矿区千秋煤矿21221工作面为工程地质背景，采用中国矿业大学(北京)矿山压力实验室的二维模拟试验台，试验台的尺寸为1800mm×160mm×1300mm，(长×宽×高)试验台左、右边界可控制水平方向位移，底部控制垂直方向位移，顶部和左右边界使用液压千斤顶施加应力。

根据千秋煤矿21221工作面实际长度，并考虑矿山压力实验室模拟试验平台的尺寸，最终确定实验的几何相似系数α_L为120，容重相似系数α_γ为1.92，强度相似系数α_E为230.4。

根据实际煤矿各岩层的赋存特征，采用不同水膏配比的石膏单元板来模拟上述4种岩层，即巨厚砾岩层、泥岩层、煤层和粉砂岩层。相似实验模型可以通过这4种石膏单元板的空间排列组合来搭建，实验模型各岩层分布情况如图6-1所示。同时，为获得4种不同水膏配比的单元板的物理力学特性，在搭建实验模型之前预先制作了与相似实验材料一致水膏配比的标准试件，用于测定材料的力学属性，不同岩层的石膏单元板的规格和物理力学参数如表6-1所示。

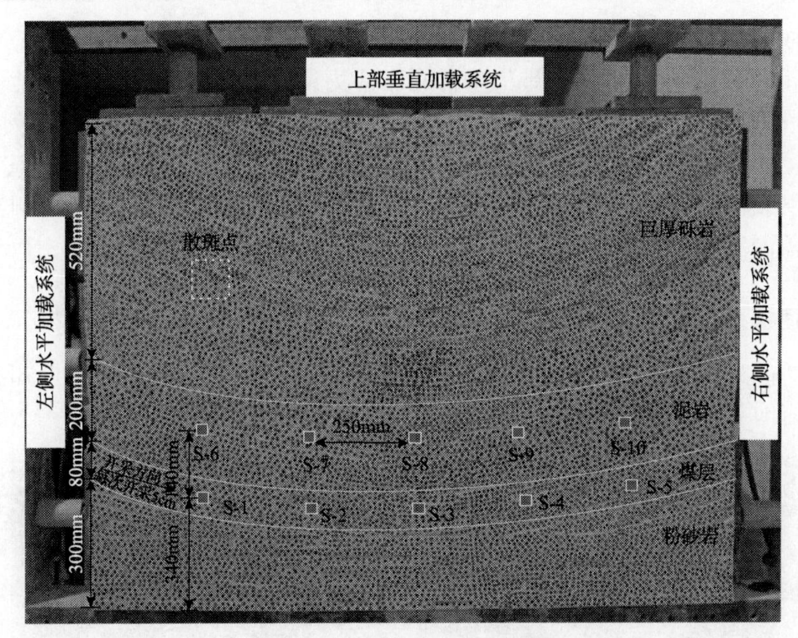

图 6-1　相似模拟实验平台图

表 6-1　石膏单元板参数

尺寸/mm×mm×mm	模拟岩层	水膏比	容重/(kN/m^3)	抗压强度/MPa
100×200×20	巨厚砾岩	0.6：1.0	14.06	3.07
100×200×20	泥岩	0.8：1.0	11.3	2.05
50×50×20	煤层	1.4：1.0	7.5	1.09
100×200×20	粉砂岩	0.8：1.0	13.5	2.05

千秋煤矿 21221 采掘工作面平均开采深度约 760m，实验模型煤层上覆岩层的铺设高度为 520mm，依据几何相似系数为 120，故煤层上覆岩层的实际高度为 62.4m，剩余 697.6m 高度的岩层自重应力则通过相似模拟实验系统的液压千斤顶进行施加。根据经验，岩石容重取 25kN/m^3，因此 697.6m 高度的岩层产生的压力为 17.44MPa。

根据强度相似系数为 230.4，可知实验模型上方液压千斤顶需加载 0.076MPa。结合千秋煤矿现场实测，可知侧压系数为 1.17，故实验模型水平加载 0.089MPa。

在实验模型搭建过程中，将应变片埋置于模型直接顶与基本顶部位，监测其在工作面采动过程中的应力变化情况。此外，相似模拟实验采用 XTDIC 数字散斑二维全场应变测量系统进行图像采集与后处理。该系统主要运用数字散斑相关方法，采用工业高速相机实时采集实验模型在整个变形过程中的散斑图像，利用图形相关算法进行实验模型表面变形点的匹配，重建匹配点的二维空间坐标，对位移场数据进行平滑处理和应变信息的可视化分析，从而实现实时、快速、精准的二维应变测量[15]。

在相似模拟实验模型上部及左右两帮应力得到完全加载后，开始对煤层进行模拟开挖，开挖时在实验模型左侧预留约 20cm 保护煤柱以减少边界效应的影响[16-18]。工作面沿 X 方向由左往右进行开挖，每次回采 5cm，待整个模型变形稳定后再继续回采，直至开挖至距模型右侧 20cm 处，应力场和位移场监测系统全程进行监测和数据采集，实验模型如图 6-1 所示[19]。

6.1.2 顶板垮落规律

图 6-2 给出了上层工作面回采阶段顶板垮落变化情况，通过分析可知上层工作面回采时顶板垮落规律如下。

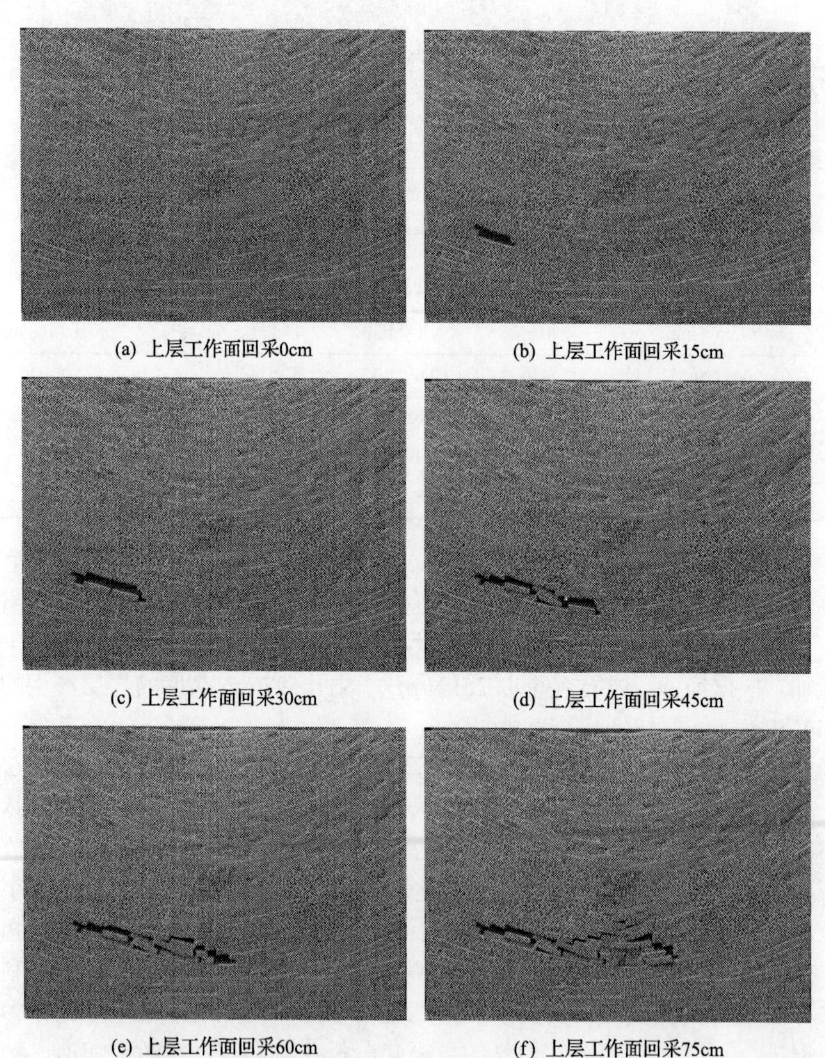

(a) 上层工作面回采0cm　(b) 上层工作面回采15cm

(c) 上层工作面回采30cm　(d) 上层工作面回采45cm

(e) 上层工作面回采60cm　(f) 上层工作面回采75cm

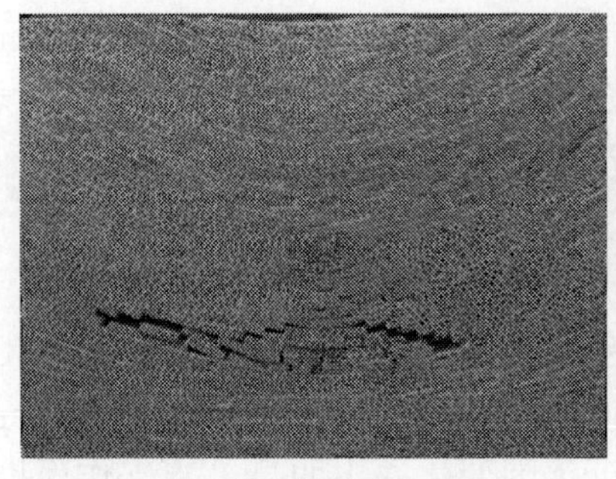

(g) 上层工作面回采90cm

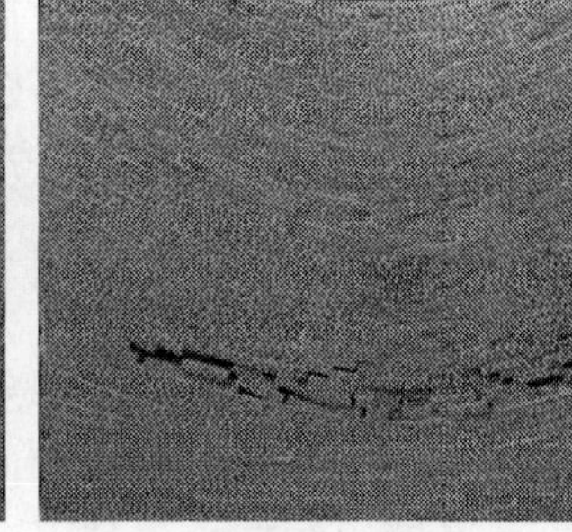

(h) 上层工作面回采105cm

图 6-2　上层工作面回采阶段顶板垮落变化

当工作面回采 5～20cm 时，直接顶及上覆岩层较为稳定，没有产生肉眼可见的裂隙和离层，此现象是因为相似模型工作面推进距离相对较小，其形成的超前支承应力没有达到顶板的极限承载能力；工作面继续回采，直接顶出现了较为明显的裂隙；当工作面回采 30cm 时，直接顶发生弯曲、下沉和离层等，直接顶自重和上覆岩层重力达到直接顶极限承载能力时，直接顶就会发生垮落破坏，此时顶板发生初次垮落。因此，工作面直接顶初次垮落步距为 30m，垮落高度为 2cm，且采空区直接顶的裂隙正在增大。

随着工作面继续回采，采空区扩大，上覆岩层在重力作用下造成采空区未垮落顶板下沉，出现离层现象，顶板裂隙进一步发育，当工作面回采 40cm 时，顶板发生第二次垮落，垮落高度扩展为 4cm。当工作面回采 40～45cm 时，由于采空区的扩大，应力主要承载体所承受的应力达到极限值，使得该区域上覆岩层在重力作用下发生下沉现象，采空区顶板裂隙进一步发育，同时模型出现响动，且多处出现裂纹；当工作面回采 50cm 时，顶板发生第三次垮落，且模型采空区直接顶出现较为明显的离层现象，离层高度扩展为 10cm。当工作面回采 50～55cm 时，采空区顶板裂隙上覆岩层更深处发育，离层现象更加明显；当工作面回采 60cm 时，顶板发生第四次垮落，垮落高度扩展为 8cm，并且上覆岩层出现了一定程度的下沉，向斜轴部区域有裂纹扩展。

随着采空区的扩大，直接顶悬露面积逐渐增大，在顶板自重和上覆岩层重力作用下弯曲；当工作面回采 70cm 时，顶板出现第五次垮落，且采空区顶板离层高度扩展为 16cm。随着工作面采过向斜轴部，当工作面回采 70～75cm 时，向斜轴部上方顶板发生断裂，且轴部岩层出现较为明显的下沉，裂隙进一步发育；当工作面回采 80cm 时，顶板发生第六次垮落，垮落高度扩展为 10cm，同时直接顶悬露面积逐渐增大，顶板离层高度扩展为 26cm。当工作面回采 80～85cm 时，模型较为稳定，裂隙发育不明显；当工作面回采 95cm 时，顶板发生第七次垮落，垮落高度扩展为 12cm，上覆岩层出现较为明显的下沉，且工作面上方顶板破碎较为严重，裂隙进一步发育，模型采空区直接顶离层增大；当工作面回采 105cm 时，顶板发生第八次垮落，工作面上方顶板破碎十分严重，且模型轴部上覆岩层发生肉眼可见的下沉，轴部采空区垮落的顶板被压实，趋于稳定。

6.1.3　上覆岩层位移场演化规律

图 6-3 为上层工作面回采阶段模型竖向位移场云图，其中白色区域为工作面所在区域。从图中可以看出，上层工作面回采阶段，当工作面推进至 0～50cm 时，模型上覆岩层的下沉量相对较小，且下沉范围变化并不明显。当工作面推进至 55cm 时，工作面刚好开采到向斜轴部，模型应力得到很大程度的释放，已松动破

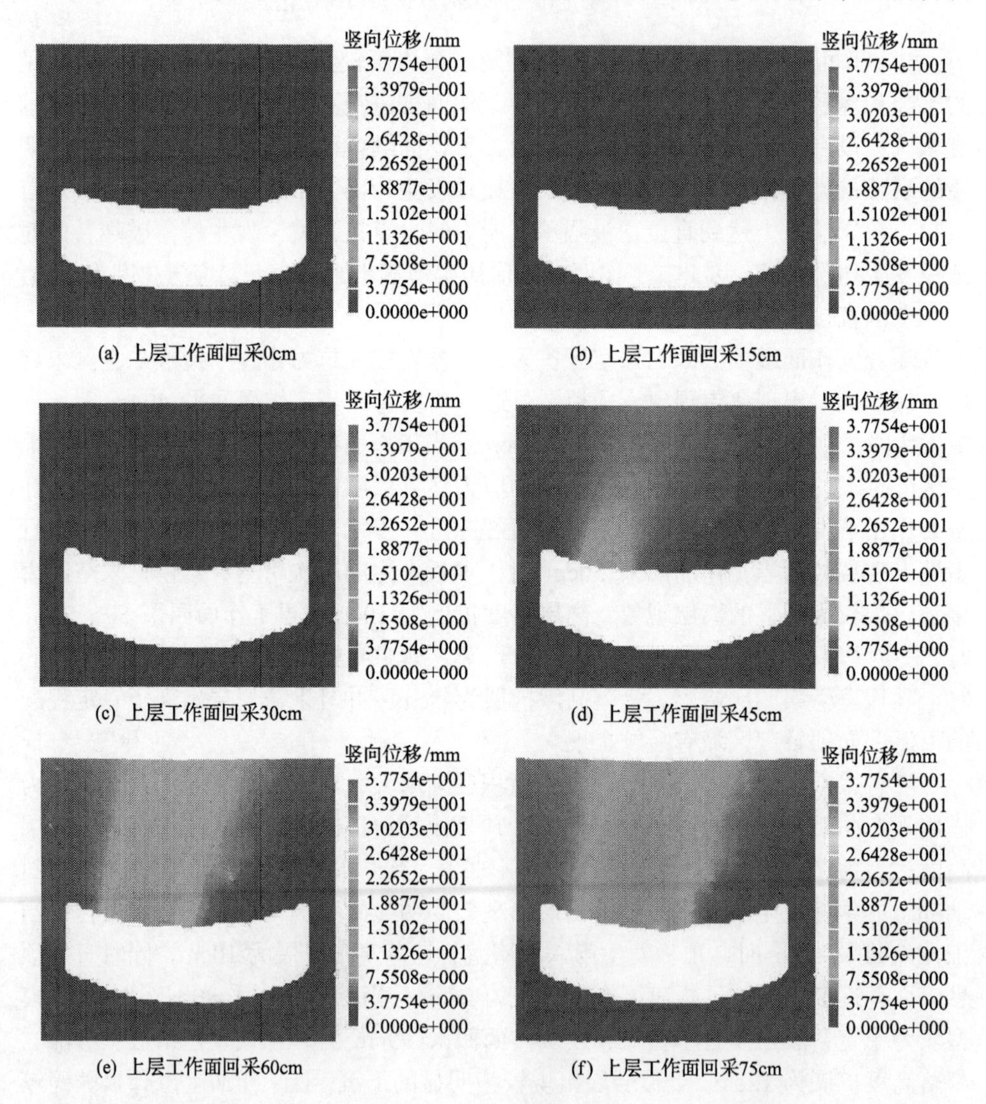

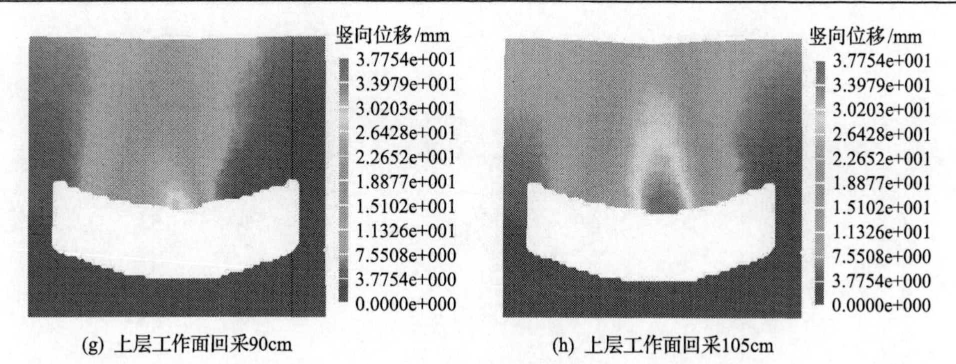

图 6-3　上层工作面回采阶段模型竖向位移场云图

碎的采空区上方顶板不足以承载逐渐增大的上覆岩层重力，使直接顶发生较大面积的垮落，竖向位移场第一次发生了较大范围的变化。

随着工作面的继续推进，采空区逐渐扩大，采空区上方顶板离层、垮落现象进一步发育，模型上覆岩层下沉量和下沉范围均逐渐增大，当工作面推进至 95cm 时，直接顶自重及上覆岩层重力达到直接顶极限承载能力，顶板发生较大面积的垮落，其中向斜轴部上方岩体下沉现象最为明显，最大下沉量约为 38mm。

总体来看，随着工作面的推进，模型上覆岩层下沉范围大致沿背斜构造垂直方向逐步扩大，且相对于工作面的推进具有一定的滞后性。

6.1.4　顶板应力场演化规律

图 6-4 和图 6-5 分别给出了直接顶和基本顶各测点垂直应力随工作面开采全阶段的变化曲线。根据现场经验和现有实验现象，可知向斜轴部巷道顶板发生变形破坏的现象最为严重，因此本节将重点选取具有典型代表性的 S-3 测点(直接顶向斜轴部位置)的垂直应力变化曲线进行分析。

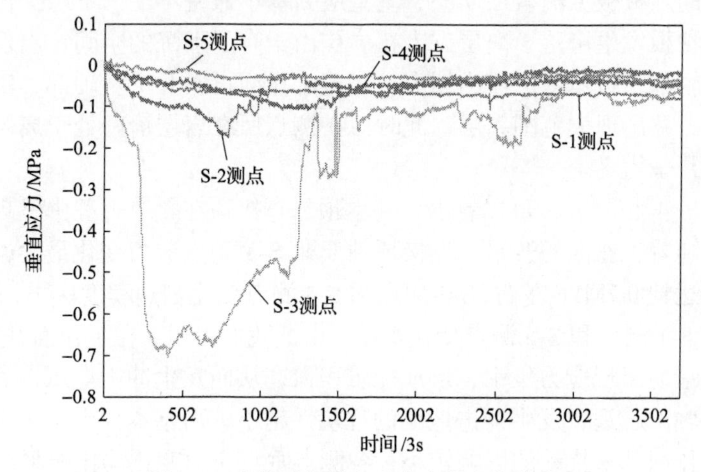

图 6-4　直接顶各测点垂直应力变化曲线

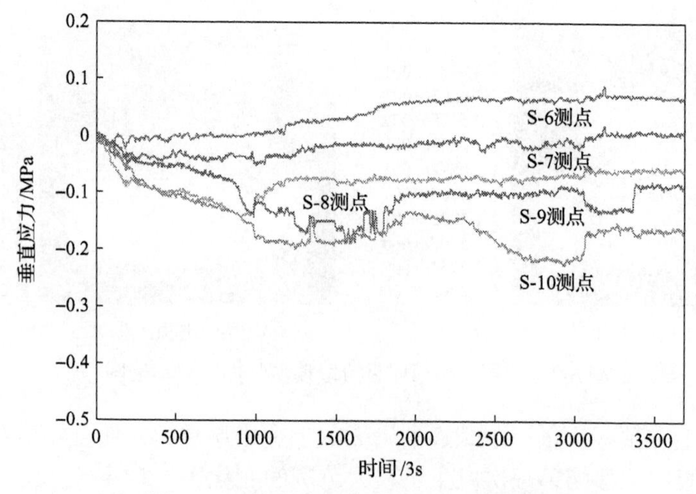

图 6-5　基本顶各测点垂直应力变化曲线

从图 6-4 可以看出，在工作面开采前期，模型基本处于稳定状态，S-3 测点垂直应力变化不大。随着工作面的开采，顶板出现较大裂隙，离层开始发育，由于承受的上覆岩层自重压力逐渐增大，顶板发生初次垮落，S-3 测点垂直应力剧烈减小，这是因为直接顶初次垮落，使采空区顶板破碎区和塑性区范围扩大，应力向煤体深部转移，应力迅速减小，上覆岩层裂隙得到进一步发育，顶板所受到的压力开始缓慢减小。上覆岩层开始发生下沉，顶板承受的压力进一步增大，测点垂直应力急剧减小，此时是因为顶板发生了第二次垮落，此后由于受到工作面开采扰动的影响，采空区顶板离层现象更加明显，应力又得到进一步释放。

当工作面开采至向斜轴部时，顶板垂直应力急剧增大，随着上覆岩层的进一步下沉，工作面上方顶板发生断裂、破碎、垮落等现象，此后，由于轴部先前垮落到工作面的顶板被上覆岩层压实，垂直应力基本保持不变。下层工作面开采导致上层松动顶板发生垮落、离层，上覆岩层由于有了下沉的空间，出现了较大面积的下移，轴部顶板承受的压力增大。随着工作面再次开采至轴部，轴部上方顶板发生垮落，并出现大范围离层，此时 S-3 测点所在岩层恰好处于离层状态，所受垂直应力几乎为零。

对比图 6-4 和图 6-5 可以看出，基本顶与直接顶在整个过程中呈现出不同的变化趋势。随着工作面的开采，直接顶轴部即 S-3 测点应力变化最为剧烈，其应力峰值最大达到 0.7MPa 左右，S-2 测点和 S-4 测点变化剧烈程度次之，而距离 S-3 测点最远的 S-1 测点和 S-5 测点变化最小，由此我们得出，在工作面开采过程中，直接顶轴部最易出现应力集中，形成能量积聚，从而发生冲击地压，翼部次之，且距离向斜轴部越远，发生冲击地压的危险性越小；而基本顶由于离工作面距离较远，受工作面开采扰动的影响较小，各测点垂直应力变化均比较平缓。

褶皱构造是在地壳运动中受水平挤压作用形成的典型地质构造，其区域内存在很高的水平构造应力，严重影响着煤矿的安全开采。由于基本顶各测点离工作面距离较远，受工作面开采扰动的影响较小，各测点垂直应力变化均比较平缓，所以本部分将重点研究煤层上直接顶各测点的水平应力变化规律，分析向斜各个部位发生冲击地压的危险性。

图 6-6 给出了直接顶各测点水平应力随工作面开采全阶段的变化曲线。可以看出，在工作面开采初期阶段，由于上覆岩层出现离层、破碎、垮落等现象，S-3 测点处于受压状态，水平应力总体上呈现下降趋势，而其余 4 个测点的水平应力缓慢增大。随着工作面的推进，由于承受的上覆岩层的压力逐渐增大，顶板发生初次垮落，测点水平应力突然变大。当工作面开采至向斜轴部时，由于此时直接顶垮落严重，应力得到很大释放，此时 S-3 测点水平应力降至最低，而其余 4 个测点依旧处于受压状态，且应力均基本保持不变。

随着工作面的继续推进，原本的煤层上方直接顶脱落殆尽，此时 S-3 测点所在岩层处于褶皱外弧受拉状态，伴随着上覆岩层的逐渐下沉，S-3 测点所受拉力越来越大，向斜轴部破碎范围也越来越大。从图 6-6 中也可以很明显地看到，向斜轴部水平应力集中程度远大于向斜翼部水平应力集中程度，且受开采扰动的影响更大，故向斜轴部发生冲击地压的危险性更大，这与前面分析直接顶垂直应力变化规律时所得到的结论一致。

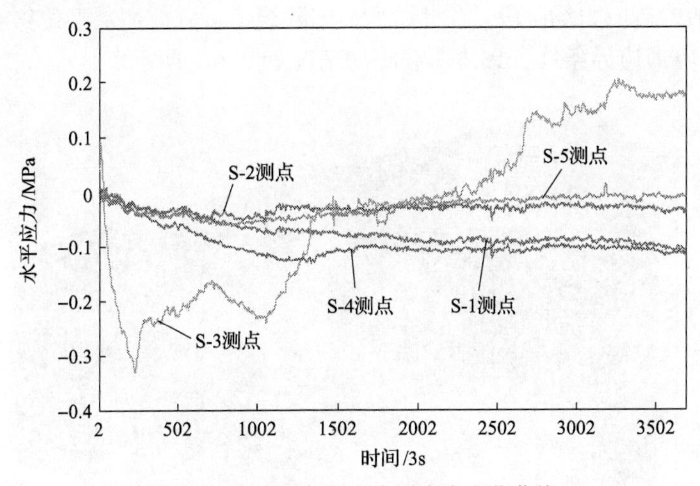

图 6-6　直接顶各测点水平应力变化曲线

6.2　褶皱构造数值模型的建立

巷道发生冲击地压的根本原因是煤层和周围岩体在高应力作用下发生失稳、

变形和破坏，本节主要采用数值模拟手段对褶皱构造在工作面采动过程中的矿压显现规律进行研究。基于 FLAC3D 有限差分数值分析软件建立褶皱构造的数值模型，分析褶皱构造初始地应力场的空间分布特征，并设计不同工作面推进方案，进行模拟开挖计算。通过分析工作面采动过程中的顶底板应力状态和工作面超前支承压力的变化特征，得到褶皱构造在采动条件下的矿压显现规律，为褶皱构造条件下的工作面回采诱发巷道围岩动力失稳的防治提供理论依据[20]。

6.2.1　数值模型概况

本节基于现场资料、查阅文献及相似模拟实验中得到的相关数据和经验，对义马矿区褶皱构造在工作面开采情况下的矿压显现规律进行数值模拟研究。以义马矿区千秋煤矿 21221 工作面为工程地质背景，并综合考虑各方面的因素，建立如图 6-7 所示的褶皱构造数值计算模型。整个模型长 540m、宽 100m、高 200m，共计 351000 个网格、370326 个网格节点，褶皱长宽比为 6 : 1。

为了更真实地还原褶皱构造区域地应力场的演化过程，数值模拟分 2 个阶段进行。

(1)施加自重应力场阶段。在此阶段，固定模型的底面 z 方向竖直位移及 x 方向和 y 方向水平位移，模型上边界不进行约束，并施加 20MPa(模拟 800m 采深)竖直向下荷载，使模型运算至平衡状态。

(2)施加构造应力场阶段。在此阶段，解除模型 x 方向的水平位移约束，并施加一个梯度应力边界条件，具体荷载施加情况如图 6-8 所示。

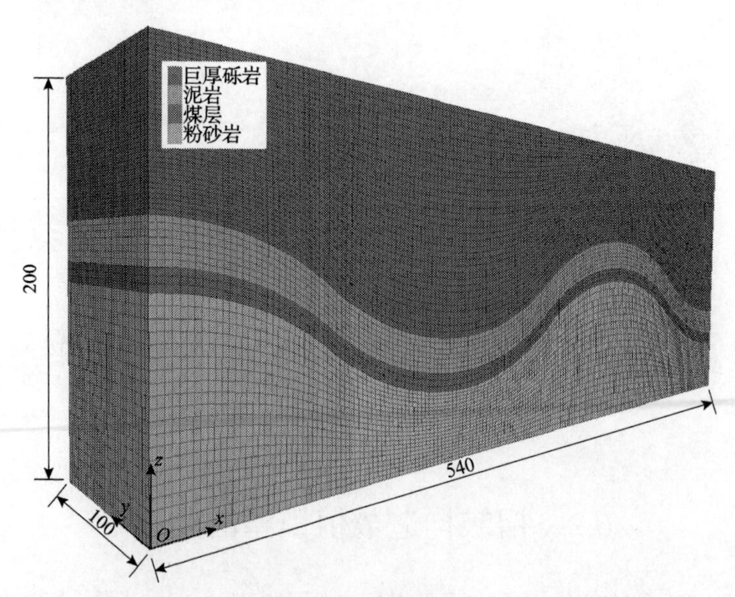

图 6-7　褶皱构造数值计算模型(单位：m)

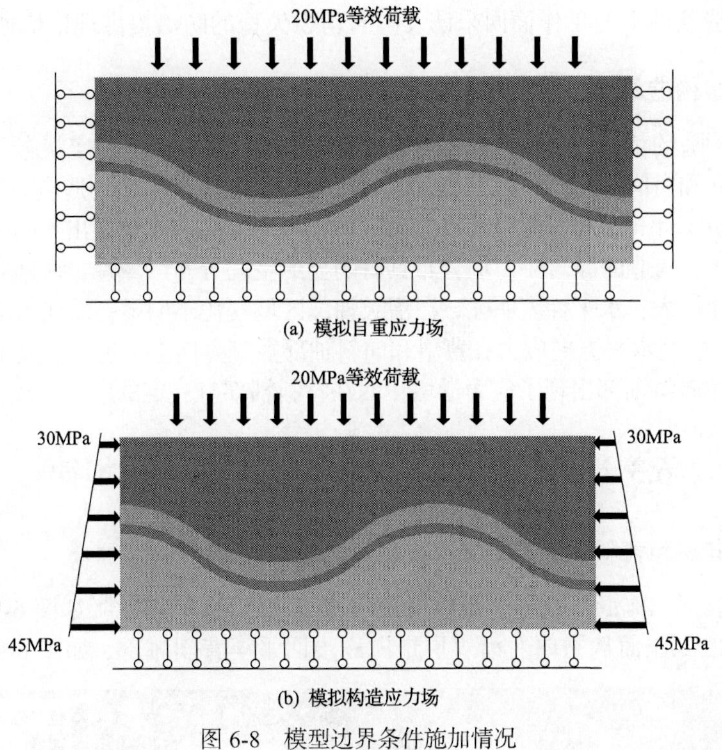

图 6-8　模型边界条件施加情况

数值模型中材料本构模型为 Mohr-Coulomb 模型，数值模拟中煤层和各岩层物理力学参数详见表 6-2。

表 6-2　数值计算模型的岩体力学参数

岩性	密度/(kg/m^3)	体积模量/GPa	剪切模量/GPa	黏聚力/MPa	内摩擦角/(°)	抗拉强度/MPa
粉砂岩	2560	12.1	9.2	4.7	37	2.8
煤层	1440	1.6	1.4	2.4	32	0.2
泥岩	2360	10.4	7.3	3.9	30	2.1
巨厚砾岩	2730	13.3	10.8	5.1	34	3.2

6.2.2　模拟方案的确定

本节采用 FLAC^{3D} 数值模拟以揭示褶皱构造原岩应力场的空间分布特征以及研究工作面开采过程中褶皱构造不同区域矿压显现规律，模拟方案如下。

(1) 建立数值分析模型，在自重应力和构造应力作用下计算至平衡状态，得到并分析褶皱构造原岩应力场的空间分布特征。

(2) 工作面沿 y 方向布置，沿 x 方向开采，通过模拟工作面处于褶皱构造不同位置，即工作面过向斜轴部、工作面过背斜轴部、自向斜轴部仰采、自背斜轴部俯采，研究工作面顶板应力、超前支承压力集中程度和峰值大小的变化情况，拟为褶皱构造条件下的工作面回采诱发围岩动力失稳的防治提供理论依据。

6.2.3 褶皱构造原岩应力场分布规律

褶皱构造的孕育、发展到最终形成，从根本上说是处于非稳定状态下的构造应力场随时间和空间的推移不断演化的过程。在自重应力和水平构造应力的作用下，通过数值模拟计算分析，模型垂直方向应力和水平方向应力呈现出不同的状态。总体上看，褶皱构造的原岩应力场分布具有明显的空间分布区域性，垂直应力随着埋深的增加而增大，水平梯度明显，在褶皱轴部区域变化不明显；而在水平构造应力的作用下，模型水平方向应力在背斜和向斜轴部垂直方向上表现出明显不同的分区性，模型在向斜轴部出现了应力激增，而在背斜轴部有一定的应力释放。

6.3 工作面过褶皱轴部应力场分布规律

6.3.1 过向斜和背斜轴部应力场演化特征

数值模拟工作面从左向右沿煤层走向逐步回采至向斜轴部，如图 6-9(a)所示；同时也模拟工作面从右向左沿煤层走向逐步回采至背斜轴部，如图 6-9(b)所示。

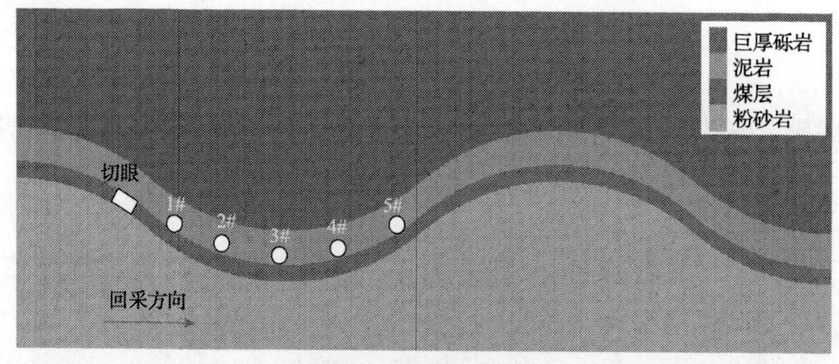

(a) 工作面过向斜轴部阶段

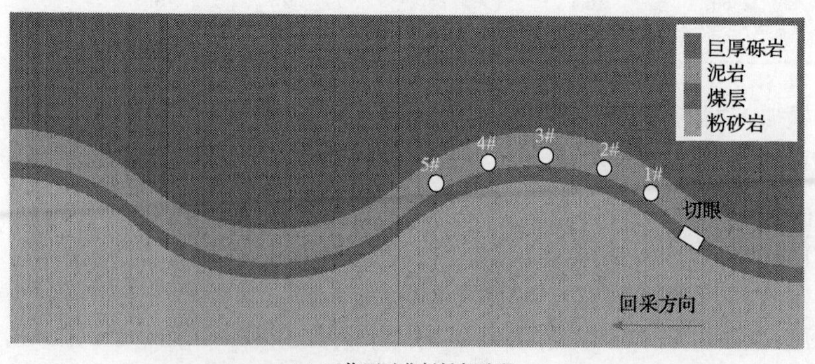

(b) 工作面过背斜轴部阶段

图 6-9　工作面过褶皱轴部监测点布置图

工作面每次开采 10m，总共开采 150m，在向斜和背斜直接顶内每隔 30m 布置 1 个监测点，如图 6-9 所示。

工作面回采 20m、60m、100m 和 140m 时，过向斜和背斜轴部构造垂直应力和水平应力演化云图如图 6-10～图 6-13 所示。随着工作面推进过向斜和背斜轴部，水平应力和垂直应力在采空区顶板和底板形成了椭圆形卸压区，且垂直应力卸压区大致沿向斜或背斜构造的法向方向逐步扩大。垂直应力在工作面超前区域出现了一定范围的应力集中，最大垂直应力约 30MPa，且随着工作面的推进，应力集中区远离轴部扩大，工作面过背斜轴部时形成的应力集中区范围明显要小于过向斜轴部时所形成的应力集中区范围；水平应力在工作面垂直方向上下较远处区域

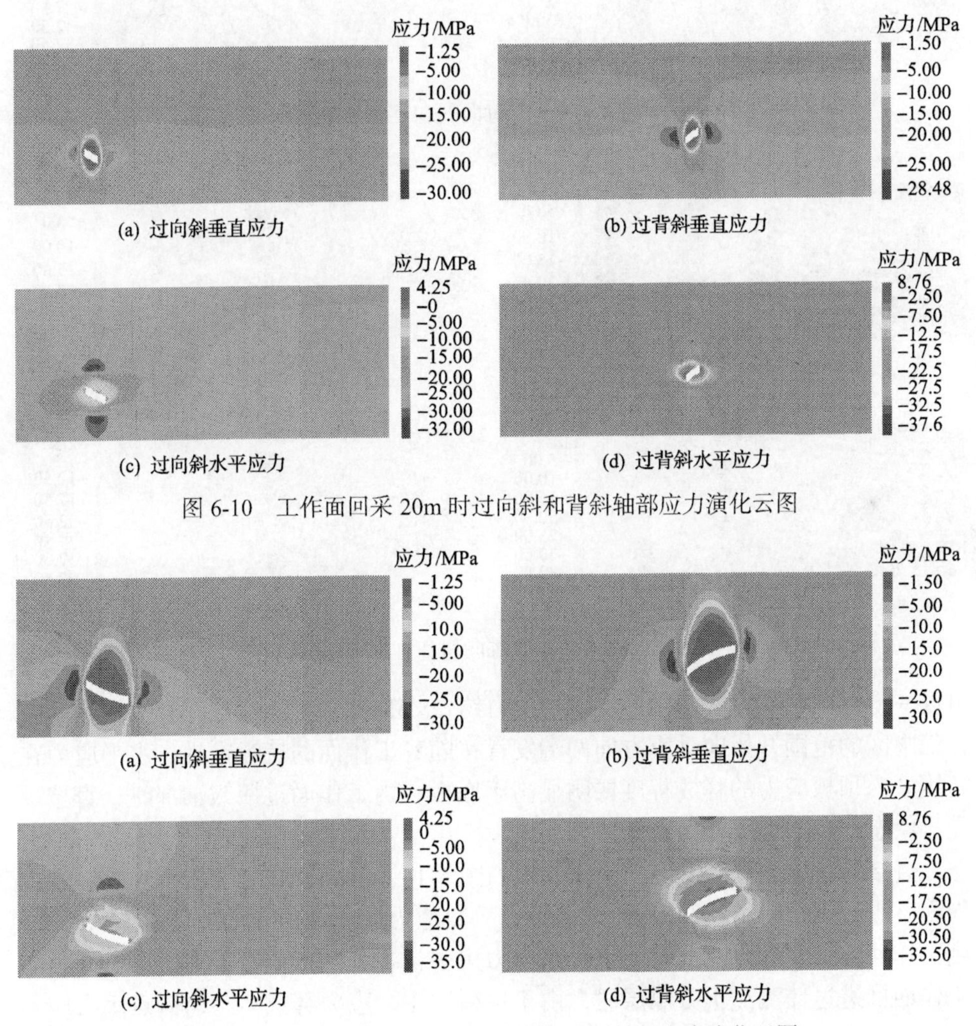

图 6-10　工作面回采 20m 时过向斜和背斜轴部应力演化云图

图 6-11　工作面回采 60m 时过向斜和背斜轴部应力演化云图

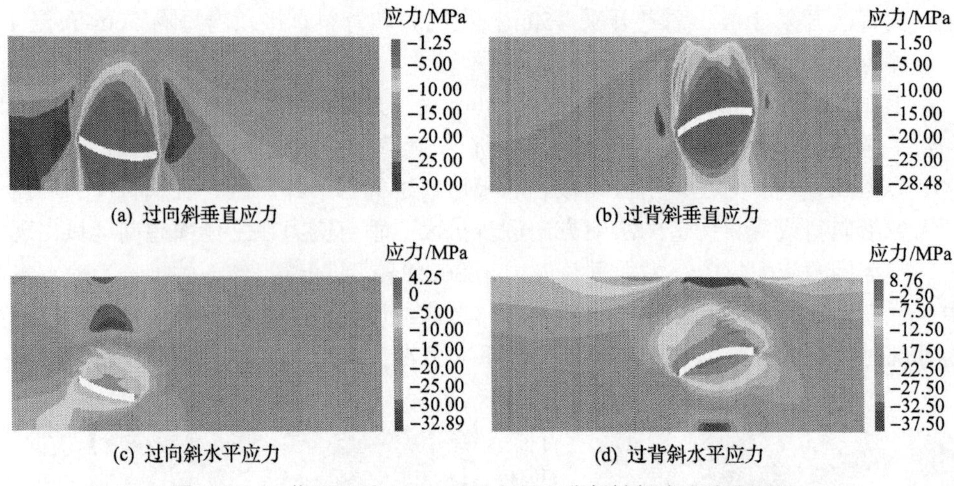

(a) 过向斜垂直应力　(b) 过背斜垂直应力

(c) 过向斜水平应力　(d) 过背斜水平应力

图 6-12　工作面回采 100m 时过向斜和背斜轴部应力演化云图

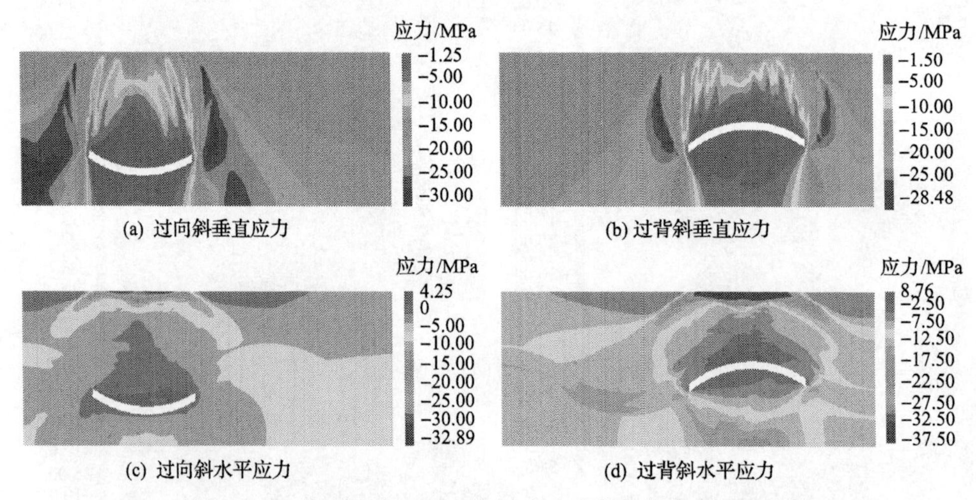

(a) 过向斜垂直应力　(b) 过背斜垂直应力

(c) 过向斜水平应力　(d) 过背斜水平应力

图 6-13　工作面回采 140m 时过向斜和背斜轴部应力演化云图

出现一定范围的应力集中，最大水平应力约 28.5MPa，且随着工作面的推进，应力集中区的范围开始向垂直方向两端发育；随着工作面的持续推进，水平应力在卸压区内顶板应力的释放程度要明显高于底板。当工作面过褶皱轴部时，直接顶受压状态的应力集中程度逐渐减小。

直接顶各监测点垂直应力变化曲线如图 6-14 所示。从图中可以看出，随着工作面逐步推进过向斜和背斜轴部，各测点垂直应力均呈现出先增大后减小的趋势，当工作面推进至监测点前方时，由于应力集中，各监测点垂直应力逐渐增大；当工作面推进过监测点下方煤层时，由于顶板卸压，应力释放，各监测点垂直应力逐渐减小至 0，此后随着工作面的推进，各监测点垂直应力保持不变。

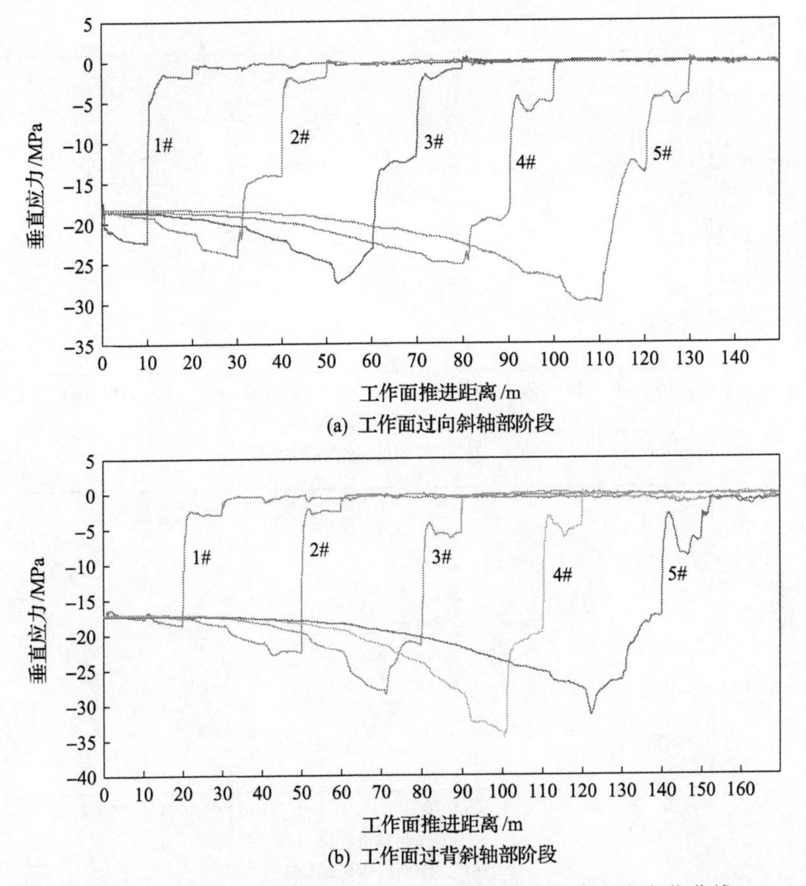

图 6-14　工作面过褶皱轴部时直接顶各监测点垂直应力变化曲线

直接顶各监测点水平应力变化曲线如图 6-15 所示。从图中可以看出，随着工作面逐步推进过向斜和背斜轴部，各监测点水平应力总体呈现出减小的趋势，在工作面推进约 100m 时，各监测点水平应力出现剧烈降低。工作面过向斜轴部后，所有监测点最终均处于受拉状态，其中位于向斜轴部的 3#监测点所受拉力最大，约为 5MPa。而工作面过背斜轴部后，最终只有位于背斜轴部的 3#监测点处于受拉状态，所受拉力也仅为 1MPa 左右，其余 4 个监测点均处于受压状态。

6.3.2　工作面过褶皱轴部超前支撑压力特征分析

研究工作面超前支承压力的分布特征，对矿井的安全开采及防治冲击地压具有非常重要的意义。这里为了消除量纲影响，用应力集中系数表示支承压力大小。过褶皱构造不同部位工作面支承压力特征参数如表 6-3 和表 6-4 所示。

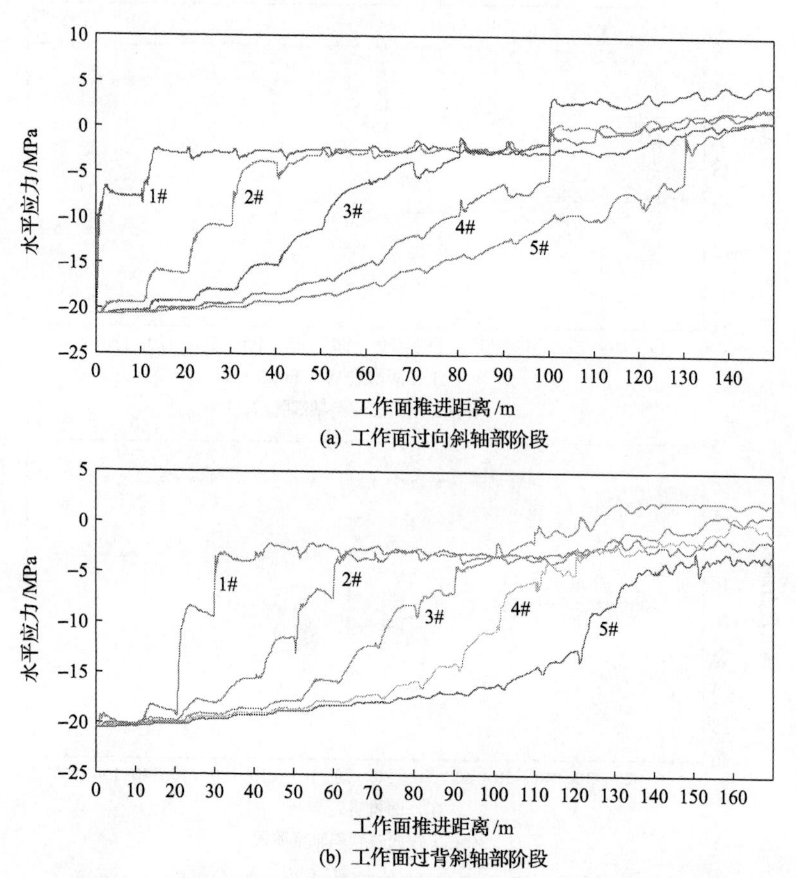

(a) 工作面过向斜轴部阶段

(b) 工作面过背斜轴部阶段

图 6-15　工作面过褶皱轴部时直接顶各监测点水平应力变化曲线

表 6-3　过向斜轴部工作面支承压力特征参数

工作面推进距离/m	初始应力/MPa	峰值/MPa	应力集中系数	峰值距煤壁距离/m
20	17.4	28.3	1.63	9.1
40	17.5	30.2	1.72	11.2
60	17.6	33.9	1.93	11.3
80	17.8	36.7	2.06	12.8
100	17.5	34.3	1.96	13.5
120	17.3	31.0	1.79	13.9
140	17.2	30.5	1.77	14.5

表 6-4　过背斜轴部工作面支承压力特征参数

工作面推进距离/m	初始应力/MPa	峰值/MPa	应力集中系数	峰值距煤壁距离/m
20	17.4	26.8	1.54	10.3
40	17	28.1	1.65	11.3
60	16.8	28.7	1.71	12.2
80	16.5	29.6	1.80	13.3
100	16.7	31.7	1.90	13.8
120	17	32.1	1.89	14.7
140	17.5	28.4	1.62	16.7

随着工作面的推进距离不断增大，工作面前方煤层内支承压力峰值距煤壁的距离逐渐增大，应力集中系数呈现出先增大后先减小的趋势，这是由于煤岩体在未受开采扰动影响之前，应力处于平衡状态，当进行工作面开采时，将会打破巷道周围煤岩体的平衡状态，采空区上覆岩层重量将向采空区周围支点转移，在工作面前方煤层中出现应力集中区，造成能量聚集，当该区域能量聚集到一定程度，超过煤岩体的强度极限时，就会产生破坏，从而诱发冲击地压。相较于过背斜轴部阶段，工作面过向斜轴部阶段时，前方煤层应力集中系数更大，即应力集中程度更大，更易发生冲击地压等动力灾害。

6.4　工作面过褶皱翼部应力场分布规律

6.4.1　向斜仰采和背斜俯采阶段应力场分布规律

工作面过褶皱翼部的数值模型与工作面过褶皱轴部的数值模型一致，具体模拟方案如下：

(1) 建立数值分析模型，在自重应力和构造应力作用下计算至平衡状态，得到并分析褶皱构造初始地应力场的空间分布特征。

(2) 工作面沿 y 方向布置，沿 x 方向开采，通过分析工作面处于褶皱构造不同位置，即工作面自向斜轴部仰采阶段和自背斜轴部俯采阶段时工作面顶板应力、位移、超前支承应力集中程度和峰值大小的变化情况，拟为褶皱构造条件下的煤层开采及冲击地压的防治提供理论依据。

数值模拟工作面从左向右沿煤层走向自向斜轴部逐步仰采，如图 6-16(a) 所示；同时也模拟工作面从右向左沿煤层走向自背斜轴部逐步俯采，如图 6-16(b) 所示。工作面每次开采 10m，总共开采 150m，在向斜和背斜直接顶内每隔 30m 布置 1 个监测点，如图 6-16 所示。

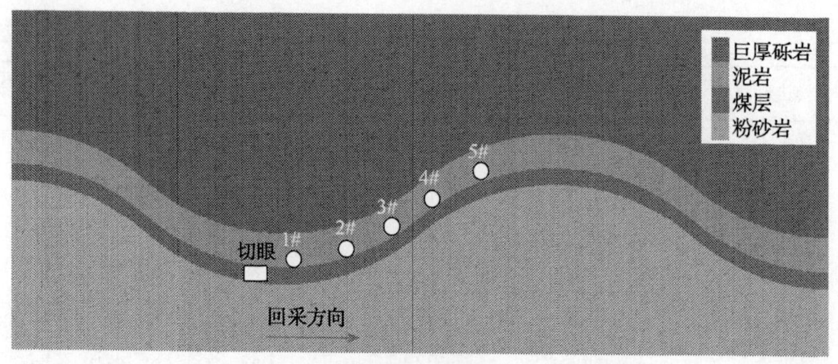

(a) 工作面沿向斜仰采阶段

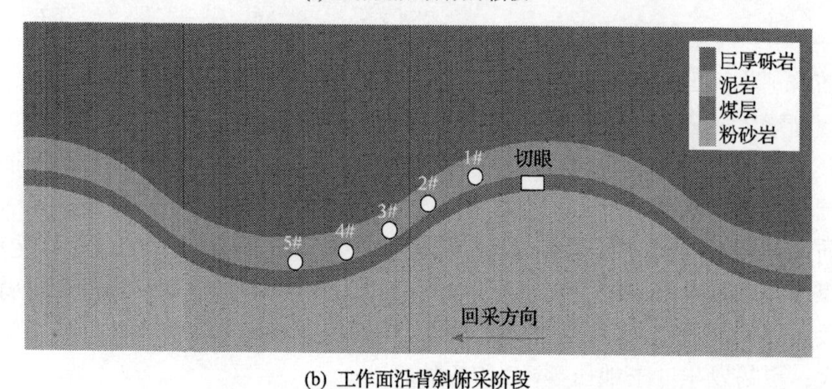

(b) 工作面沿背斜俯采阶段

图 6-16　工作面过褶皱翼部监测点布置图

图 6-17～图 6-20 分别给出了工作面回采 20m、60m、100m、140m 时，过褶皱翼部垂直应力和水平应力演化云图。随着工作面推进过向斜和背斜翼部，水平应力和垂直应力在采空区顶板和底板形成了椭圆形卸压区，且垂直应力卸压区大

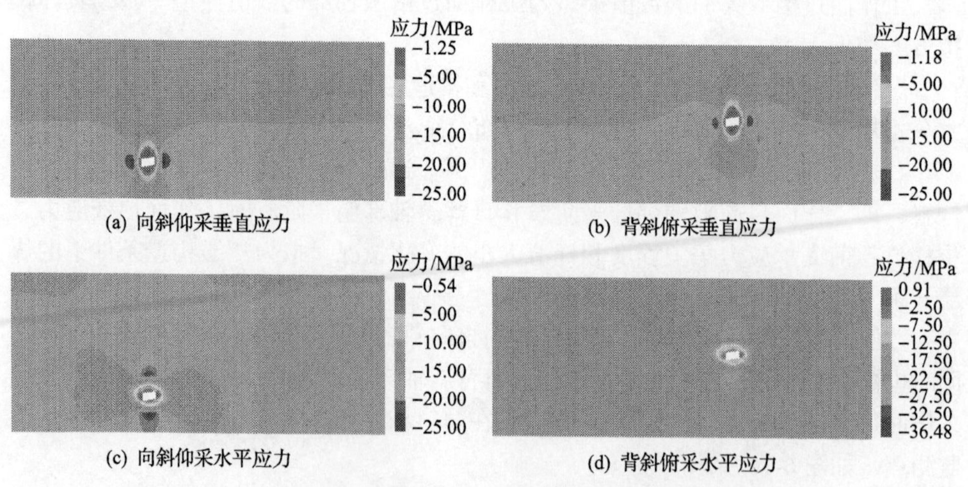

图 6-17　工作面回采 20m 时过褶皱翼部应力演化云图

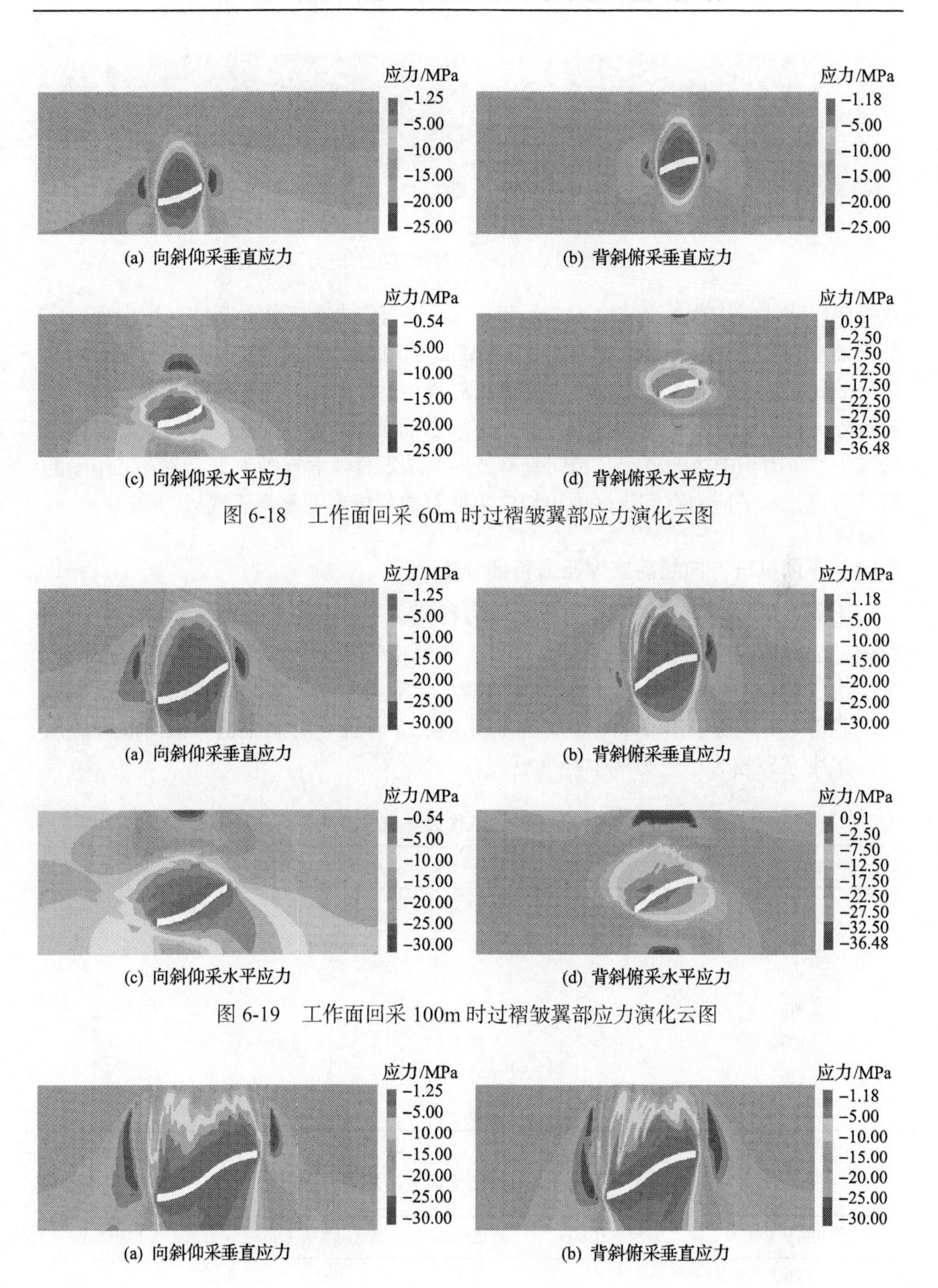

(a) 向斜仰采垂直应力　(b) 背斜俯采垂直应力

(c) 向斜仰采水平应力　(d) 背斜俯采水平应力

图 6-18　工作面回采 60m 时过褶皱翼部应力演化云图

(a) 向斜仰采垂直应力　(b) 背斜俯采垂直应力

(c) 向斜仰采水平应力　(d) 背斜俯采水平应力

图 6-19　工作面回采 100m 时过褶皱翼部应力演化云图

(a) 向斜仰采垂直应力　(b) 背斜俯采垂直应力

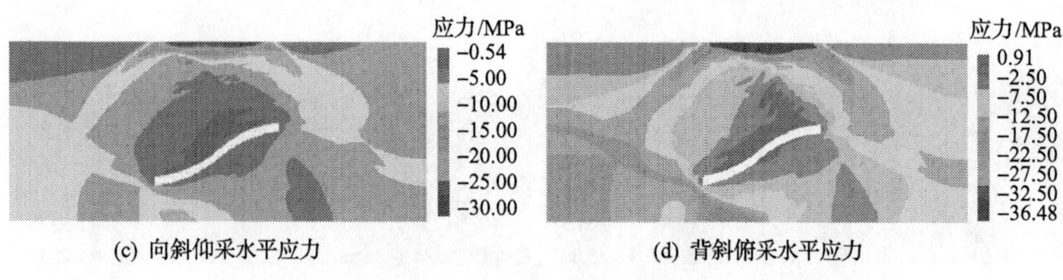

(c) 向斜仰采水平应力 (d) 背斜俯采水平应力

图 6-20 工作面回采 140m 时过褶皱翼部应力演化云图

致沿向斜或背斜构造翼部法向方向逐步扩大。垂直应力在工作面超前区域出现一定范围的应力集中，最大垂直应力约为 27MPa，且随着工作面的推进，应力集中区与轴部的距离扩大，应力集中区范围变化相对较小；水平应力在工作面垂直方向上下较远处区域出现一定范围的应力集中，最大水平应力约为 31.5MPa，且随着工作面的推进，应力集中区的范围开始向垂直方向两端发育最后逐渐消失；随着工作面的持续推进，水平应力在卸压区内顶板应力的释放程度要明显高于底板。

6.4.2 不同推进方向超前支撑压力特征分析

不同推进方向时工作面超前支承压力特征参数如表 6-5 和表 6-6 所示。可以看出，工作面自向斜轴部仰采时，随着工作面推进距离的不断增大，工作面前方煤层内支承压力峰值距煤壁的距离逐渐增大，应力集中系数则呈现出先增大后减小的趋势；相对于工作面自向斜轴部仰采时，工作面自背斜轴部俯采时前方煤层应力集中系数较大，应力集中程度更大。

表 6-5 向斜仰采阶段工作面支承压力特征参数

工作面推进距离/m	初始应力/MPa	峰值/MPa	应力集中系数	峰值距煤壁距离/m
20	18.4	27.5	1.50	3.3
40	18.3	28.5	1.56	3.9
60	18.2	29.6	1.63	4.6
80	18.1	29.9	1.65	5.8
100	17.9	31.3	1.75	7.6
120	17.7	32.4	1.83	11.3
140	17.5	28.6	1.64	18.7

表 6-6 背斜俯采阶段工作面支承压力特征参数

工作面推进距离/m	初始应力/MPa	峰值/MPa	应力集中系数	峰值距煤壁距离/m
20	17.4	27.8	1.60	3.6
40	17.7	29.2	1.65	4.3
60	17.9	31.2	1.75	5.4

续表

工作面推进距离/m	初始应力/MPa	峰值/MPa	应力集中系数	峰值距煤壁距离/m
80	18.1	33.7	1.86	6.4
100	18.2	36.1	1.98	8.2
120	18.3	32.4	1.77	11.6
140	18.5	29.7	1.61	16.4

直接顶各监测点垂直应力变化曲线如图 6-21 所示。从图中可以看出，随着工作面推进过褶皱翼部，各监测点垂直应力均呈现先增大后减小的趋势，当工作面推进至测点前方约 10m 时，各监测点垂直应力开始急剧减小，最后当工作面推进过测点下方煤层时，应力得到完全释放，垂直应力减小至 0，此后随着工作面的推进，垂直应力保持不变。

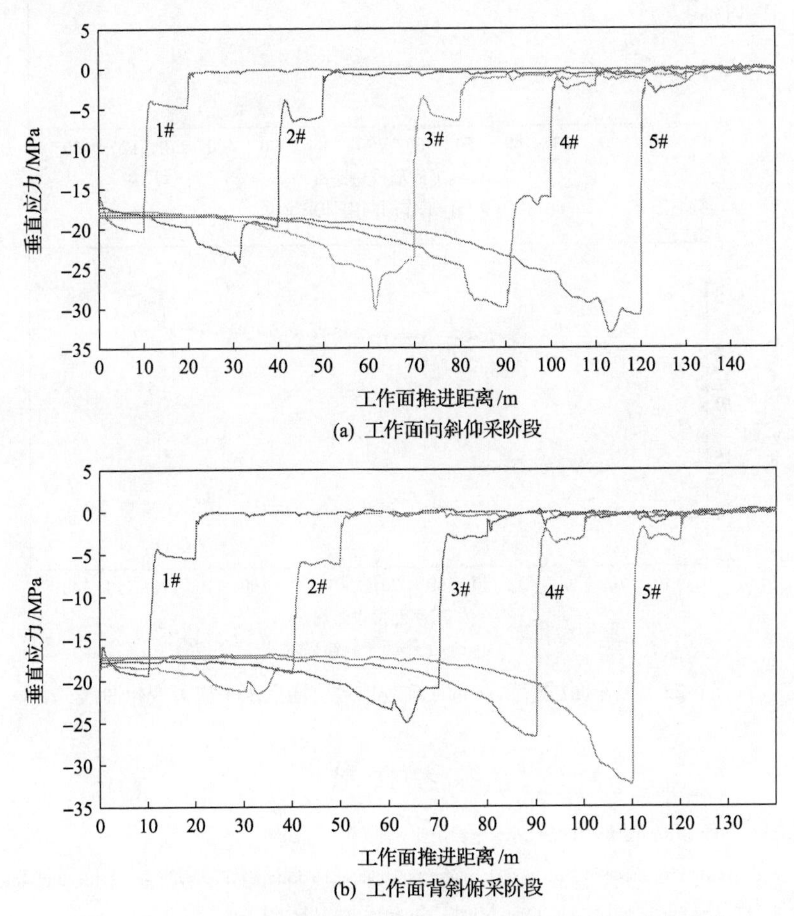

图 6-21　工作面过褶皱翼部时直接顶各监测点垂直应力变化曲线

直接顶各监测点水平应力变化曲线如图 6-22 所示。从图中可以看出，随着工作面回采过褶皱翼部，各监测点水平应力总体呈现出减小的趋势，并在工作面经过测点下方煤层时处于平稳状态。随着工作面沿背斜翼部俯采推进，各监测点水平应力最后逐渐减小至 0；当工作面沿向斜翼部仰采推进至 120m 时，各监测点水平应力再次出现减小的现象，最后直接顶逐渐处于受拉状态，各监测点所受拉力几乎相同，约为 1.5MPa。

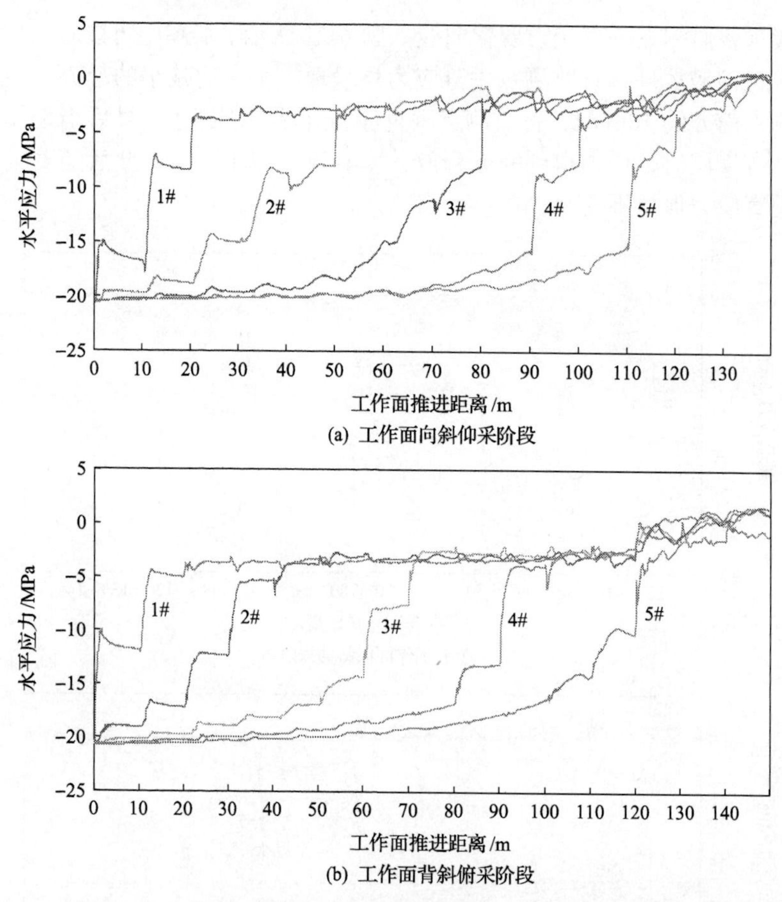

图 6-22　工作面过褶皱翼部时直接顶各监测点水平应力变化曲线

参考文献

[1] 赵毅鑫. 煤矿冲击地压机理研究[D]. 北京：中国矿业大学(北京), 2006.

[2] Baradet J P. Numerical modeling of a rock burst as surface bucking[C]//Proceedings of the 2nd International Symposium on Rockbursts and Seismicity in Mines, Minneapolis, 1988: 81-85.

[3] 潘一山, 李忠华, 章梦涛. 我国冲击地压分布、类型、机理及防治研究[J]. 岩石力学与工程学报, 2003, 22(11): 1844-1851.

[4] 布霍依诺. 矿山压力和冲击地压[M]. 李玉生, 译. 北京: 煤炭工业出版社, 1985.
[5] 李希勇, 张修峰. 典型深部重大冲击地压事故原因分析及防治对策[J]. 煤炭科学技术, 2003, 31(2): 15-17.
[6] 张勤, 陈志坚. 岩土工程地质学[M]. 郑州: 黄河水利出版社, 2000.
[7] 俞鸿年, 卢华复. 构造地质学原理[M]. 南京: 南京大学出版社, 1986.
[8] 张宏伟. 地质动力区划方法在煤与瓦斯突出区域预测中的应用[J]. 岩石力学与工程学报, 2003, 22(4): 621-624.
[9] 张宏伟, 马翼飞, 段克信. 构造应力与矿区地震[J]. 辽宁工程技术大学学报(自然科学版), 1998, 17(1): 1-6.
[10] 陈学华. 构造应力型冲击地压发生条件研究[D]. 阜新: 辽宁工程技术大学, 2004.
[11] 邓洪菱, 张长厚, 李海龙, 等. 褶皱相关断裂构造及其地质意义[J]. 自然科学进展, 2009, 19(3): 285-296.
[12] 夏玉成, 孙廷臣, 梁倩文, 等. 韩城矿区纵弯褶皱的几何学特征及其形成演化机理[J]. 煤炭学报, 2018, 43(3): 801-809.
[13] 张登龙. 谈褶曲构造对煤矿生产的影响[J]. 矿业安全与环保, 2002, 29(s1): 89-90.
[14] 钱鸣高, 刘听成. 矿山压力及其控制[M]. 北京: 煤炭工业出版社, 1996.
[15] 张科学. 构造与巨厚砾岩耦合条件下回采巷道冲击地压机理研究[D]. 北京: 中国矿业大学(北京), 2015.
[16] 张晓春, 杨挺青, 缪协兴. 冲击矿压模拟试验研究[J]. 岩土工程学报, 1999, 21(1): 66-70.
[17] 郭文彬, 余学义, 赵兵朝, 等. 高构造应力区大采高覆岩灾变规律实验研究[J]. 采矿与安全工程学报, 2016, 33(6): 1058-1064.
[18] 张晓春, 缪协兴, 杨挺青. 冲击矿压的层裂板模型及实验研究[J]. 岩石力学与工程学报, 1999, 18(5): 507-511.
[19] 王生全, 王贵荣, 常青, 等. 褶皱中和面对煤层的控制性研究[J]. 煤田地质与勘探, 2006, 34(4): 16-18.
[20] 何登发, Suppe J, 贾承造. 断层相关褶皱理论与应用研究新进展[J]. 地学前缘, 2005, 12(4): 353-364.

第7章　巨厚坚硬覆岩持续非稳定运移诱发冲击地压机理

本章建立巨厚坚硬覆岩赋存条件下的相似模型和数值模型，模拟巨厚坚硬覆岩的动态且不稳定运移特征，分析开采扰动条件下陷落柱和断层同时存在时上覆岩层位移和应力变化特征，得到采动应力分布与巨厚坚硬覆岩非稳定运移的关系，确定导致构造影响区域顶板大面积垮落的主要因素，揭示巨厚坚硬覆岩非稳定运移诱发冲击地压的外因。

7.1　巨厚顶板失稳区域的覆岩运移规律

本节以义马矿区千秋煤矿21221工作面为工程背景，建立上覆巨厚岩层赋存条件下的相似模型，基于离散元数值软件3DEC和有限差分数值软件FLAC3D建立巨厚岩层赋存的数值模型，模拟上覆岩层的垮落过程，研究开采扰动下上覆巨厚岩层应力场及位移场的演化规律。

7.1.1　相似模型的建立

相似模拟实验方案以千秋煤矿21221工作面地质资料为工程背景，进行上覆岩层运移规律研究。该工作面的主采煤层是2号煤层，工作面煤层埋深约为758.5m，煤层倾角为3°～18°不等，平均为10°，煤层厚度为8.5～10.5m，平均厚度为10m，工作面的倾向距离为180m，走向距离为1450m。采场的直接顶主要由泥岩构成，厚度约24m，基本顶主要由砾岩构成，厚度约410m。

相似模拟实验系统由中国矿业大学(北京)矿山压力实验室的二维模拟试验台和自制的荷载施加系统组成，利用该系统进行实验室内上覆岩层的运移规律相似模拟实验。矿山压力实验室的二维模拟试验台尺寸为180cm×16cm×130cm(长×宽×高)。模型的边界条件如下：

(1)左、右边界均设置水平应力边界条件。

(2)底部控制垂直方向的位移。

(3)顶部施加垂直应力。

该相似模拟实验中所采用的容重相似系数α_γ为1.6，几何相似系数α_L为100。实验模型大小设置为150cm×16cm×102cm(长×宽×高)。表7-1为相似模拟实验材料配比。

表 7-1 相似模拟实验材料配比表

层位	岩性	模拟抗压强度/MPa	模拟密度/(g/cm^3)
基本顶	砾岩	0.281	1.79
	细砂岩	0.281	1.80
	砾岩	0.281	1.79
	细砂岩	0.281	1.80
	粉砂岩	0.219	1.69
	泥岩	0.156	1.54
	细砂岩	0.281	1.80
直接顶	泥岩	0.156	1.54
煤层	2–1 煤	0.138	0.90
底板	细砂岩	0.281	1.80

因为千秋煤矿主采煤层平均埋深为 758.5m，所以进行相似实验设计时取煤层埋深 758.5m。模型煤层上方顶板铺设高度为 945mm，依据几何相似系数为 100，模拟顶板岩层高度实际为 94.5m，剩余 664m 高度的岩层所产生的重量通过相似模拟系统的加载模块来实现。根据千秋煤矿地应力测量结果，该矿垂直应力为 19.54MPa，根据强度相似系数为 160，可知相似模型顶板加载应力约为 0.12MPa。地应力监测数据表明，千秋煤矿 21221 工作面侧压系数为 1，因此水平方向加载荷载为 0.12MPa，示意图如图 7-1 所示。在此次上覆岩层运移规律相似实验上部以及左右两边完成加载后，进行煤层开采，模型右侧预留 20cm 保护煤柱，从右向左每次开采 5cm。

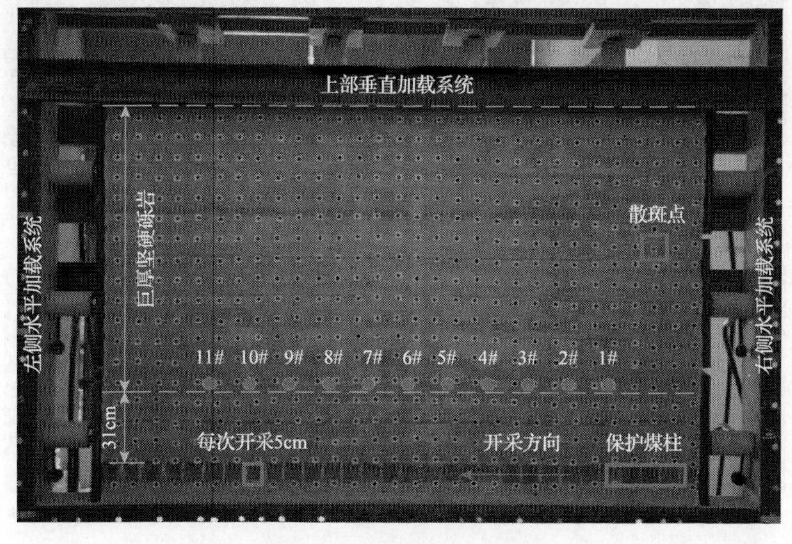

图 7-1 相似模拟实验模型图

在巨厚坚硬覆岩中布置 11 个应变监测点，编号依次为 1#、2#、3#、4#、5#、

6#、7#、8#、9#、10#、11#，相邻应变监测点水平距离为 10cm。模型表面全场布置散斑点，配合散斑相机进行实时图像采集，分析实验过程中模型位移场变化规律，如图 7-1 所示。

7.1.2 相似模拟实验覆岩垮落结果分析

相似模拟实验平台边界完成加载后，进行煤层开采，模型右侧预留 20cm 保护煤柱以减少边界效应，从右向左每次开采 5cm，通过模型表面散斑点进行全场实时位移监测，运用 MATLAB 软件分析模型全场位移，得出顶板垮落位移变化云图，如图 7-2 所示。

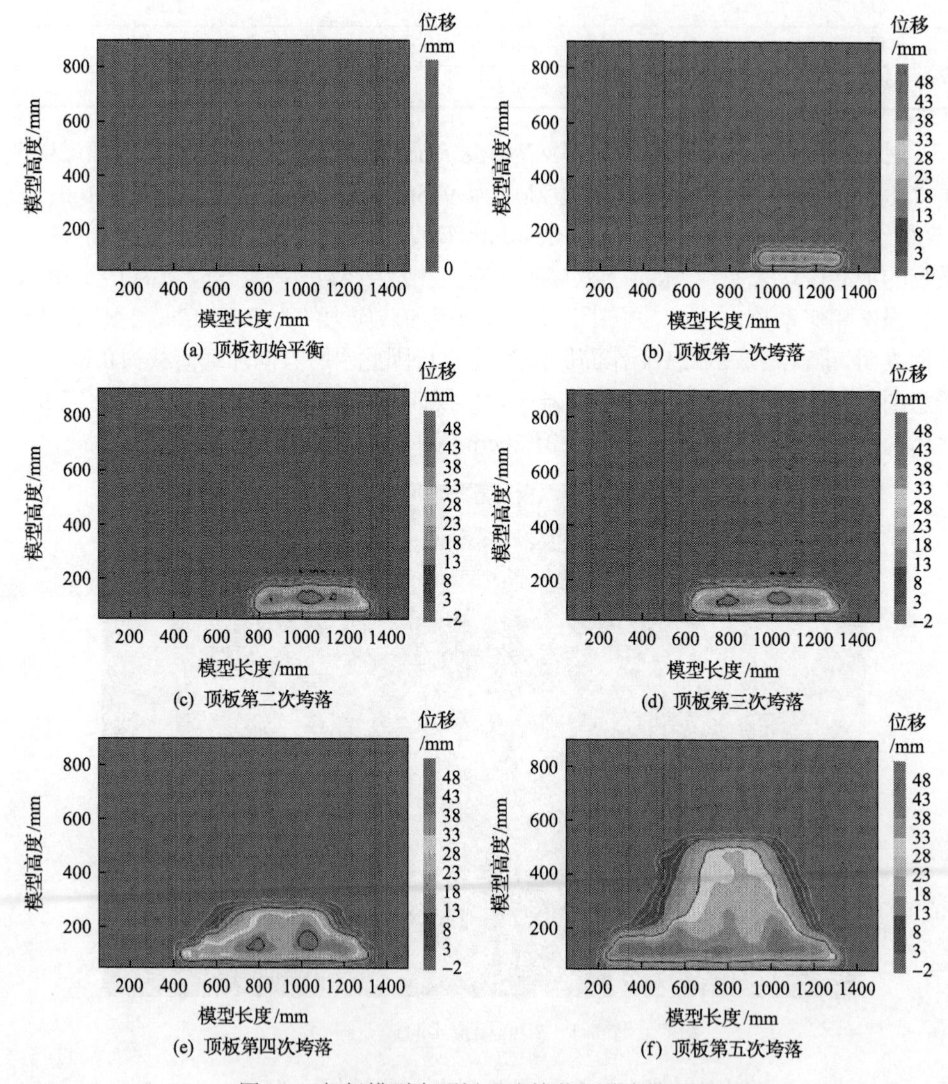

图 7-2 相似模型中顶板五次垮落位移变化云图

图 7-2 中，顶板出现五次垮落，分别发生在工作面开采至 40cm、55cm、70cm、90cm、110cm 处，垮落高度分别为 2cm、6cm、6cm、14cm、36cm，五次垮落步距和高度不同，顶板表现出持续非稳定破断。随着工作面的开采，煤层直接顶和基本顶逐渐断裂和垮落，采场上覆岩层呈梯形垮落，垮落高度缓慢上升，垮落区域亦呈梯形扩大，在破坏岩块移动过程中，各个岩块相互作用，垮落后仍能在一定区域内整齐排列。由于采空区上覆岩层应力释放的递减性和岩层间的相互作用，以及未开采煤层对顶板的支撑作用，采空区上覆岩层逐步形成梯形结构。

随着工作面持续开采，采场上覆岩层前四次垮落高度小且缓慢稳定上升，由于砾岩强度高且厚，积聚能量大，导致巨厚坚硬覆岩大面积悬空，垮落滞后，上覆岩层形成了较大离层区域，当工作面开采至 110cm 时，巨厚坚硬覆岩悬空长度已达 60cm，在自重及施加荷载作用下达到其承载极限，巨厚坚硬覆岩发生弯曲、下沉、离层闭合，表现出非稳定突然垮落，垮落高度达 22cm，如图 7-2(f)所示，巨厚覆岩积聚的能量突然释放，极易诱发冲击动力灾害[1-3]。巨厚坚硬覆岩非稳定运动导致其呈现离层、瞬间下沉、离层闭合、间歇性稳定、瞬间垮落压实的动态变化现象。

7.1.3　巨厚坚硬覆岩采动应力分析

随着工作面开采，采空区上覆岩层垮落，破坏岩块互相牵制，上覆岩层应力平衡被打破，应力重新分布，形成新的覆岩平衡结构。

工作面开采过程中，巨厚坚硬覆岩采动应变变化如图 7-3 所示。在工作面开采至 60cm 前期，巨厚坚硬覆岩中的 5 个监测点应变逐渐增加，应力增大，此时顶板出现两次垮落，垮落高度达 6cm；工作面开采至 85cm 时，1#、4#、6#、8#

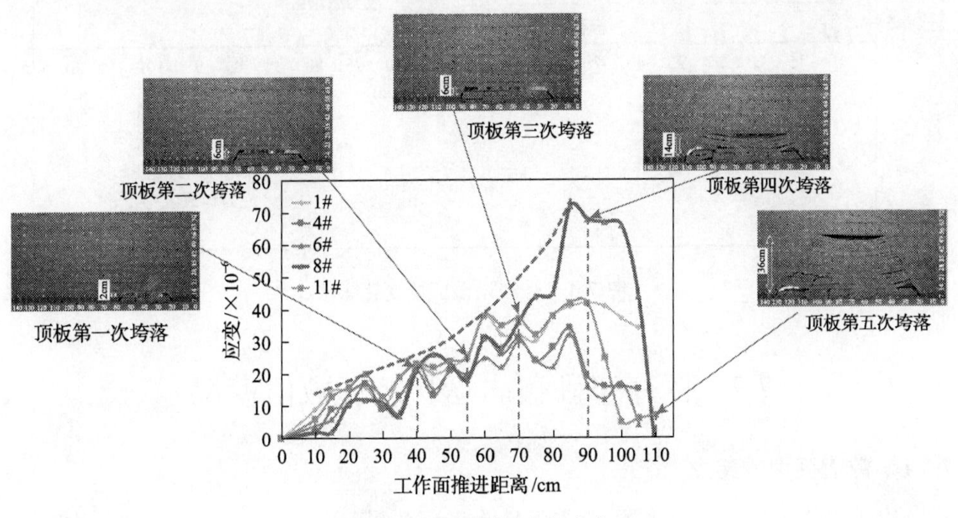

图 7-3　坚硬顶板应变变化

四个监测点的应变达到最大值；工作面开采至 90cm 时，垂直于采空区中心区域的 4#、6#、8#三个监测点应变突然减小，巨厚坚硬覆岩应力得到一定释放，此时顶板出现第四次垮落。随着工作面继续开采至 110cm 附近，8#监测点应变急剧减小，应力突降，顶板发生第五次垮落。

根据工作面开采扰动影响，将巨厚坚硬覆岩应力变化划分为三个区域：应力上升区、应力集中区和应力释放区。工作面回采至 0～60cm 阶段，开采扰动对巨厚坚硬覆岩应力的影响逐渐变大，其应变逐渐增大，应力逐渐增加，此区域巨厚坚硬覆岩能量也逐渐积聚。当工作面回采至 65～85cm 阶段，开采扰动对巨厚坚硬覆岩应力的影响较小，应变缓慢增大，其应力达到峰值，此区域是巨厚坚硬覆岩能量积聚最大的区域。随着工作面继续推进，工作面回采至 90～110cm 阶段，开采扰动对巨厚坚硬覆岩应力的影响最大，应变急剧减小，应力突降，巨厚坚硬覆岩积聚的能量突然释放，打破采空区上覆岩层的平衡状态，巨厚坚硬覆岩出现垮落。

工作面开采过程中,巨厚坚硬覆岩应变变化量如图 7-4 所示。工作面开采至 90cm 前，巨厚坚硬覆岩应变量总体上呈现正向增加的趋势，应力稳定增加，其中在工作面开采至 85cm 时，即顶板第四次垮落前，巨厚坚硬覆岩中 8#监测点表现出一定的应力集中现象；当工作面开采至 90～110cm 时，巨厚坚硬覆岩中 4#、6#、8#、11#监测点应变量呈现负向急剧降低，应力持续释放；当工作面开采至 110cm 时，巨厚坚硬覆岩非稳定运移破坏，进而大面积垮落，采场应力出现强突变。因此，在工作面回采过程中，巨厚坚硬覆岩非稳定运移垮落前，采动应力逐渐增加，而在其垮落时，采动应力瞬间卸载，巨厚坚硬覆岩非稳定运移将导致采动应力场出现应力突变。

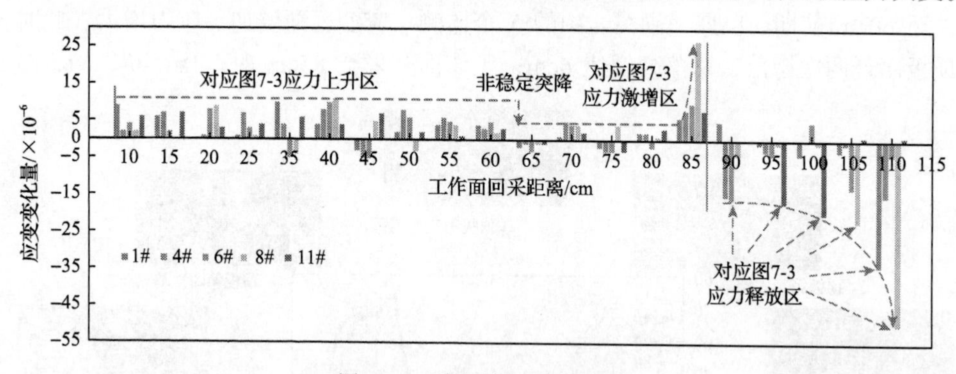

图 7-4　坚硬顶板应变变化量

7.2　巨厚坚硬覆岩运移特征数值模拟

7.2.1　数值模型的建立

以千秋煤矿 21221 工作面地质条件为工程背景，采用 FLAC3D 模拟工作面沿煤层走向开采过程[4]，研究在水平构造应力条件下巨厚坚硬覆岩运移特征。

图 7-5 为巨厚坚硬覆岩赋存的数值模型示意图。模型长 220m、宽 10m、高 150m，模型中设置 24 个应力监测点，监测巨厚坚硬覆岩和直接顶泥岩的应力演化特征。其中巨厚坚硬覆岩中的应力监测点位于煤层上方 32m 处，编号为 1#～12#，相邻应变监测点水平距离为 10m；在煤层上方 6m 泥岩中布置 12 个应力监测点，编号为 13#～24#，相邻应力监测点水平距离为 10m，如图 7-5 所示。

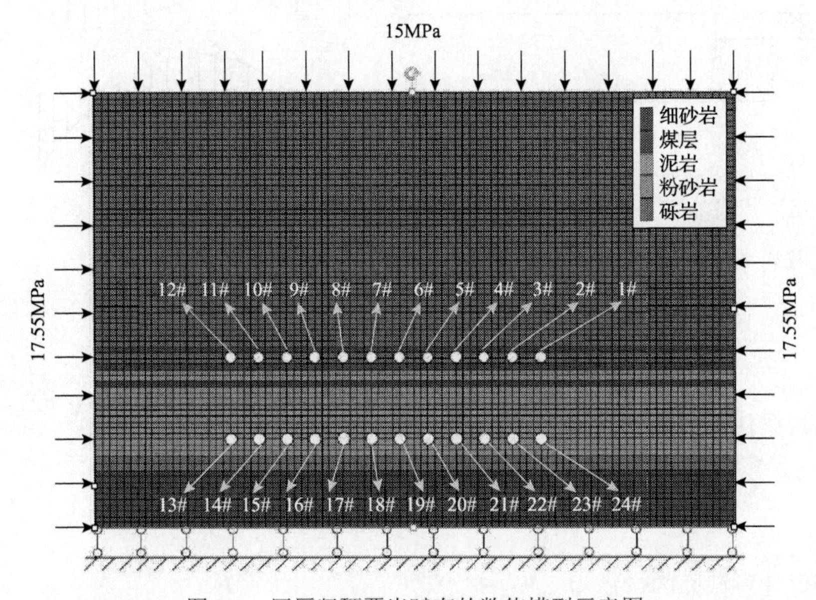

图 7-5　巨厚坚硬覆岩赋存的数值模型示意图

模型底面限制水平、垂直方向位移，模型顶部施加 15MPa 的垂直应力模拟上覆岩层荷载（埋深 600m），结合千秋煤矿 21221 工作面地应力测量数据，侧压系数为 1.17，左右两侧施加 17.55MPa 的水平应力。煤岩体物理力学参数采用 21221 工作面地质参数，如表 7-2 所示，模型采用 Mohr-Coulomb 破坏准则。

表 7-2　千秋煤矿 21221 工作面岩层物理力学参数

岩性	密度/(kg/m^3)	抗压强度/MPa	弹性模量/GPa	泊松比	内摩擦角/(°)	黏聚力/MPa
含砂砾岩	2865	45	28.99	0.22	40.0	15.30
砂质泥岩	2670	31	15.76	0.20	29.5	3.50
1-2#煤	1480	23	3.85	0.16	27.5	2.47
泥岩	2461	25	8.86	0.26	30.6	2.76
2#煤	1440	22	3.34	0.16	26.9	2.40
砂质泥岩	2670	31	15.76	0.20	29.5	3.50
细砂岩	2873	38	17.66	0.18	29.2	6.50

为了模拟随着工作面开采时的顶板垮落过程，在模拟时将基本顶视为两端受固定约束的梁[5]，将边界煤柱视为梁一端，另一端由工作面煤壁组成，煤壁和煤柱作为梁的两个支撑点，如图 7-6 所示。

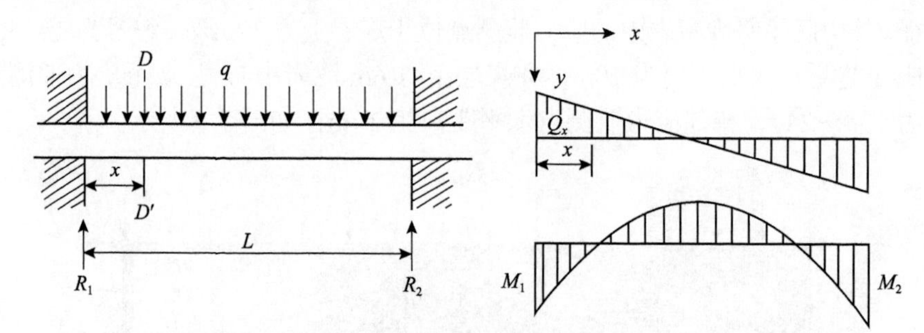

图 7-6　固定岩梁受力分析

截取岩梁任意截面 D—D′，其剪力为

$$Q_x = R_1 - qx = \frac{qL}{2}\left(1 - \frac{2x}{L}\right) \tag{7-1}$$

在岩梁任意截面中，两端剪力最大，其值为

$$Q_{\max} = R_1 = R_2 = \frac{qL}{2} \tag{7-2}$$

岩梁任意截面的弯矩为

$$M_x = R_1 x - qx\frac{x}{2} + M_1 \tag{7-3}$$

其中，$M_1 = -\frac{1}{12}qL^2$，则有

$$M_x = \frac{q}{12}\left(6Lx - 6x^2 - L^2\right) \tag{7-4}$$

在固定岩梁的中部，$x = \frac{L}{2}$，$M = \frac{1}{24}qL^2$；在岩梁的两端，$x = 0$和L，$M_{\max} = -\frac{1}{12}qL^2$。

为了更真实地反映巨厚坚硬覆岩非稳定运移特征，在数值模拟中，通过 FLAC3D 内嵌 Fish 函数判断采空区两端顶板弯矩和剪力是否超过其强度极限，若超过，则引发顶板断裂和垮落。

7.2.2　上覆岩层垮落模拟分析

数值模拟工作面从左向右沿煤层走向开采，每次开采 5m。在 FLAC3D 数值模拟分析中，用岩层变形过程中的塑性区表征岩层的破坏形式。

图 7-7 给出了工作面开采过程中，21221 工作面顶板塑性区分布。当工作面开采 5m 时，顶板出现轻微塑性破坏，顶板的塑性破坏形式为剪切破坏；当工作面开采 35m，顶板的塑性破坏区向上扩展，模拟顶板第一次垮落，由于工作面开采

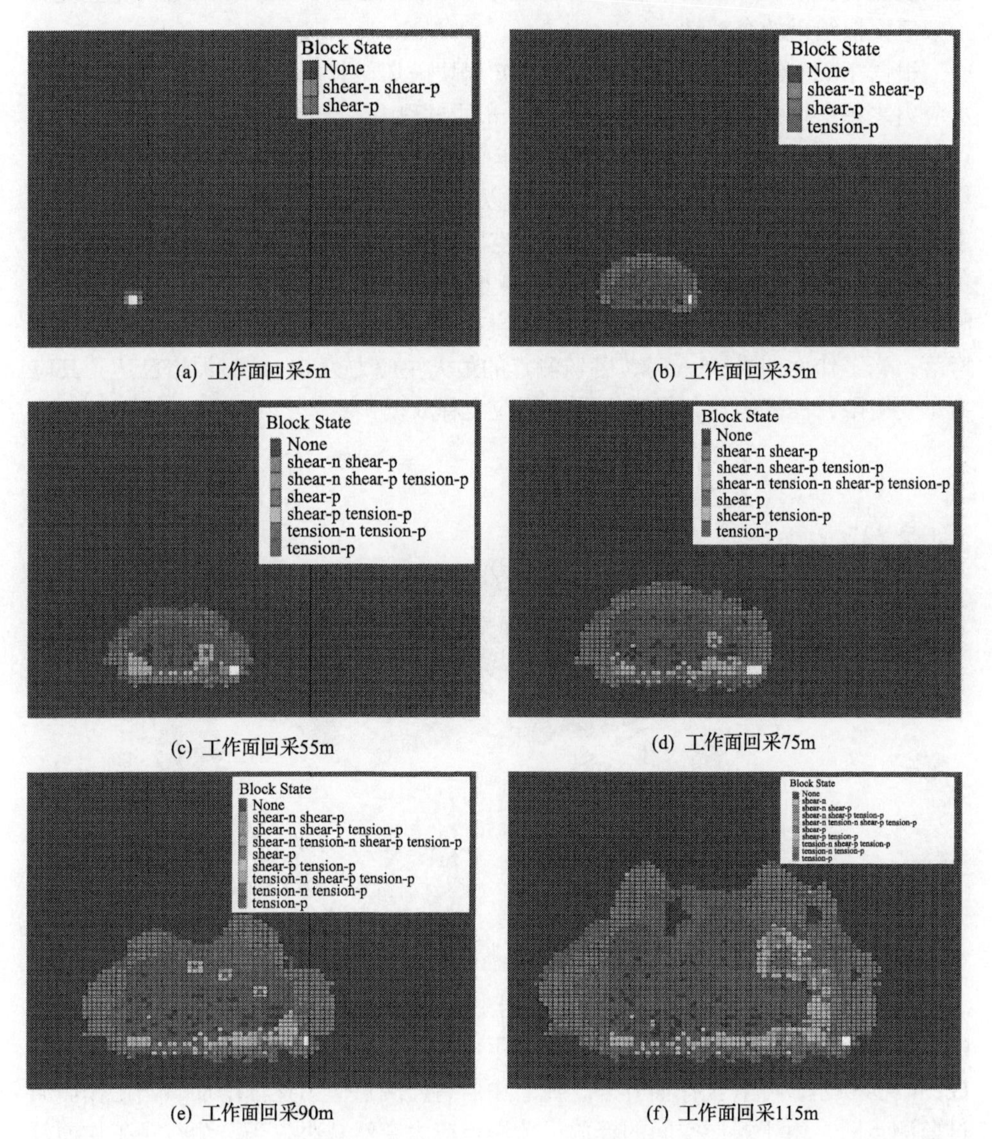

图 7-7　顶板塑性区分布状态

距离相对较短，塑性区向煤层上方演化较慢，塑性区呈梯形形状，此时顶板的塑性破坏形式为拉剪破坏；随着工作面继续开采，塑性区面积进一步扩大，顶板破坏严重，模拟顶板持续垮落，顶板的塑性破坏形式为拉剪破坏。当工作面开采 115m 时，巨厚坚硬覆岩塑性区范围急剧增大，顶板严重破坏垮落。随着工作面的回采，巨厚坚硬覆岩对工作面开采的动态响应逐渐加剧，巨厚坚硬覆岩对采场有持续且不稳定的下沉压力，给顶板非稳定破断提供了持续不断的力源。数值模拟中巨厚坚硬覆岩与相似模拟实验中巨厚坚硬覆岩的垮落形态基本一致，一定程度上说明了数值模拟结果的合理性。

根据 Mohr-Coulomb 破坏准则，可知岩块破坏与其所受的最大主应力与最小主应力之差密切相关。在工作面开采 35m 的过程中，选取泥岩中 12 个应力监测点，即编号为 13#～24#的监测点，以工作面回采距离、监测点距切眼的水平距离、最大主应力为轴绘制成图 7-8。从图中可以看出，随着工作面的回采，泥岩的最大主应力在采空区释放，最大主应力以采空区为原点向外逐渐减小，最大主应力为负值，泥岩处于受压状态，压力值逐渐减小。当工作面回采 30m 时，12 个应力监测点的最大主应力逐步接近 0，说明泥岩在巨厚坚硬覆岩的作用下可能出现破坏垮落；当工作面回采 35m 时，各监测点的最大主应力为 0，此时泥岩已达到其应力承受极限，泥岩垮落，导致上覆岩层应力释放。

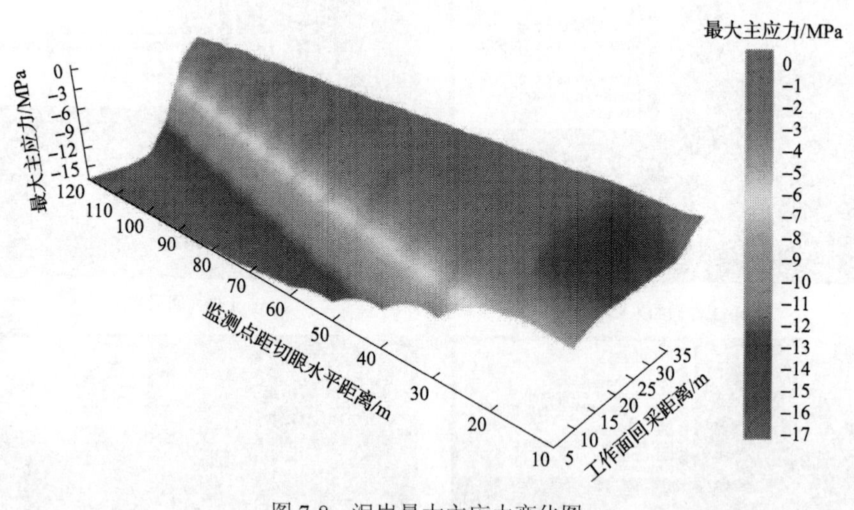

图 7-8　泥岩最大主应力变化图

在工作面整个回采过程中，选取泥岩中 12 个应力监测点，即编号为 13#～24#的监测点，以工作面回采距离、监测点距切眼的水平距离、垂直应力为轴，绘制成图 7-9 所示。随着工作面开采，泥岩中所有监测点应力逐渐增加，当工作面通过监测点时，由于煤层空间的释放，监测点应力突然减小。当监测点距工作面较远时，在开采扰动的影响区域之外，其应力值为原岩应力。当工作面开采通过测点垂直下方煤层前后，泥岩的垂直应力变化最为剧烈，因此采场危险性最高的区域在工作面处。

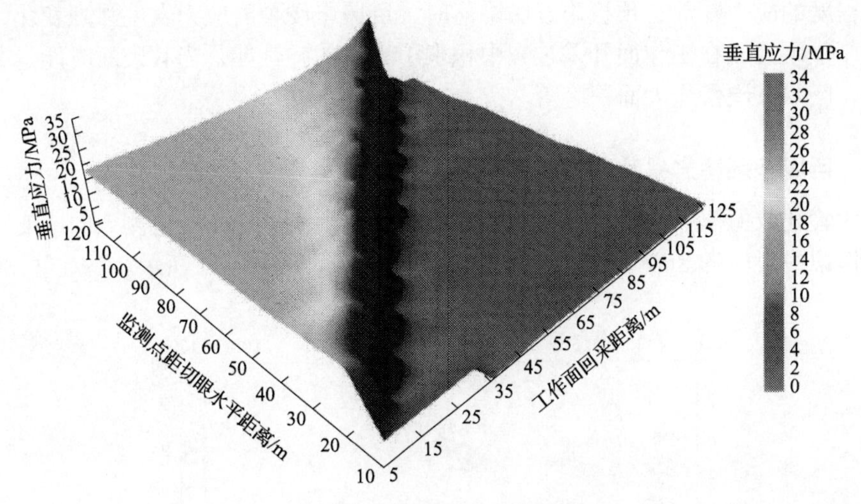

图7-9　泥岩垂直应力变化图

在工作面整个回采过程中，选取巨厚坚硬覆岩中11个应力监测点，即编号为2#～12#的监测点，以工作面回采距离、监测点距切眼的水平距离、垂直应力变化率为轴，绘制成图7-10所示。在煤层开采过程中，巨厚坚硬覆岩中出现了五个应力变化剧烈阶段，分别是工作面开采至35m、55m、70m、90m和110m，与之相

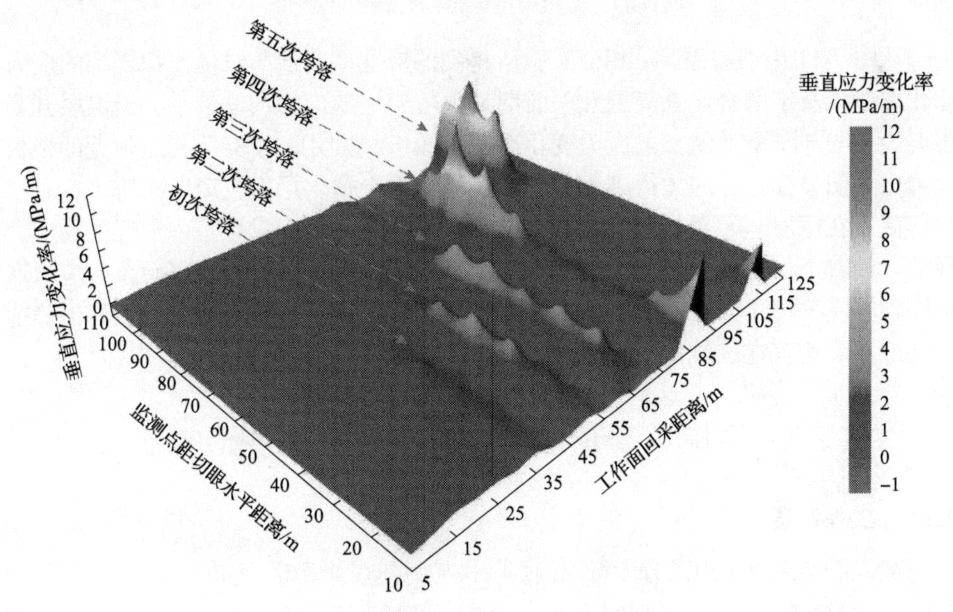

图7-10　巨厚坚硬覆岩垂直应力变化率

对应的是数值模型中顶板的五次垮落。随着工作面的开采，顶板出现持续性垮落，巨厚坚硬覆岩产生的响应越来越剧烈，顶板第四次垮落时，巨厚坚硬覆岩发生了一定程度的应力释放；顶板第五次垮落时，巨厚坚硬覆岩应力发生强烈变化，由于巨厚坚硬覆岩在工作面开采过程中积聚了大量的弹性能，当其破断时能量突然释放，巨厚坚硬覆岩大面积垮落。

7.2.3　巨厚坚硬覆岩采动应力对比

为验证数值模拟的合理性，将相似实验中巨厚坚硬覆岩 8#监测点的应变率与数值模拟中对应的 8#测点的应变率进行对比分析，如图 7-11 所示。

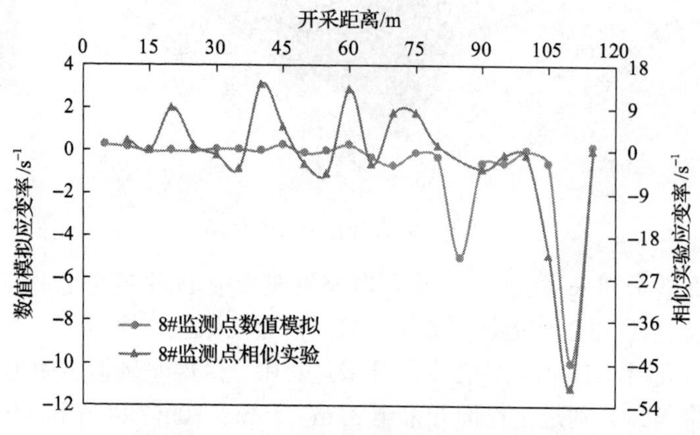

图 7-11　数值模拟与相似实验结果对比

从图 7-11 中可以看出，相似实验所得到的应变率曲线与数值模拟得到的应力变化率曲线基本吻合。在煤层开采前期，上覆岩层的应力波动较小，当煤层开采距离为 85m 时，8#监测点的应力变化率明显减小，说明此时 8#监测点附近的顶板应力出现明显变化，应力得到一定程度的释放，上覆岩层发生第四次垮落，岩层垮落高度在巨厚坚硬覆岩附近，顶板垮落使巨厚坚硬覆岩发生了一定程度的应力释放。随着工作面开采至 110m 时，顶板发生第五次垮落，巨厚坚硬覆岩应力产生剧烈响应，相同位置的 8#监测点应力变化规律基本同步，巨厚坚硬覆岩失稳前采动应力场均存在区域性应力突降的规律。

7.3　巨厚覆岩顶板冲击失稳区域的变形特征

7.3.1　工程背景

黄岩汇煤矿位于山西省太行山西翼，该矿每年煤炭产量为 90 万 t。采煤区长约 5.2km，宽约 5.1km，采矿深度为 228～636m，可采区域面积为 15.11km^2。黄岩汇煤矿的采掘平面图及地质环境见图 3-5。煤层的开采方法为长壁开采，可采煤层为 15#煤层，其倾角为 15.4°～18°，厚度为 4.35～9.50m；直接顶为 11m 厚的砂质泥岩，基本顶为 8m 厚的粉砂岩，底板为夹层泥岩和砂岩，总厚度为 30m。图 7-12 为煤层及顶底板的物理力学参数。

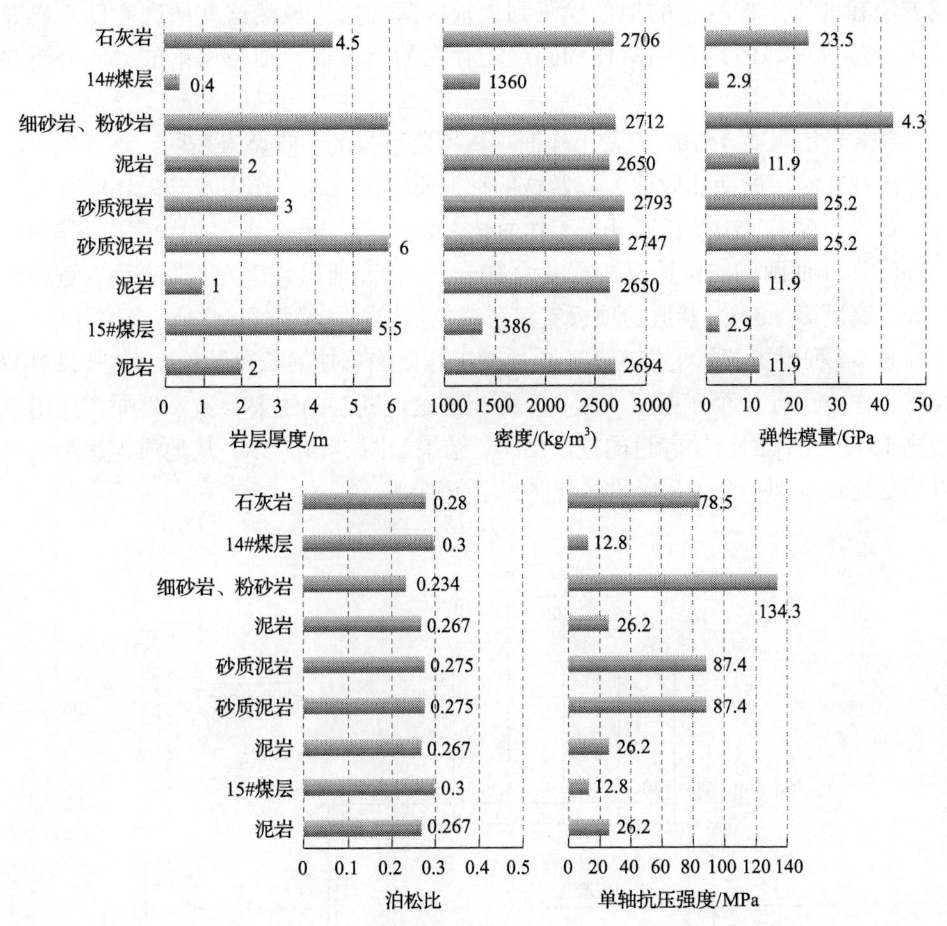

图 7-12　煤层及顶底板的物理力学参数

地质勘探数据表明，黄岩汇煤矿断层和陷落柱发育良好，是影响采矿活动的主要不利地质构造。2013 年 5 月 17 日，15107 长壁工作面运输巷道发生严重顶板垮落事故，长达 10m 范围内的巷道被完全破坏，且巷道的其他段出现数百毫米量级的过度变形，导致严重的安全问题，并影响了煤矿开采的效率。

7.3.2　顶板失稳区域的现场监测布置

由于顶板垮落现象的普遍性和危险性，世界各国的学者均对其机理开展过研究[6-11]。Phillipson[12]指出，断层和褶皱等地质构造是顶板垮落的主要原因。Duzgun[13]指出，地质条件、应力条件和矿山环境的复杂性会增加煤矿冒顶的风险；Alejano 等[14]研究了多种地质条件赋存不同岩层的顶板垮落现象，并指出围岩应力的释放或减少是巷道顶板大变形的主要原因；Zimmer 和 Sitar[15]使用地震波方法在地质条件复杂的地区检测到顶板垮落现象。虽然这些研究有助于研究顶板垮落机理，但是在陷落柱和断层均存在的情况下，顶板垮落的力源分析并不充分。

对黄岩汇煤矿 15107 长壁工作面顶板垮落事故的初步调查表明，该现象可能与陷落柱或断层的活化效应，以及这两种地质条件的综合作用及开采环境有关。

黄岩汇煤矿 15107 长壁开采工作面长 1280m，宽 180m，埋深为地表以下 479～583m，工作面两侧的保护煤柱宽度为 30m。运输和通风巷道为矩形截面，宽度为 5.0m，高度为 3.3m。巷道的顶板支撑系统包括锚杆、锚索和钢丝网(图 7-13)。

表 7-3 列出了黄岩汇煤矿 15107 长壁工作面陷落柱的长短轴长度。此外，15107 长壁工作面还有 5 个正断层。表 7-4 列出了这些断层的主要参数。地质雷达用于检测 15107 工作面运输巷道的地层结构，结果如图 7-14 所示。从地质雷达图中可以清楚地观察到一个 5m 宽的陷落柱和三条裂缝。

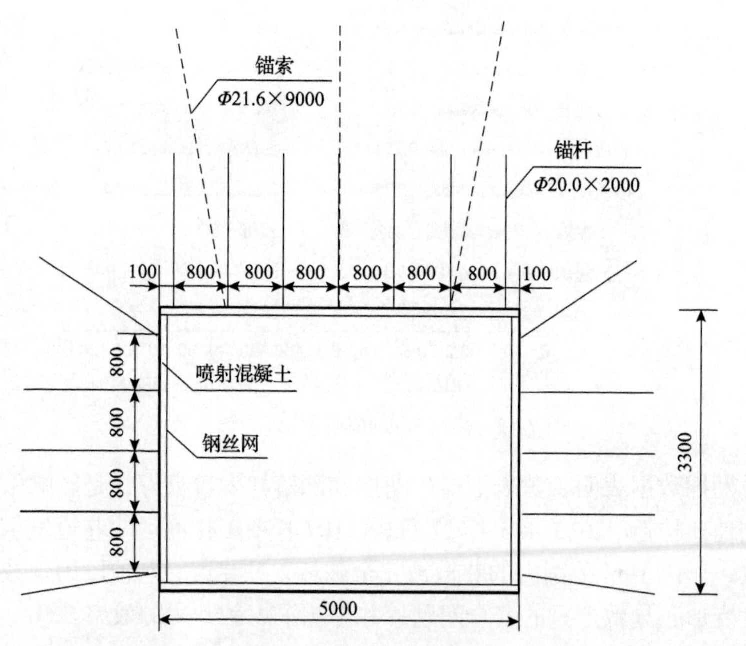

图 7-13　黄岩汇煤矿 15107 长壁开采工作面运输巷道的支护方式(单位：mm)

表 7-3　黄岩汇煤矿 15107 长壁工作面陷落柱的长短轴长度

岩性	密度/(kg/m³)	抗压强度/MPa	弹性模量/GPa	泊松比	内摩擦角/(°)	黏聚力/MPa
含砂砾岩	2 865	45	28.99	0.22	40.0	15.30
砂质泥岩	2 670	31	15.76	0.20	29.5	3.50
1-2#煤	1 480	23	3.85	0.16	27.5	2.47
泥岩	2 461	25	8.86	0.26	30.6	2.76
2#煤	1 440	22	3.34	0.16	26.9	2.40
砂质泥岩	2 670	31	15.76	0.20	29.5	3.50
细砂岩	2 873	38	17.66	0.18	29.2	6.50

表 7-4　黄岩汇煤矿 15107 长壁工作面断层的主要参数

地质构造	F_1	F_2	F_3	F_4	F_5
分类	正常	正常	正常	正常	正常
倾角/(°)	50	65	60	45	40
断层落差/m	3	5	6	3	2
产状	走向 NW10° 倾角 EN10°	倾角 WN20° 走向 SW20°	倾角 WS10° 走向 SE10°	倾角 WS5° 走向 SE5°	倾角 WS45° 走向 SE45°

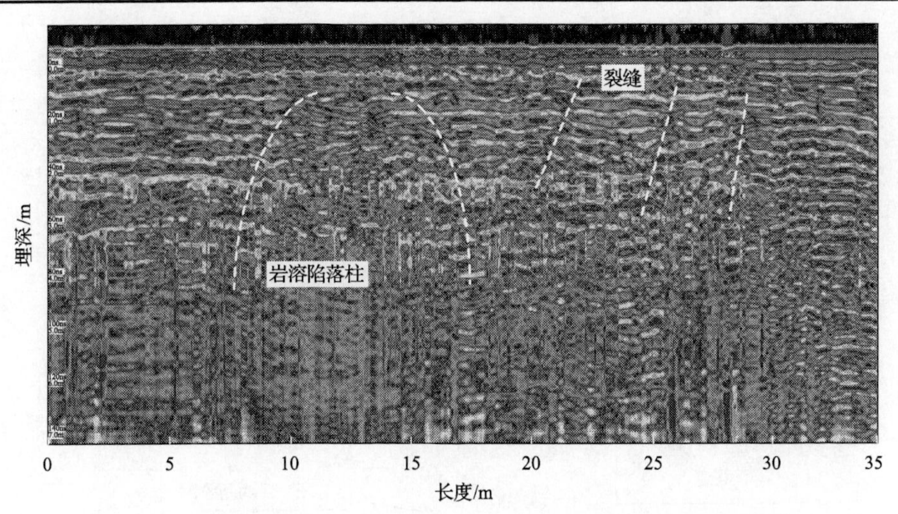

图 7-14　黄岩汇煤矿 15107 长壁工作面运输巷道的地质雷达检测结果

在 15107 工作面一共布置了 8 个监测站对巷道顶底板移近量和两帮收缩量、巷道顶板离层量及锚杆荷载进行现场监测，其中 1#～4#位于断层影响区域，5#～8#位于陷落柱区，这些测站位于 15107 工作面的运输和通风巷道，测站的确切位

置如图 7-15 所示。巷道表面位移量的观测通过“十字”布点法，顶底板移近量

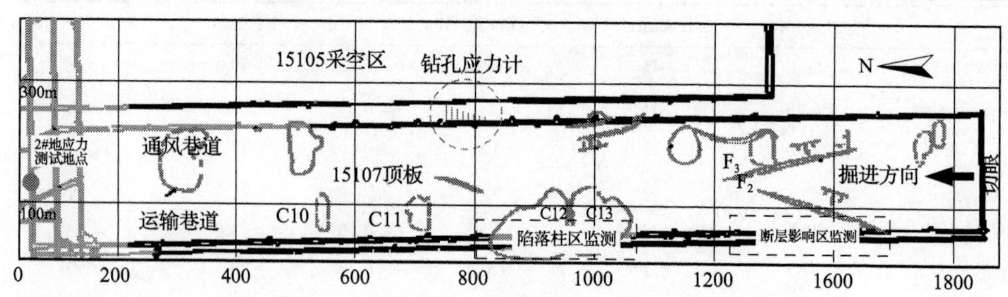

(a) 监测站布置位置

C10、C11、C12、C13等表示陷落柱编号

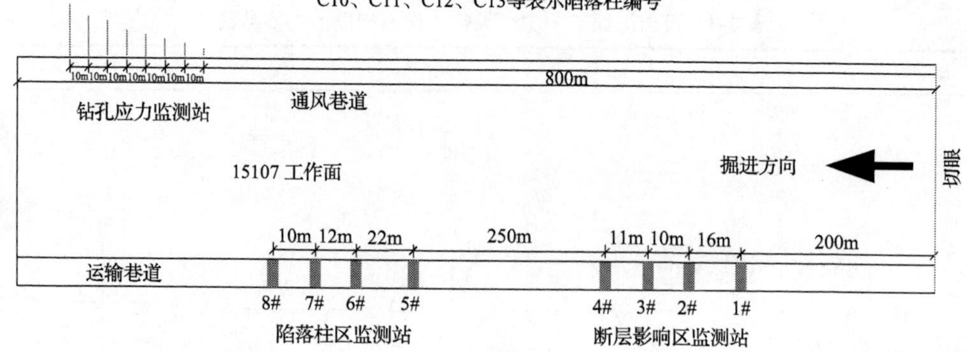

(b) 监测站布局

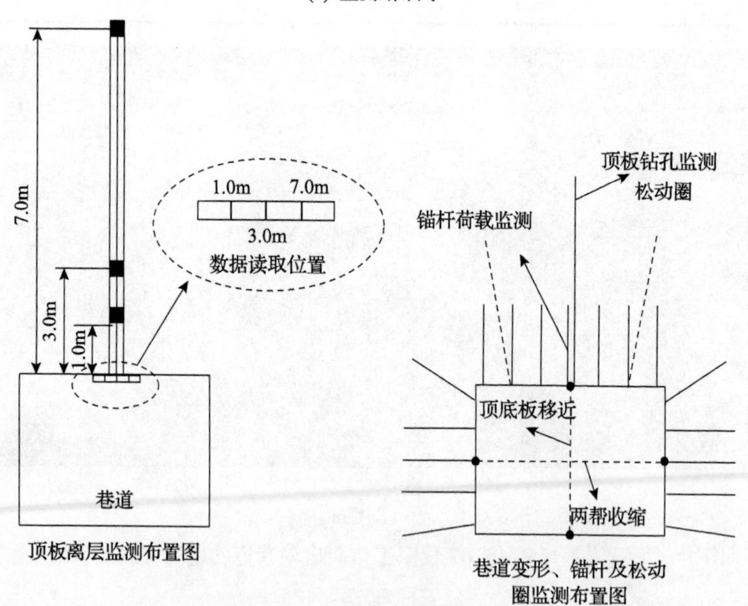

(c) 顶板离层监测站

图 7-15　现场监测站的布局图

的观测选择在巷中，两帮移近量的观测选择在腰线位置处；顶板离层量的监测是通过顶板上方的 1m、3m 和 7m 钻孔得到的。在长壁开采工作面开采前，将所有的监测设备安装在运输巷道周围的岩石中，并且监测站应位于不同的巷道横截面，这是为了确保这些监测站在进行监测之前不受工作面移动的影响。设备安装完成后，每天或者每开采 2m 记录所有巷道变形、顶板离层和锚杆荷载。

对于破碎区的探测仅在监测站 No. 2、No. 3、No. 6 和 No. 7 进行，相应的钻孔分别为 1#、2#、3#和 4#，使用全景钻孔摄像机来探测破坏区的宽度。1#和 2#钻孔位于陷落柱区域，且距巷道顶部 12m；而 3#和 4#钻孔位于断层影响区域，与巷道顶部的距离为 10m。这四个钻孔的长度均为 6.5m，直径均为 28mm。

7.3.3　顶板失稳区域的破碎区分布特征

破碎区指的是位于开挖边界以外的区域，在该区域会有裂隙出现，并伴随着原岩应力的重新分布和岩石结构的重新排列，从而可能为地下水运动创造可渗透的通道，降低围岩的稳定性，增加顶板垮落的危险，并对巷道的长期支护安全有一定的威胁；扰动区指的是与破碎区相邻但距离开挖边界较远的区域；完整区则是未受到巷道周围开挖影响的区域。采用钻孔摄像机对巷道的破碎区进行监测，图 7-16(a)

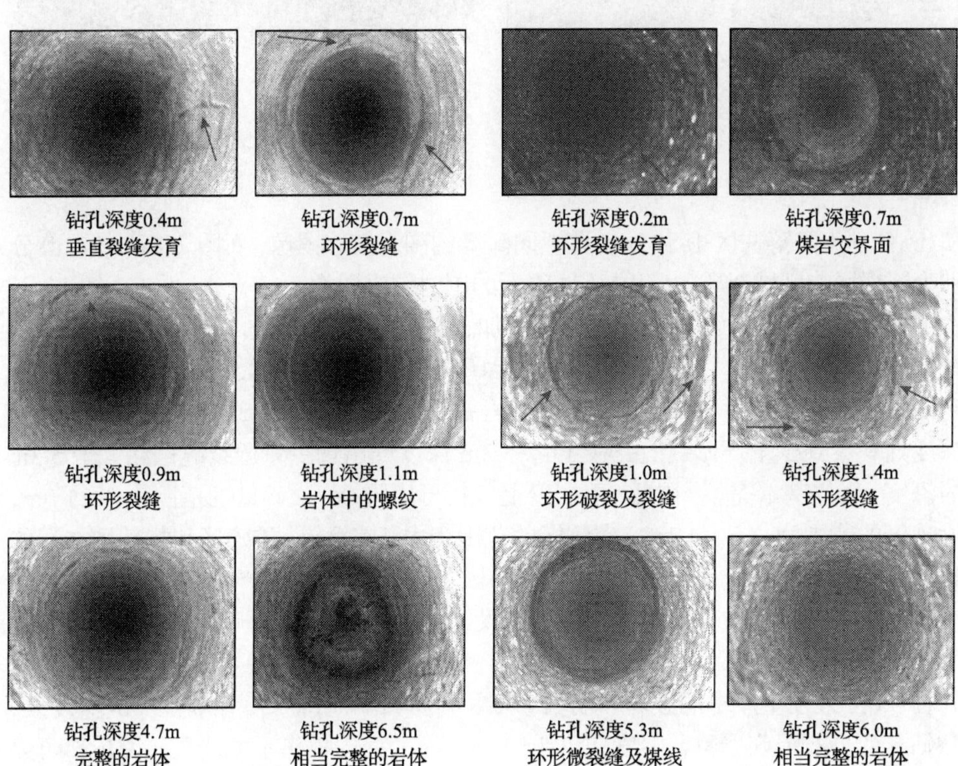

(a) 陷落柱区1#钻孔图像及相关分析　　(b) 陷落柱区2#钻孔图像及相关分析

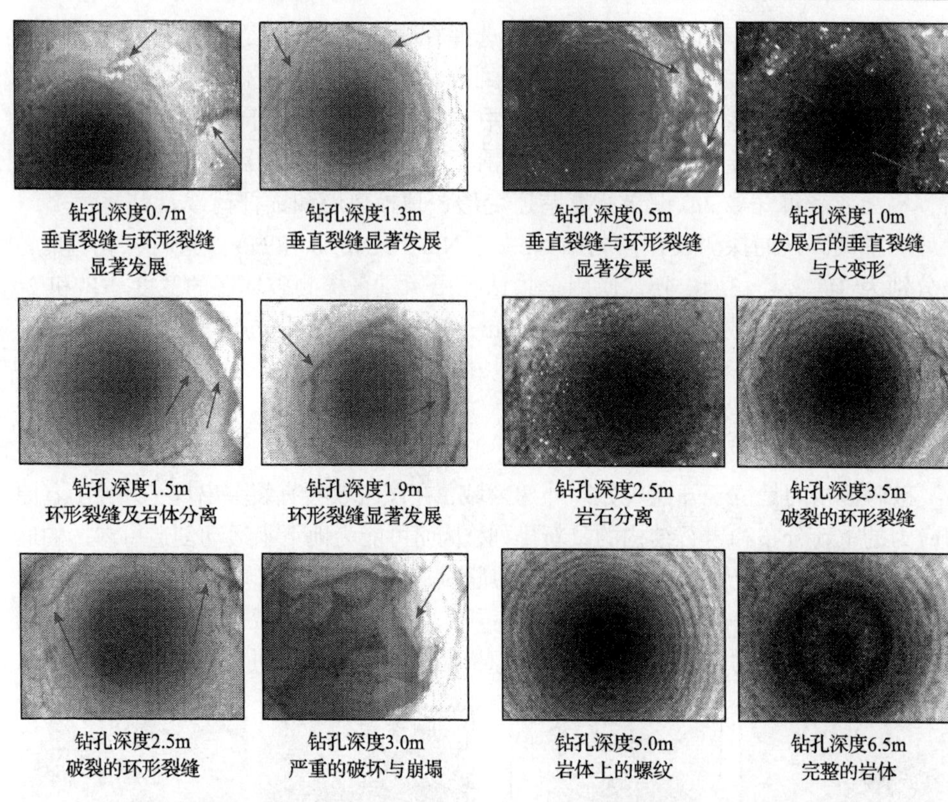

图 7-16　断层影响区和陷落柱区的破碎区探测结果

和(b)分别为陷落柱区 1#和 2#钻孔不同深度的围岩破碎图像，而图 7-16(c)和(d)分别为断层影响区域 3#和 4#钻孔不同深度的围岩破碎图像。

在陷落柱区域，随着钻孔深度的增加，裂缝的数量在减少。对于 1#钻孔，在 0～0.9m 深度处出现了微小的垂直裂缝和环形裂缝；在 1.1～4.7m 深度处没有观察到明显的裂缝；在大于 5.0m 的深度，岩石完好无损。对于 2#钻孔，在 0～0.9m 深度处观察到少量环形裂缝；在 1.4～5.3m 深度处出现少量微裂缝；在大于 5.3m 的深度，岩体基本完整。因此，根据以上分析可以推断，破碎区的范围为 0～1.0m，扰动区的范围为 1.1～4.7m，完整区的范围为大于 5.3m。破碎区和扰动区之间的过渡发生在 0.9～1.1m，而扰动区和完整区之间的过渡发生在 4.7～5.3m。

断层影响区中的钻孔被气体和水淹没，从而使图像的清晰度有所降低。然而，从图 7-16(c)依然可以清楚地看到，在 0～3.0m 深度处，3#钻孔发育大量的裂缝，并在 3.0m 处发生严重的破坏和崩塌。从图 7-16(d)可以看出，在 0～3.5m 深度处，4#钻孔的岩石损伤严重，尽管在 3.5～5.0m 深度处的损伤不太严重，但依然可以观察到几个环形裂缝。因此，推断断层影响区的破碎区、扰动区和完整区的宽度分别为 0～3.5m、3.5～6.5m 和大于 6.5m。

根据这些钻孔摄像机的观测资料，对 1#和 4#钻孔的破碎区范围进行对比，发现断层影响区的破碎区范围远大于陷落柱区，1#钻孔的破碎区范围比 4#钻孔大 74.3%。因此，可以推断断层影响区的围岩破坏程度大于陷落柱区。

7.3.4　顶板失稳区域的巷道变形特征

工作面开采期间，用三个指标对顶底板移近量的变化情况进行评估，即顶底板移近量大小、移近速度和加速度。顶底板移近速度指的是每天顶底板移近量大小(mm/d)，顶底板移近加速度则是指每天顶底板移近速度的大小(mm/d^2)。为了量化这些关键指标，分析了来自断层影响区四个监测站和陷落柱区四个监测站的数据，如图 7-17 所示。

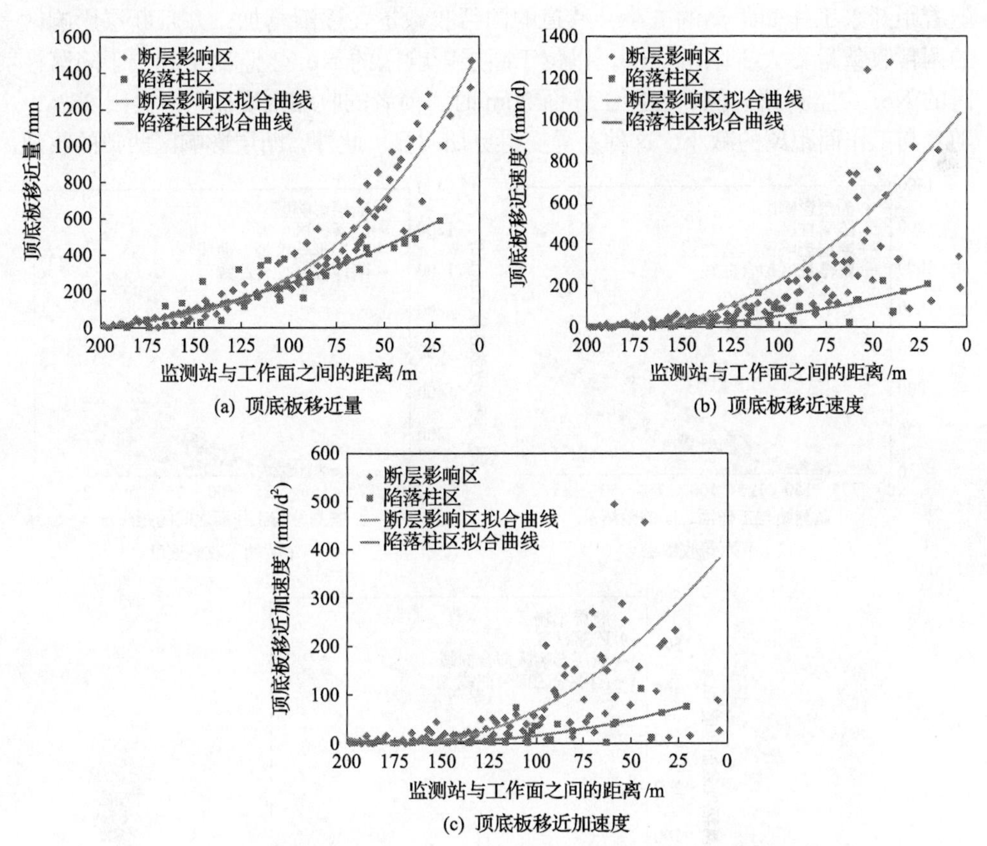

图 7-17　断层影响区和陷落柱区的顶底板移近量、移近速度和移近加速度

随着开采面的不断推进，顶底板移近量、移近速度和移近加速度均在逐渐增加。虽然在开采工作面附近，这些数据有些离散，但从总体上可以看出，断层影响区的这些数值要大于陷落柱区。根据牛顿第二定律，加速度可以用来表征施加

在物体上的力的某些特性，因此可以从图 7-17 推断，断层影响区顶板上受到的力大于陷落柱区。

为了深入研究断层影响区和陷落柱区之间的这种差异，对比分析来自断层影响区 No. 1 监测站和陷落柱区 No. 6 监测站的数据，以距离开采工作面 20m 为例，No. 1 监测站的顶底板移近幅度比 No. 6 监测站大 54.6%，在靠近开采工作面时，这种差异表现得更加明显。位于断层影响区的 No. 1 监测站的最大和平均顶底板移近速度分别为 870mm/d 和 390mm/d，而位于陷落柱区的 No. 6 监测站的顶底板移近速度分别为 220mm/d 和 76mm/d。此外，No. 1 监测站的顶底板移近加速度约比 No. 6 监测站大 3.2 倍。

利用巷道两帮的收敛量、收敛速度和加速度来研究工作面开采期间巷道帮部的变形特征。图 7-18 为断层影响区和陷落柱区各监测站两帮收敛量的监测结果。随着距开采工作面距离的减小，巷道的两帮收敛量在逐渐增加，并且断层影响区的两帮收敛量要大于陷落柱区。以位于断层影响区的 No. 2 监测站和位于陷落柱区的 No. 6 监测站为例，在距工作面 20m 时，前者的收缩幅度比后者高出 38%，随着与工作面距离的减小，这种差异变得更加明显。此外，断层影响区两帮的收敛

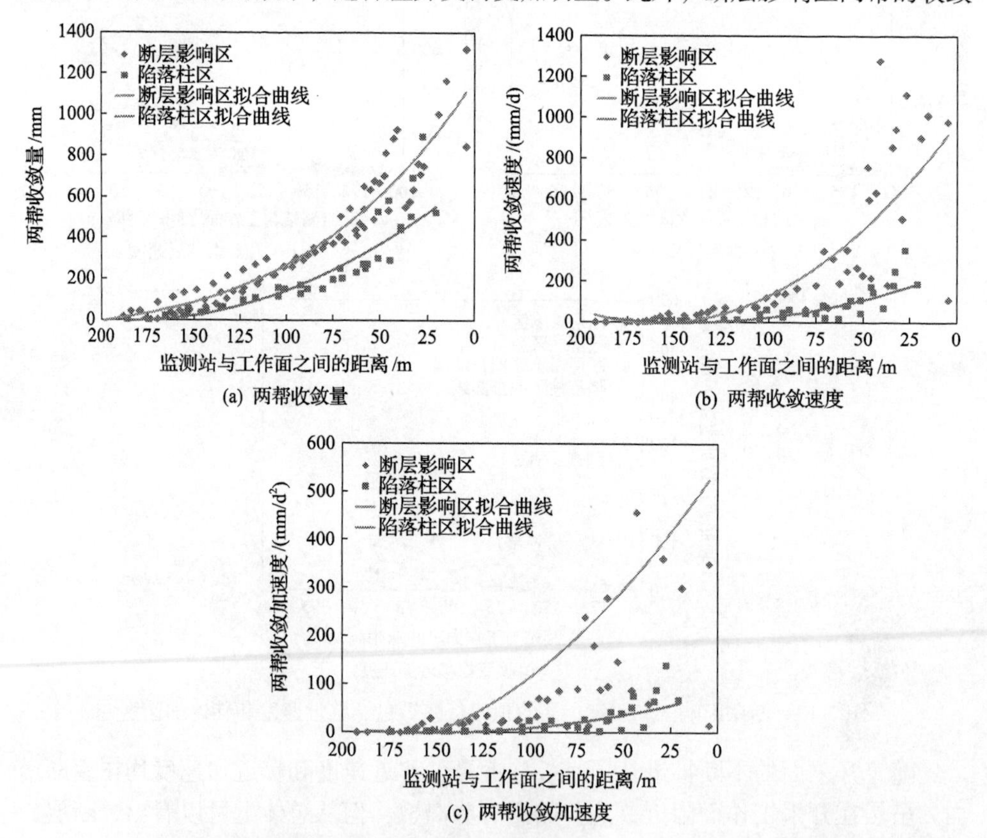

(a) 两帮收敛量

(b) 两帮收敛速度

(c) 两帮收敛加速度

图 7-18　断层影响区和陷落柱区的两帮收敛量、收敛速度和收敛加速度

速度往往高于陷落柱区，No. 2 监测站的最大和平均两帮收敛速度分别为 758mm/d 和 249mm/d，而 No. 6 监测站的最大和平均两帮收敛速度仅为 213mm/d 和 63mm/d。在 No. 2 监测站监测到的两帮收敛加速度大约为 No. 6 监测站的 3.2 倍。根据牛顿第二定律，加速度可以用来表征施加在物体上的力的某些特性，因此可以从图 7-20 推断，断层影响区巷道帮部的围岩应力要大于陷落柱区。

7.3.5　顶板失稳区域的顶板离层特征

顶板离层经常用于研究煤矿顶部的围岩稳定性[16]。图 7-19 给出了断层影响区和陷落柱区顶板离层量随深度的变化情况。随着开采工作面的推进，1m、3m 和

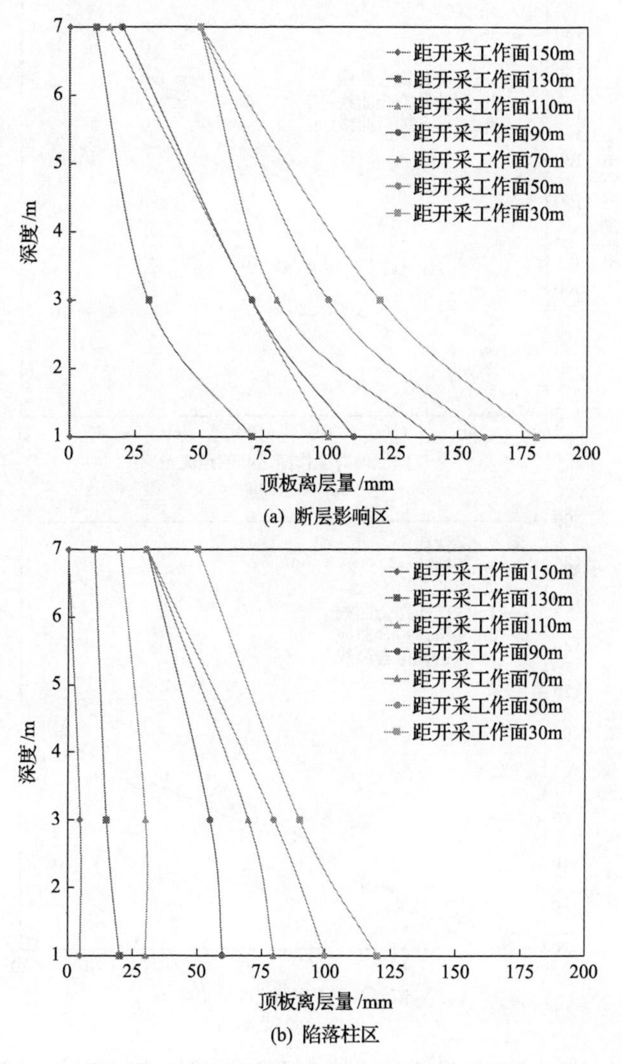

图 7-19　断层影响区和陷落柱区顶板离层量随深度的变化情况

7m 深度处的钻孔顶板离层量不断增加。顶板离层主要发生在断层影响区顶部 0～3m 范围和陷落柱区 0～2m 范围，这与破碎区的探测结果一致。

为了进一步比较断层影响区和陷落柱区之间的差异，图 7-20 给出了 No. 2 和 No. 5 监测站的顶板离层量监测结果。结果表明，前者的顶板离层量要大于后者，这与顶底板移近量的变化情况一致。以距离开采工作面 40m 为例，在断层影响区 1m、3m 和 7m 深度处的钻孔顶板离层量分别为 170mm、120mm 和 50mm，而在陷落柱区相应的顶板离层量分别为 110mm、80mm 和 40mm。表明由于断层活化，断层影响区内发生了更严重的顶板运动，因此断层构造在顶板垮落事故中发挥了重要作用。

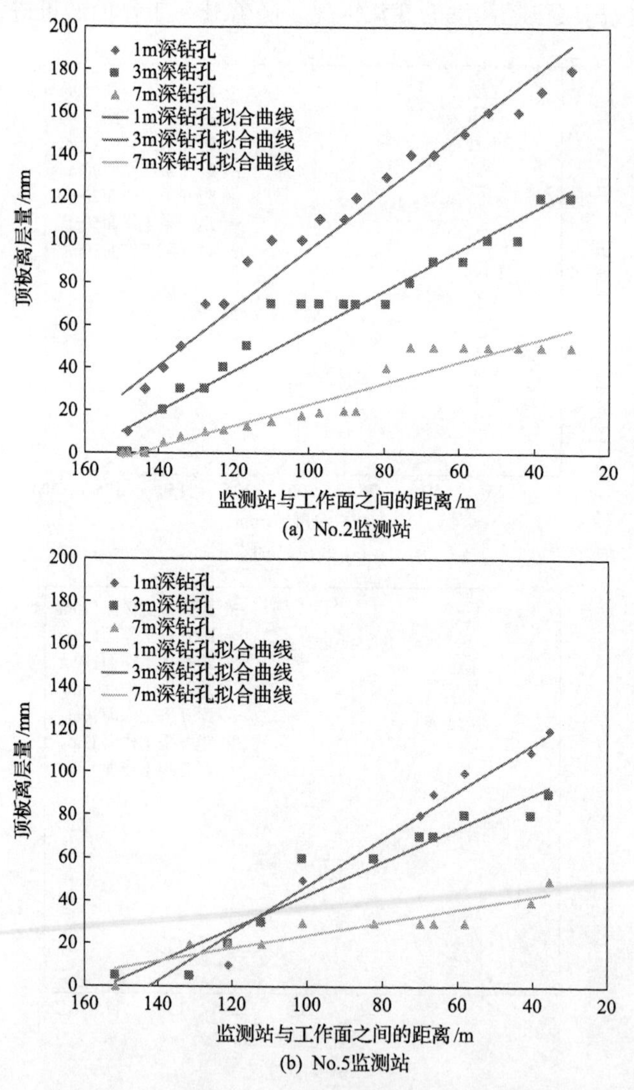

图 7-20　No.2 和 No.5 监测站的顶板离层量监测结果

7.4　巨厚覆岩顶板失稳区域的应力特征

顶板垮落现象会释放大量的应变能，并引起顶板岩块坍塌落入巷道，极大地威胁着矿工的生命安全。黄岩汇煤矿地质条件非常复杂，不仅有陷落柱存在，还赋存少量断层，这些不利地质条件严重影响了矿山作业的安全。

7.4.1　顶板失稳区域地应力分布特征

采用应力解除法测量黄岩汇煤矿的原岩应力，测量地点选取图3-5中的1#～3#三个测量位置。在1#位置主要测量砂质泥岩顶板的应力，在2#位置主要测量煤层应力，在3#位置主要测量砂岩底板的应力，详细分析见3.1.4节。

7.4.2　顶板失稳区域锚杆受力特征

图7-21给出了断层影响区4个监测站和陷落柱区4个监测站的锚杆荷载监测结果。从监测结果来看，断层影响区的锚杆荷载大于陷落柱区。以距开采工作面20m为例，No. 2监测站的锚杆荷载比No. 6监测站大49.3%。一般来说，巷道的变形量越大，锚杆荷载越高，因此较高的锚杆荷载是由巷道的大变形量引起的。因此，可以推断陷落柱区的巷道比断层影响区的巷道更稳定，这可以从顶底板移近量、两帮收敛量以及顶板离层量的监测结果进行验证。

从巷道的顶底板移近量、两帮收敛量、顶板离层量和顶板锚杆荷载的现场监测结果可以看出，采动活动的影响范围为150～200m，影响区域大于现有文献报告中的数据[16-18]。例如，Jiang等[18]认为工作面开采的影响范围为30～50m；Shen等[16]

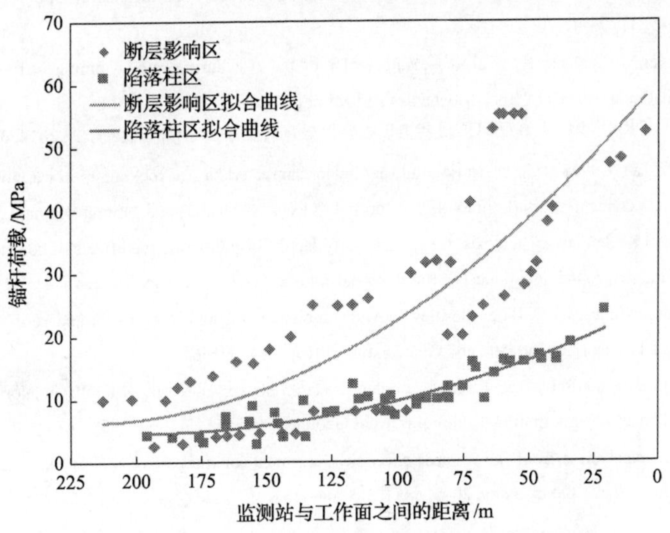

图7-21　断层影响区和陷落柱区顶板锚杆荷载监测结果

认为该影响范围大约为 30m，这可能是由现场基本顶的强度差异造成的。如图 7-12 所示，本章研究中基本顶砂质泥岩的单轴抗压强度为 87.4MPa，远高于文献[16]中的 27MPa 和文献[18]中的 35MPa。此外，开采影响区域的范围还受到多种其他因素的影响，如顶板的岩层类型、岩石强度、上覆岩层深度和开采范围等[19,20]。

无论破碎区范围还是巷道变形量、顶板离层量及锚杆荷载变化量，现场的监测结果均显示断层影响区的巷道围岩发生了更大的破坏，而不是陷落柱区。正如 Alejano 等[14]提出的，应力状态的变化会导致顶板失稳和发生大变形。在这项研究中，原岩应力的测量结果显示最大水平应力是黄岩汇煤矿的主要应力，而矿区内断层的存在也是由水平应力引起的。因此，对于陷落柱和断层同时存在的区域，造成大巷道变形和顶板冒落的主要因素为开采活动引起的断层滑动和矿井赋存的高水平构造应力。

参考文献

[1] 王云广, 郭文兵, 白二虎, 等. 高强度开采覆岩运移特征与机理研究[J]. 煤炭学报, 2018, 43(S1): 28-35.

[2] 汤国水, 朱志洁, 韩永亮, 等. 基于微震监测的双系煤层开采覆岩运动与矿压显现关系[J]. 煤炭学报, 2017, 42(1): 212-218.

[3] 安博, 郑小慧, 朱淳, 等. 基于切顶短壁梁理论的浅煤层矿压分布规律数值模拟分析[J]. 矿业科学学报, 2019, 4(2): 102-111.

[4] Cai M, Kaiser P K, Morioka H, et al. FLAC/PFC coupled numerical simulation of AE in large-scale underground excavations[J]. International Journal of Rock Mechanics and Mining Sciences, 2007, 44(4): 550-564.

[5] 李春元, 张勇, 左建平, 等. 深部开采砌体梁失稳扰动底板破坏力学行为及分区特征[J]. 煤炭学报, 2019, 44(5): 1508-1520.

[6] Düzgün H S B, Einstein H H. Assessment and management of roof fall risks in underground coal mines[J]. Safety Science, 2004, 42(1): 23-41.

[7] Ghasemi E, Ataei M, Shahriar K, et al. Assessment of roof fall risk during retreat mining in room and pillar coal mines[J]. International Journal of Rock Mechanics and Mining Sciences, 2012, 54: 80-89.

[8] 王琦, 王洪涛, 李术才, 等. 大断面厚顶煤巷道顶板冒落破坏的上限分析[J]. 岩土力学, 2014, 35(3): 795-800.

[9] Lu C P, Liu G J, Liu Y, et al. Microseismic multi-parameter characteristics of rockburst hazard induced by hard roof fall and high stress concentration[J]. International Journal of Rock Mechanics and Mining Sciences, 2015, 76: 18-32.

[10] Palei S K, Das S K. Sensitivity analysis of support safety factor for predicting the effects of contributing parameters on roof falls in underground coal mines[J]. International Journal of Coal Geology, 2015, 76(4): 241-247.

[11] Osouli A, Moradi-Bajestani B. The interplay between moisture sensitive roof rocks and roof falls in an Illinois underground coal mine[J]. Computers and Geotechnics, 2016, 80: 152-166.

[12] Phillipson S E. The control of coal bed decollement-related slickensides on roof falls in North American Late Paleozoic coal basins[J]. International Journal of Coal Geology, 2003, 53(3): 181-195.

[13] Düzgün H S B. Analysis of roof fall hazards and risk assessment for Zonguldak coal basin underground mines[J]. International Journal of Coal Geology, 2005, 64(1-2): 104-115.

[14] Alejano L R, Taboada J, García-Bastante F, et al. Multi-approach back-analysis of a roof bed collapse in a mining room excavated in stratified rock[J]. International Journal of Rock Mechanics and Mining Sciences, 2007, 45(6): 899-913.

[15] Zimmer V L, Sitar N. Detection and location of rock falls using seismic and infrasound sensors[J]. Engineering Geology, 2015, 193: 49-60.

[16] Shen B, King A, Guo H. Displacement, stress and seismicity in roadway roofs during mining-induced failure[J]. International Journal of Rock Mechanics and Mining Sciences, 2008, 45(5): 672-688.

[17] 康红普，林健，颜立新，等. 山西煤矿矿区井下地应力场分布特征研究[J]. 地球物理学报，2009, 52(7): 1782-1792.

[18] Jiang Y D, Wang H W, Xue S, et al. Assessment and mitigation of coal bump risk during extraction of an island longwall panel[J]. International Journal of Coal Geology, 2012, 95: 20-33.

[19] Alejano L R, Rodriguez-Dono A, Alonso E, et al. Ground reaction curves for tunnels excavated in different quality rock masses showing several types of post-failure behaviour[J]. Tunnelling and Underground Space Technology, 2009, 24(6): 689-705.

[20] Alehossein H, Poulsen B A. Stress analysis of longwall top coal caving[J]. International Journal of Rock Mechanics and Mining Sciences, 2010, 47(1): 30-41.

第 8 章　孤岛工作面异常矿压显现诱发冲击地压机理

煤矿开采中跳采形成的孤岛工作面由于容易产生应力集中、来压强度高，极易导致冲击地压的发生[1-3]。本章基于典型冲击地压矿井孤岛工作面的地质条件，研究孤岛工作面煤岩体能量释放的动态特征和激增机制，确定孤岛工作面发生冲击地压的危险区域，揭示孤岛工作面开采诱发冲击地压的外因。

8.1　典型孤岛工作面工程地质概况

为了避免连续工作面之间的干扰和保证安全开采,采区内工作面之间有时需要采取跳采接续的方式。另外，由于煤层开采地质条件的限制，如断层等构造的存在[4]，切断了煤层的连续性，目前全国各大采区都普遍存在着各种形式的孤岛工作面[5-7]。近十多年来，孤岛工作面及煤柱高应力冲击地压发生的次数越来越多，造成的灾害性破坏也越来越严重，给工作面的快速推进和安全生产带来较大的困难[8]。

8.1.1　唐山煤矿地质条件

唐山煤矿位于河北省唐山市，井田范围由市中心经西南郊延至丰南市，优越的地理位置使唐山煤矿水陆交通便利，如图 8-1 所示。唐山煤矿整个井田长 14.55km，宽 3.50km，井田面积 37.28km^2，开采范围面积约 54.60km^2。

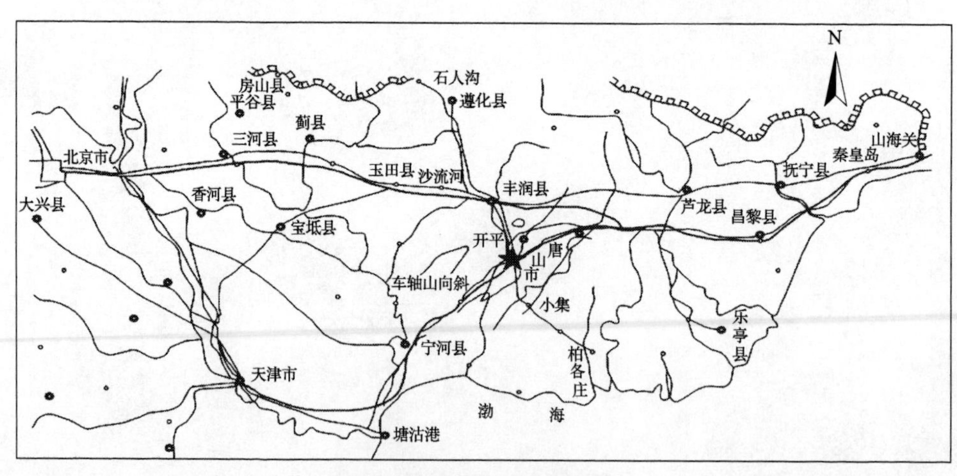

图 8-1　唐山煤矿交通位置图

全井田共有 8 个可采煤层，其中 5#、8#、9#煤层全井田范围可采，局部可采煤层有 6#、11#、12-1#、12-2#及 14#煤层。由于成煤期井田范围内的沉积环境差异，8#、9#煤层出现分叉和合并现象，合并区为一特厚煤层，该煤层的厚度一般大于 10m，部分可采煤层特征如图 8-2 所示。开采方法主要采用走向长壁工作面，全部陷落法管理顶板。特厚煤层采用倾斜分层、金属网伪顶或综采放顶煤等开采方法。

层号	埋深/m	层厚/m	柱状	岩层名称
1	662.1	2.1		5#煤层
2	663.3	1.2		深灰色砂质泥岩
3	671.3	8.0		灰色细砂岩
4	671.9	0.6		6#煤层
5	673.7	1.8		灰色泥岩
6	678.4	4.7		深灰色细砂岩
7	678.6	0.2		7# 煤层
8	681.7	3.1		深灰色砂质泥岩
9	684.6	2.9		深灰色砂质泥岩
10	695.6	11.0		8#、9 # 煤层
11	700.1	4.5		深灰色泥岩
12	702.1	2.0		深灰砂质泥岩

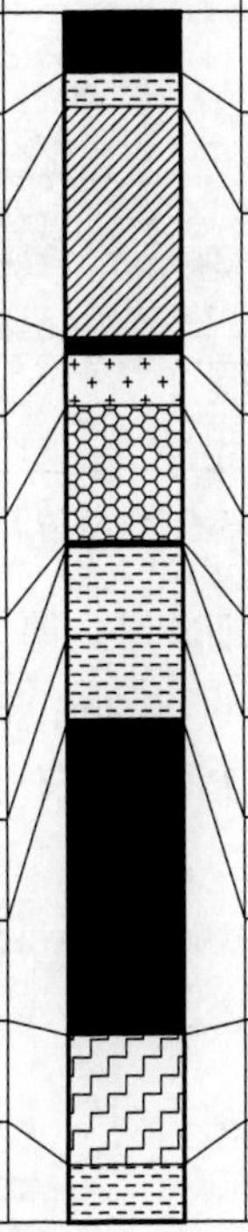

图 8-2　唐山矿煤层柱状图

8.1.2　工作面地质概况

$T_2193_{\text{下}}$工作面属 8#、9#合并区煤层，工作面北部为 T_2194 采空区，南部为 $T_2193_{\text{上}}$采空区，西邻 T_2293、T_2294 采空区，东至新风井工业广场保护煤柱，是典型的孤岛工作面。煤层倾角最大为 17°，最小为 5°，平均为 9°。煤层厚度最大为 12.3m，最小为 9.1m，平均为 10.5m，采深为 670～696m。工作面可采走向长度为 860m，倾斜长度为 124m，储量为 165.72 万 t，回采率为 93%。工作面采用走向长壁综合机械化放顶煤采煤法，采放比为 1∶2.75，放煤步距为 1.0m，即两步一放，图 8-3 为 $T_2193_下$工作面与周边工作面示意图。

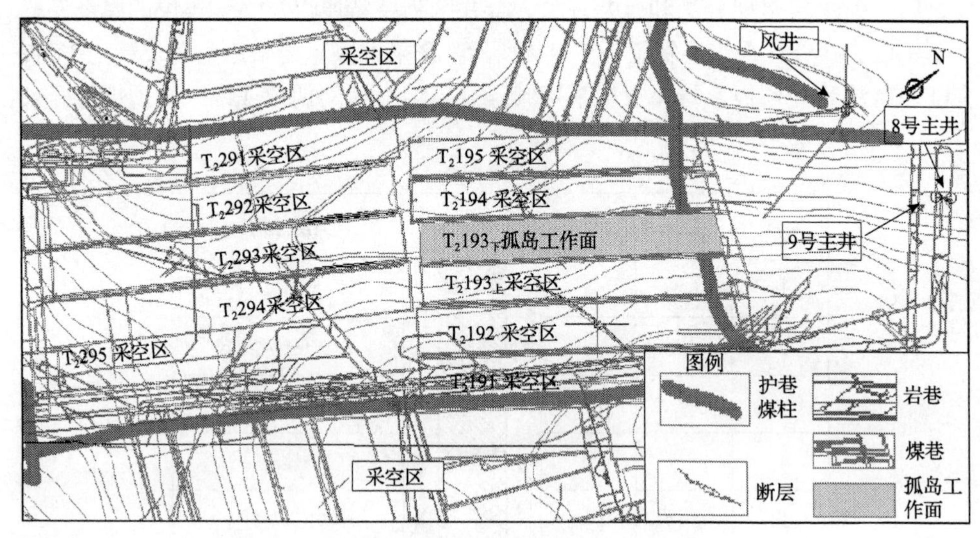

图 8-3　$T_2193_下$工作面与周边工作面示意图

$T_2193_下$工作面基本顶为灰色细砂岩，厚 23.1m；直接顶为深灰色砂质泥岩，厚 2.9m；伪顶为深灰色泥岩，厚 0～0.7m；直接底为深灰色泥岩，厚 4.5m；基本底为深灰色砂质泥岩，厚 2.0m。$T_2193_下$工作面顶底板概况如图 8-4 所示。

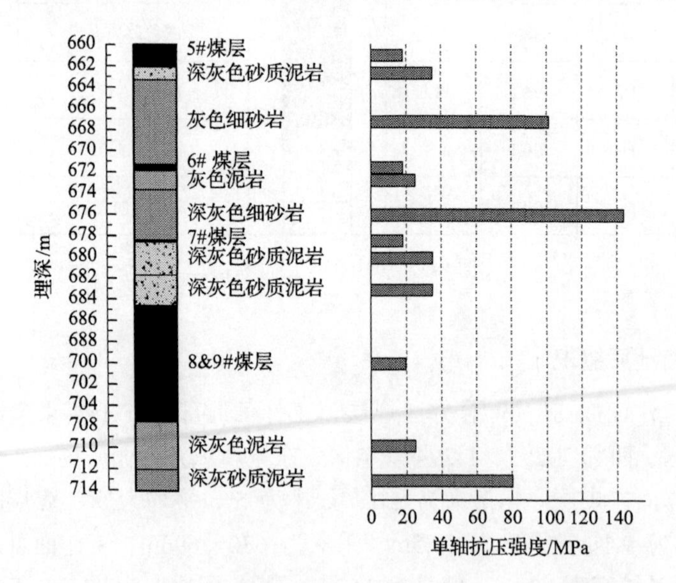

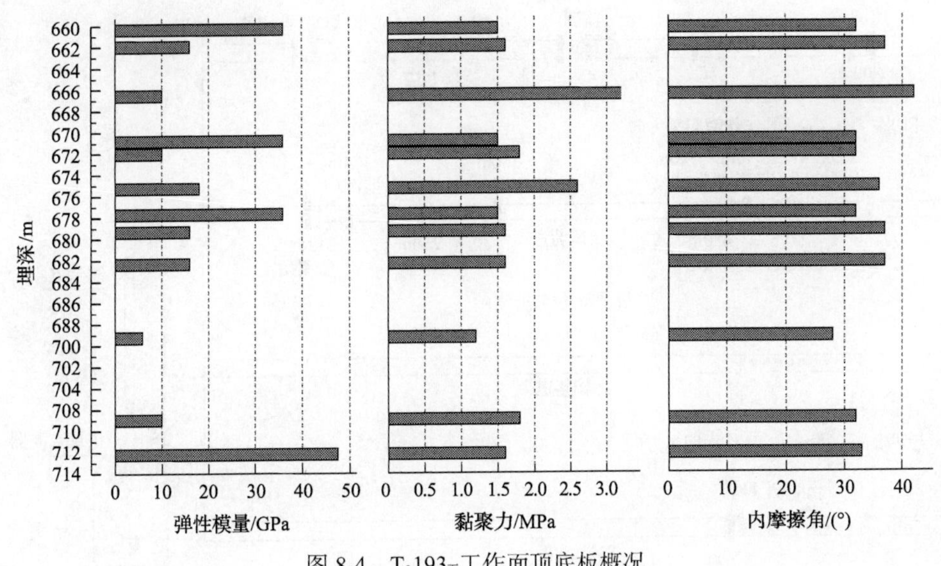

图 8-4　$T_2193_下$工作面顶底板概况

8.2　孤岛工作面煤岩冲击危险性区域

现场监测主要是在 $T_2193_下$工作面回风巷道和运输巷道中展开，通过分析孤岛工作面的超前支撑压力、顶板活动规律、支架工作阻力和电磁辐射信号的变化规律，对煤岩冲击危险性区域进行现场监测评估[9-12]。

8.2.1　孤岛工作面超前支承压力的监测与分析

孤岛工作面超前支承压力的影响范围是通过顺槽巷道顶底板移近量的监测来实现的[13]。采用十字布点法布设矿压监测站，一共布置了 17 个监测站，其中回风巷道中布置了 10 个监测站，运输巷道中布置了 7 个监测站。图 8-5 为 $T_2193_下$工作面回风巷道和运输巷道监测站布置图。

选取 $T_2193_下$工作面回风巷道 630m 监测站和运输巷道 589m 监测站的顶底板移近量和顶底板移近速度分析工作面推进过程中孤岛工作面顶板的运动规律，如图 8-6 所示。从图中可以看出，风巷围岩变形速度略大于溜子巷。当工作面距离监测站 30m 时，顶底板移近量和顶底板移近速度均开始急剧增加；当工作面与监测站的距离为 10m 左右时，顶底板移近速度逐渐达到峰值；当工作面与监测站的距离介于 10～20m 时，顶底板移近速度不断增加直到顶板垮落。

工作面回采过程中支承压力的影响范围介于 0～30m，其中压力激增区位于工作面前方 2～10m 范围内，20～30m 范围内支承压力继续升高，30～100m 范围内

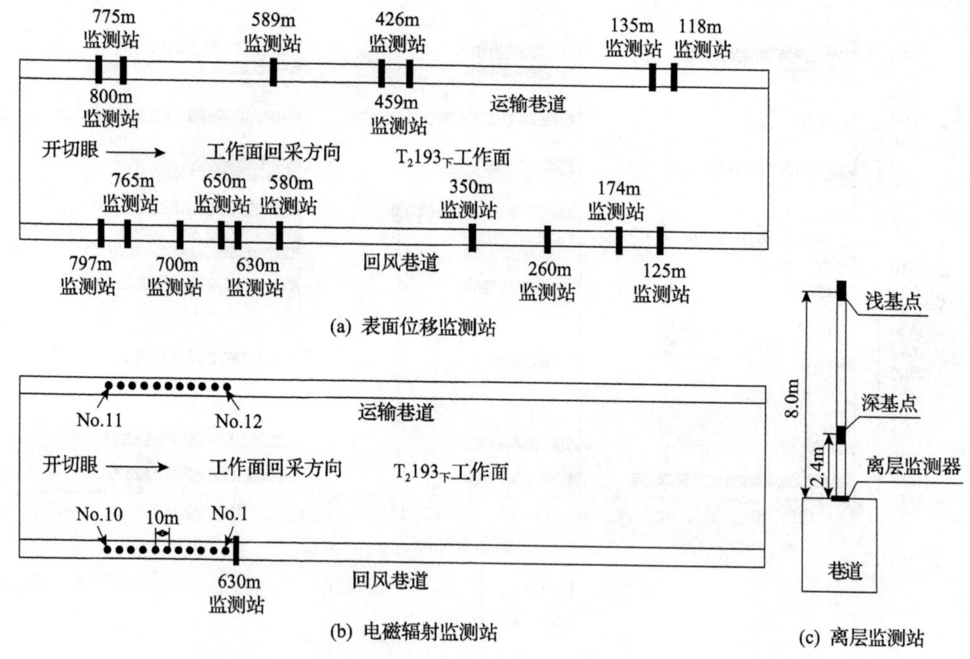

图 8-5　$T_2193_下$工作面回风巷道和运输巷道监测站布置图

支承压力缓慢升高，压力稳定区位于 80～100m 范围内，100m 以外围岩基本处于稳定状态。

8.2.2　孤岛工作面顶板活动规律的监测与分析

$T_2193_下$工作面的顶板活动规律主要通过顶板离层的监测来确定。每个监测站布置两个测点，一个深基点，一个浅基点，深基点 2.4m，浅基点 8.0m，如图 8-5 所示。

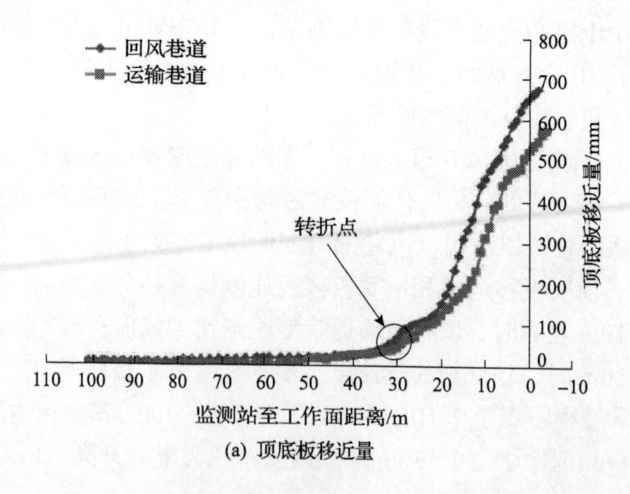

(a) 顶底板移近量

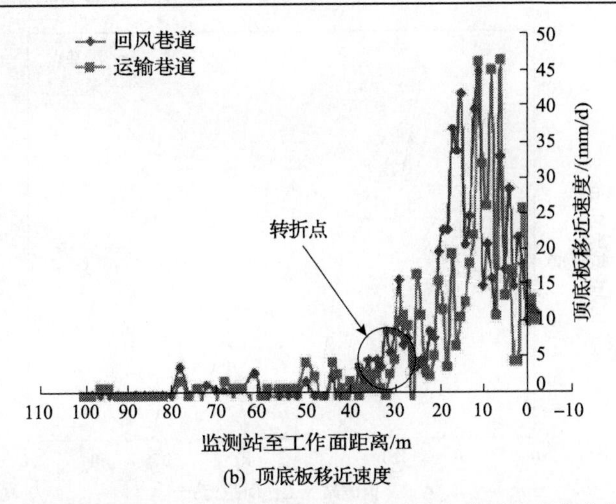

(b) 顶底板移近速度

图 8-6　回风巷道和运输巷道的顶底板移近量和移近速度变化曲线

图 8-7 显示了工作面回采期间回风巷道 630m 监测站和运输巷道 589m 监测站的顶板变形和离层情况，包括顶板深基点和浅基点的离层数据。从图中可以看出，回风巷道监测站在回采期间，深基点的顶板离层量要比浅基点小得多。其中，浅基点的顶板离层量为 134mm，离层最大部位集中在距工作面 16m 的位置；深基点的顶板离层量为 102mm，离层最大部位集中在距工作面 28m 的位置。因此，距工作面 30～45m 范围的巷道顶板存在小面积应力集中现象，应采取相应措施加以防护。

从图 8-7 还可以看出，运输巷道监测站在回采期间，依然是深基点的顶板离层量要比浅基点小得多。其中，浅基点的顶板离层量为 127mm，离层最大部位集中在距工作面 15m 的位置；深基点的顶板离层量为 75mm，离层最大部位集中在距工作面 31m 的位置。因此，在距工作面 30～50m 范围的巷道顶板存在小面积应力集中现象，应采取相应措施加以防护。

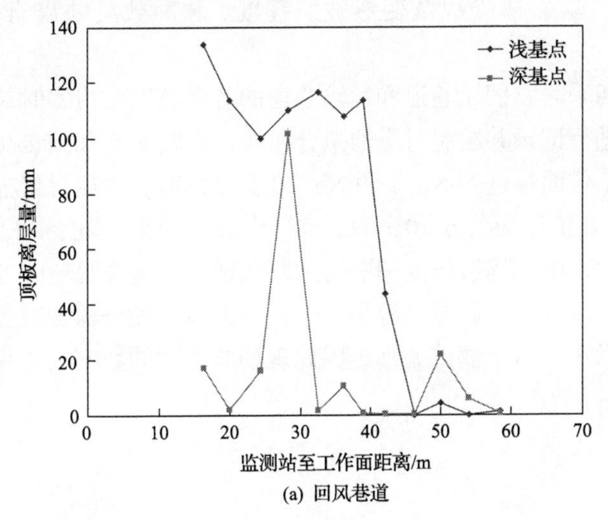

(a) 回风巷道

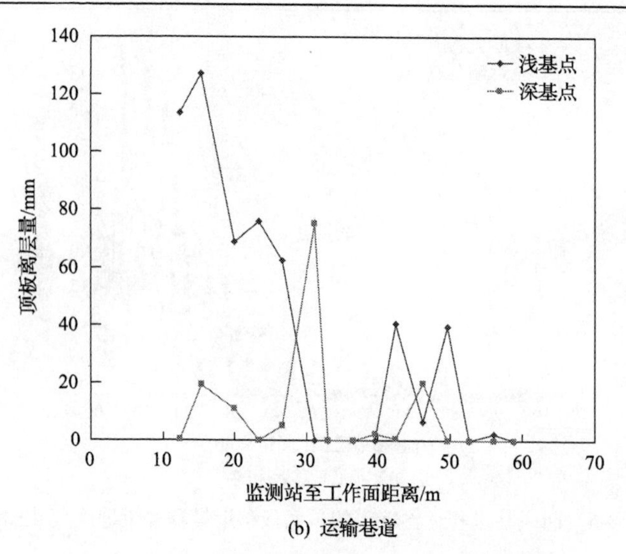

(b) 运输巷道

图 8-7　回风巷道和运输巷道顶板离层量变化曲线

8.2.3　孤岛工作面电磁辐射的监测与分析

研究表明，煤岩体的动态破坏与其电磁辐射情况相关[14-16]。本节一共布置 10 个监测站对 $T_2193_{下}$工作面的回采过程进行电磁辐射监测。如图 8-5 所示，No. 1～No. 10 监测站布置在回风巷道中，No. 11～No. 20 监测站布置在运输巷道中。对于部分应力较集中的区域，监测站布置得较密，监测站间距为 10m。

监测仪器采用中国矿业大学研制的 KBD5 矿用本安型煤与瓦斯突出电磁辐射监测仪，该仪器具有体积小、重量轻等优点，可以沿工作面顺槽对存在潜在冲击失稳危险的煤体或顶底板进行监测，并能实现连续动态监测。其中，强度值反映煤岩体受载及变形破裂程度，脉冲数反映煤岩体变形微破裂的频次。

当工作面回采时，回风巷道和运输巷道的各个监测站将实时对电磁辐射强度和平均脉冲数进行记录并绘制对应的拟合曲线，如图 8-8 和图 8-9 所示。从图中可以看出，当工作面推进到 No. 1 和 No. 20 监测站时，电磁辐射强度和平均脉冲数达到最大值；在工作面前方 20～60m 范围内，电磁辐射强度和平均脉冲数较大，距离工作面越远，电磁辐射强度和平均脉冲数越小，这说明超前工作面 20～60m 范围内煤岩体受采动影响剧烈，容易发生冲击失稳。现场监测时已经采取合适的方法对仪器的噪声进行了滤波处理，因此现场监测到的数据仅与煤岩体的破坏密切相关。

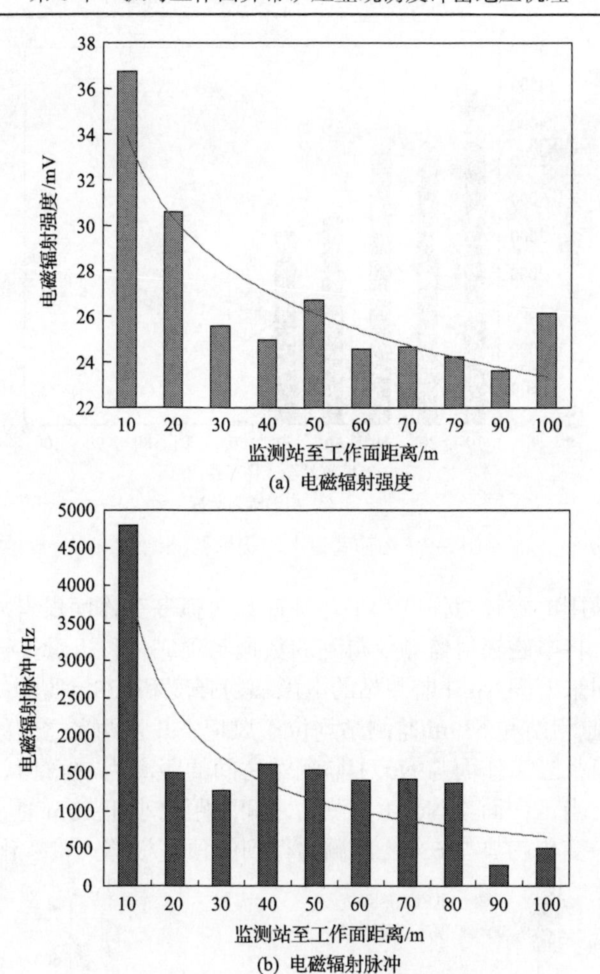

(a) 电磁辐射强度

(b) 电磁辐射脉冲

图 8-8　回风巷道电磁辐射监测结果

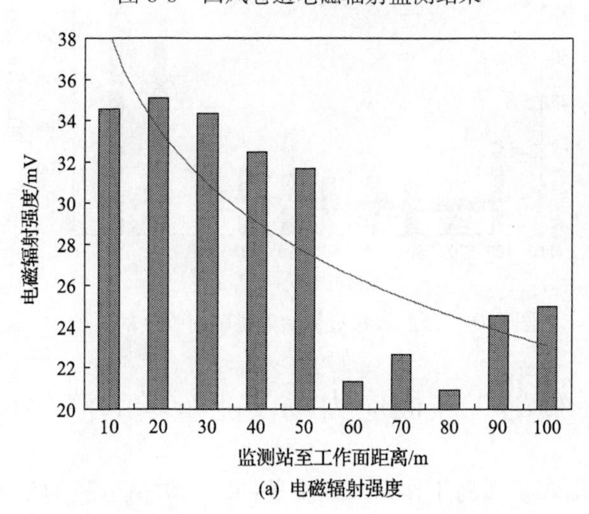

(a) 电磁辐射强度

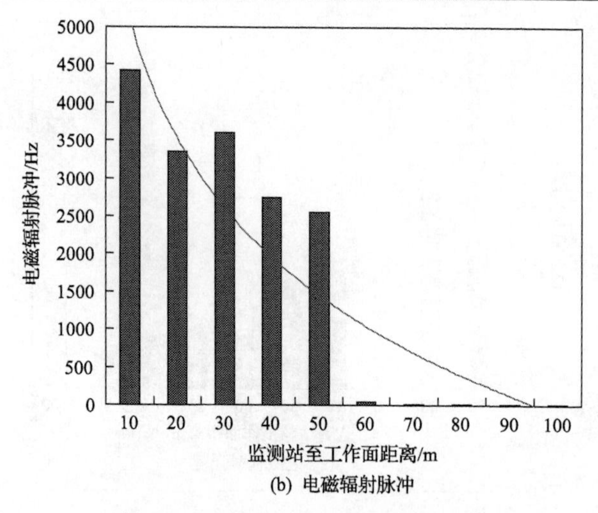

(b) 电磁辐射脉冲

图 8-9　运输巷道电磁辐射监测结果

为了能够采用电磁辐射强度和平均脉冲数对孤岛工作面煤岩冲击失稳的危险程度进行评估，将电磁辐射监测仪得到的数据与顶底板移近量进行对比。图 8-10 给出了工作面回采期间 No. 1 监测站的电磁辐射强度和 639m 监测站的顶底板移近量对比，No. 1 监测站和 639m 监测站均位于风道，并且两者之间的距离仅为 9m。从图中可以看出，当工作面与 No. 1 监测站之间的距离为 30m 时，电磁辐射强度开始稳定增加；当工作面与 No. 1 监测站之间的距离小于 10m 时，电磁辐射强度达到峰值，这一变化趋势与 639m 监测站得到的顶底板移近量变化趋势一致。

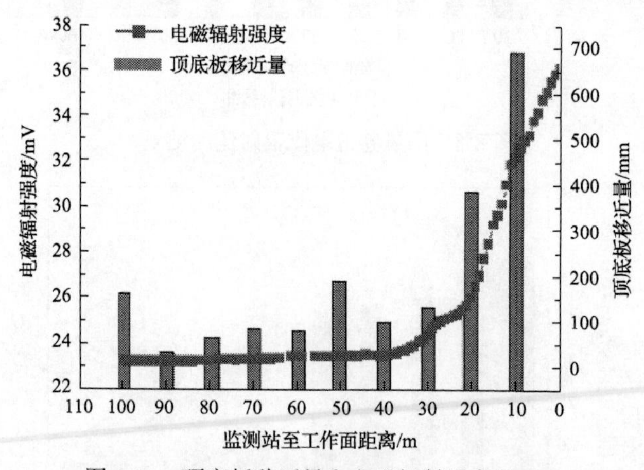

图 8-10　顶底板移近量和电磁辐射强度的对比

8.3　孤岛工作面应力场及能量场的演化规律

本节基于唐山煤矿孤岛工作面的地质条件，从数值分析的角度研究孤岛工作面冲击地压的诱因，分别计算孤岛工作面应力场和能量场的变化规律，结合 $T_2193_下$工作面的现场监测结果，确定孤岛工作面发生冲击失稳的危险区域。

8.3.1　数值模型的建立

基于唐山煤矿 $T_2193_下$孤岛工作面的地质条件，建立合理的有限差分 FLAC3D 模型。数值模型长 700m、宽 500m、高 300m，如图 8-11 所示。模型中，煤层厚度为 3m，煤层的单元尺寸恒定为 1.0m×1.0m×1.0m，顶板和底板单元尺寸为 2.0m×2.0m×2.0m。孤岛工作面煤柱的宽度为 15m，两顺槽巷道宽 4m、高 3m。模型中 4 个垂直面的水平位移限制为法向方向，且在模型底部垂直位移为 0。在模型顶部施加竖向荷载($p = \gamma H$)，用于模拟上覆岩层自重。基于唐山煤矿中的大量原岩应力监测数据，沿 x 方向和 y 方向(水平方向)的侧压系数都取为 0.8。采空区处理方法为充满软弹性材料，大致模拟顶板垮落岩石的支承能力。此材料的弹性模量设定为 190MPa，泊松比设定为 0.25。

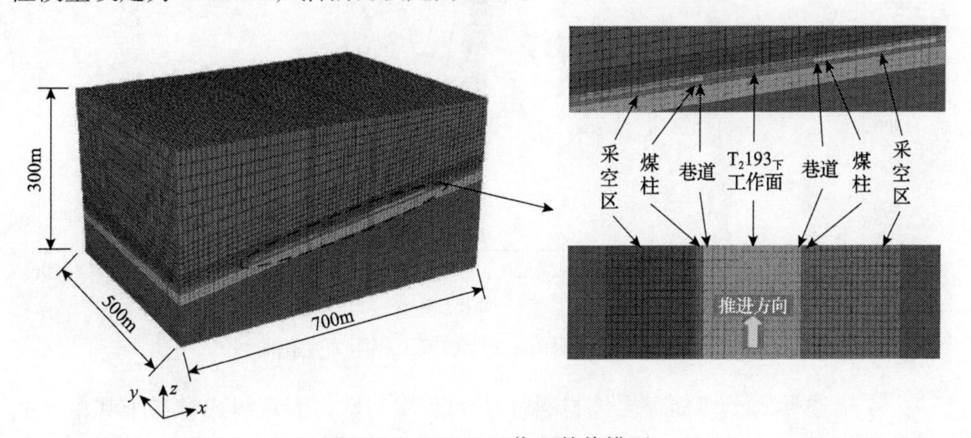

图 8-11　$T_2193_下$工作面数值模型

采用 Mohr-Coulomb 屈服准则判断煤岩体材料的屈服，采用应变软化模型反映煤岩体破坏后残余强度随变形发展逐渐降低的性质。根据现场地质调查和相关研究提供的岩石力学试验结果，并考虑到岩石的尺度效应，模拟计算采用的岩体力学参数如表 8-1 所示。

表 8-1　计算采用的岩体力学参数

岩石名称	密度/(kg/m^3)	弹性模量/GPa	泊松比	黏聚力/MPa	内摩擦角/(°)	抗拉强度/MPa
基本顶	2873	18.0	0.235	2.6	36	1.40
直接顶	2680	16.0	0.147	1.6	37	0.35
煤层	1380	5.9	0.320	1.2	28	0.20
直接底	2461	10.0	0.260	1.8	32	0.25
基本底	2510	47.5	0.320	1.6	33	0.80

为了确定 $T_2193_下$孤岛工作面回采过程中的周期来压步距以及矿压分布规律，进而为数值分析中周期来压的模拟方案提供参考数据，在 $T_2193_下$工作面倾向布置了支架荷载自记仪，用来观测支架在回采过程中的承载情况。

图 8-12 记录了工作面 3 次周期来压时工作面支架工作阻力变化情况。观测结果表明，工作面在回采期间，支架承载特征十分明显，且受力起伏较大、来压明显。由图 8-12 可知，周期来压步距平均为 20m 左右。因此，以上述 3 次周期来压为例，简要模拟基本顶随着采空区悬顶距离的不断增大而伴随的周期垮落，周期垮落步距为 20m。

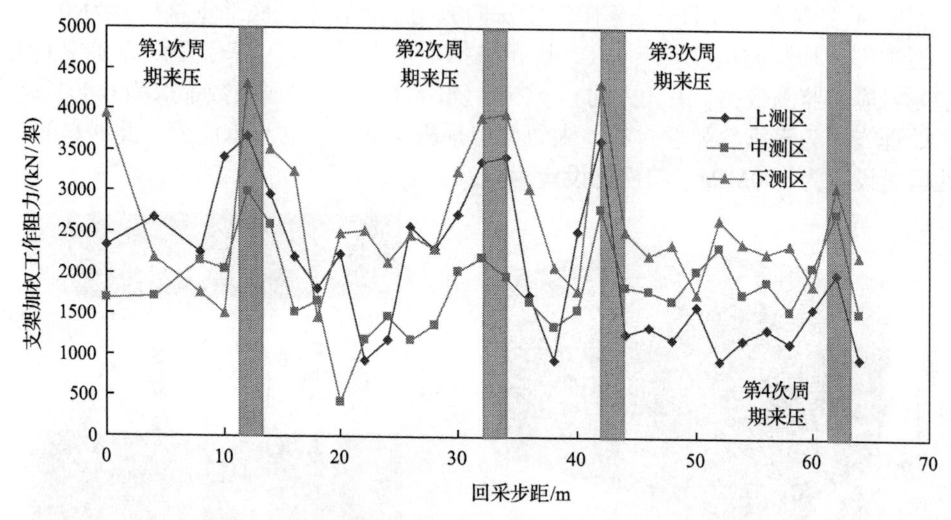

图 8-12 $T_2193_下$工作面支架加权工作阻力变化曲线

为了描述孤岛工作面煤岩体材料性质的非均匀性，假定组成材料细观单元的力学性质满足 Weibull 分布，该分布可以按照如下分布密度函数来定义：

$$f(x)=\frac{m}{\eta^m}x^{m-1}\exp\left[-\left(\frac{x}{\eta}\right)^m\right] \tag{8-1}$$

式中，m 为 Weibull 分布的形状参数，定义了 Weibull 分布密度函数的形状；η 为尺度参数，定义了所研究单元参数的平均值，但其数值并不等于参数平均值。m 和 η 是两个正参数。

Weibull 随机分布能够描述煤岩体材料参数，如弹性模量、单轴抗压强度等参数的非均匀分布特征。对于材料的上述物理力学参数，可以在给定其 Weibull 分布参数的条件下，按照式(8-1)决定的随机分布赋值。当 m 在 1～5 变化时，Weibull 分布密度函数曲线如图 8-13 所示。显然，Weibull 随机分布中，m 越大，组成材料的细观单元模量和强度属性越趋于均匀。

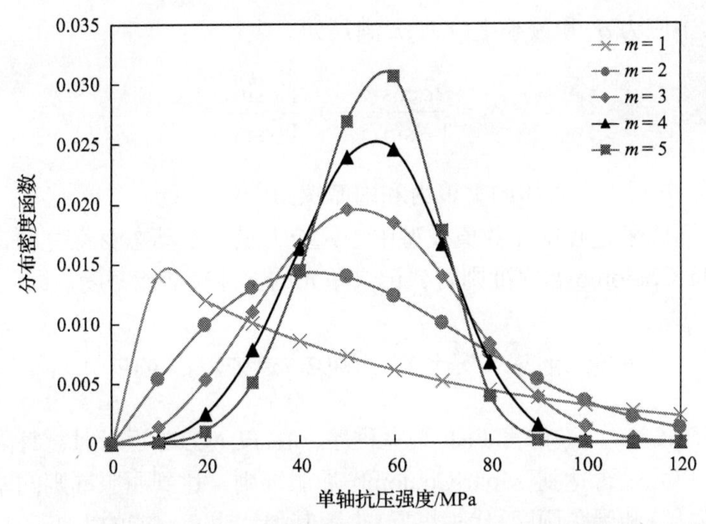

图 8-13　形状参数 m 不同时材料单轴抗压强度的 Weibull 随机分布密度

对于给定的 Weibull 分布尺度参数 η，可以计算出符合式(8-1)的某一区间上的材料物理力学参数，而将其赋值到 FLAC3D 单元上的概率可用 Fish 随机函数 urand 生成。FLAC3D 数值单元的具体赋值过程是，首先采用循环函数，统计各岩层的单元个数和单元号；然后利用随机函数生成与各岩层单元数量相等的物理力学随机参数；最后遍历模型中的单元，依次对各单元赋值。这里需要特别指出的是，材料的非均匀性包括弹性模量、泊松比、黏聚力、内摩擦角及单轴抗压强度等参数的非均匀性，如果将每个参数分别利用 Fish 内嵌语言编写程序进行随时分布赋值，势必导致所研究问题的复杂化。因此，这里只将弹性模量和单轴抗压强度(反映到 FLAC3D 中为抗拉强度)作为随机参数进行赋值。图 8-14 为模型抗压强度的随机赋值结果。

图 8-14　煤层抗压强度的随机赋值结果(单位：MPa)

如前所述，本节数值分析采用 Mohr-Coulomb 屈服准则判断煤岩体材料的屈服，即最大主应力 σ_1 和最小主应力 σ_3 满足如下表达式：

$$\sigma_1 = \frac{2c\cos\varphi}{1-\sin\varphi} + \sigma_3 \frac{1+\sin\varphi}{1-\sin\varphi} \tag{8-2}$$

式中，c 和 φ 分别为煤岩体的黏聚力和内摩擦角。

在工作面回采过程中，数值模型中单元应力是一个动态变化过程，当单元应力满足 Mohr-Coulomb 屈服准则时，记录单元的弹性应变能密度，即

$$u = \frac{1}{2E}\left[\sigma_1^2 + \sigma_2^2 + \sigma_3^2 - 2\mu(\sigma_1\sigma_2 + \sigma_2\sigma_3 + \sigma_3\sigma_1)\right] \tag{8-3}$$

利用 FLAC3D 内嵌语言 Fish 编写程序，在 FLAC3D 运行时，每隔一定时步判断模型中单元是否达到 Mohr-Coulomb 屈服准则，达到屈服准则的单元用白色圆圈(代表岩层)和黑色圆圈(代表煤层)表示其弹性应变比能的大小。

8.3.2　孤岛工作面回采过程中应力场的分布规律

图 8-15 给出了孤岛工作面回采过程中支撑压力的分布规律，图中同时给出了支承压力分布的三维立体图、支承压力云图以及工作面周围塑性区分布云图。

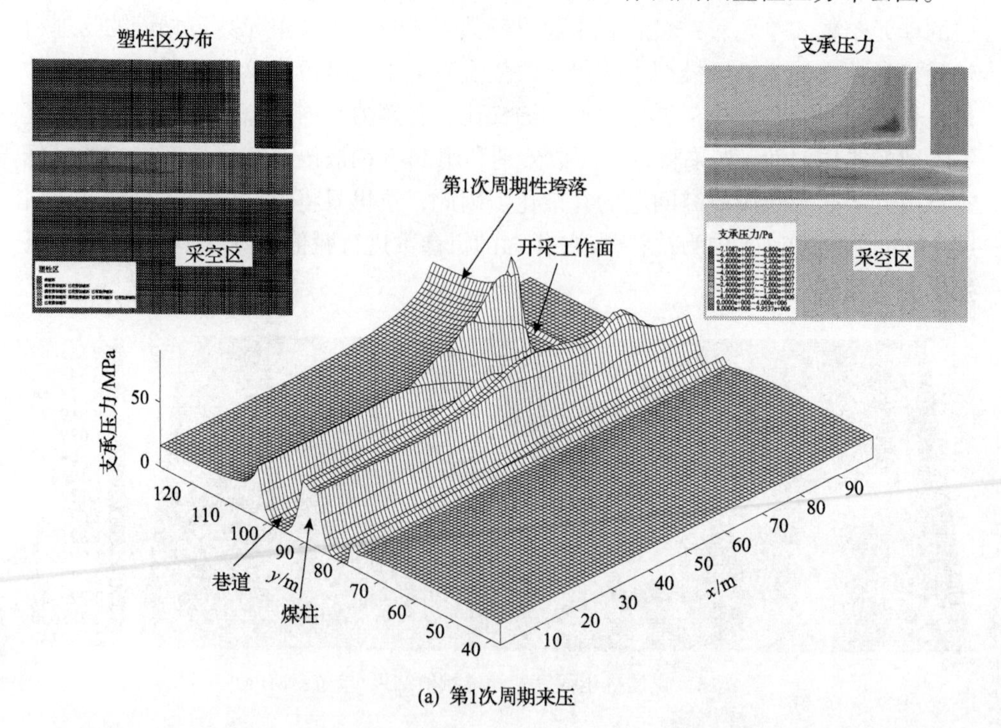

(a) 第1次周期来压

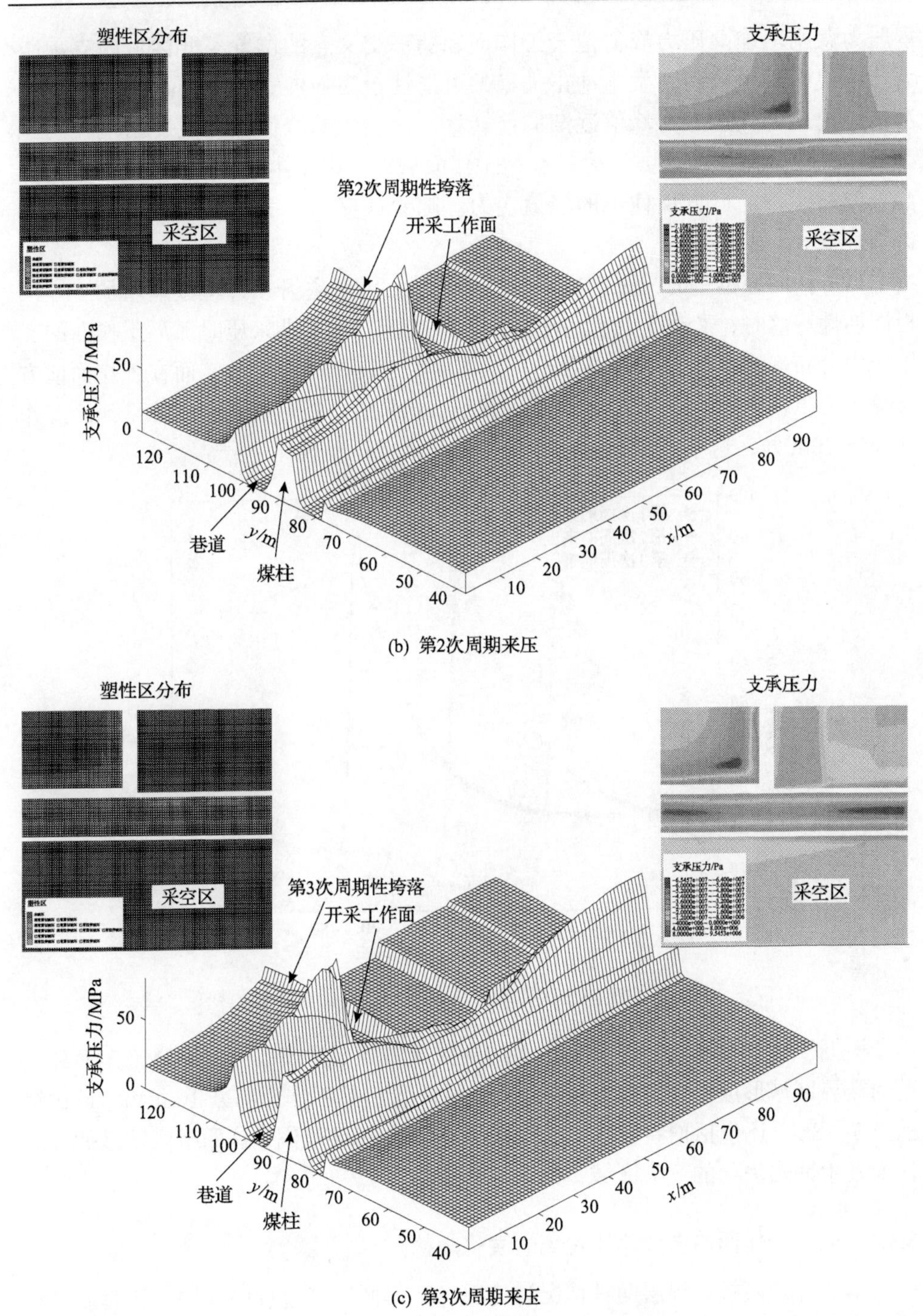

(b) 第2次周期来压

(c) 第3次周期来压

图 8-15　孤岛工作面回采过程中支撑压力分布

从图 8-15 可以看出，在工作面附近，支承压力较低，而在工作面前方，支承压力急剧增加。压力峰值位于工作面和巷道交叉点的位置，此区域内支承压力峰值集中程度较高，发生冲击失稳的可能性较为强烈。随着顶板每次周期性垮落的出现，支承压力峰值逐渐向前转移。煤柱中的峰值应力主要出现在两个区域，一个是工作面前方，另一个是工作面后方，由于本节聚焦于工作面前方，此处忽略工作面后方煤柱中的峰值应力。随着远离工作面，煤柱中的支撑压力逐渐降低。

当工作面在推进时，采动应力就已经形成，并随着开采过程逐渐增加。当顶板周期性垮落时，采动应力达到峰值，图 8-16 为三次周期来压时孤岛工作面的支撑压力分布规律。从图中可以看出，工作面附近支撑压力较低，而在工作面前方支撑压力急剧增加，并在 7.5m 处达到峰值，开采活动的影响范围大约是孤岛工作面前方 30m 处，这些结果与现场监测得到的顶板运动规律一致。

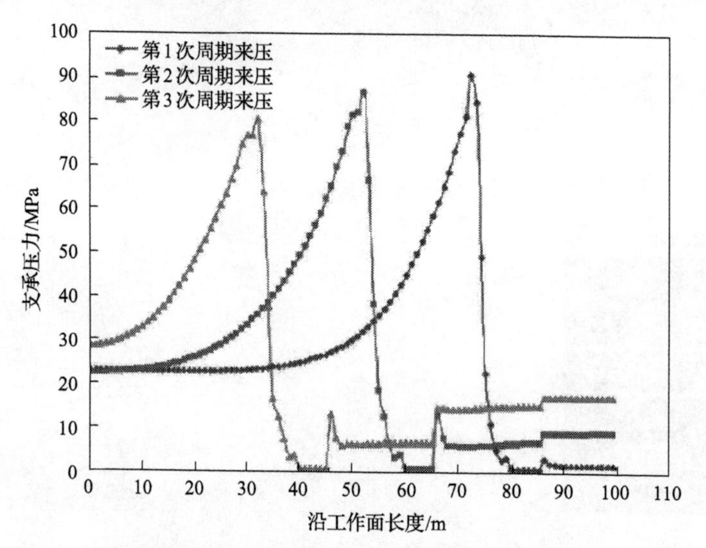

图 8-16　沿工作面走向三次周期来压时孤岛工作面支撑压力变化曲线

根据三次周期来压时孤岛工作面的支撑压力分布规律，可以知道工作面和巷道的交界区域形成了峰值应力区域，该区域不仅包括工作面前方 10m 和巷道边缘前方 7～8m，还包括护巷煤柱中工作面前方 14～20m 范围，这两组区域是孤岛工作面发生冲击失稳的危险区域，如图 8-17 所示。

8.3.3　孤岛工作面冲击失稳能量场的演化规律

本节分顶底板和煤层两种情况讨论孤岛工作面回采过程中周期来压时能量积聚和释放的演化规律。

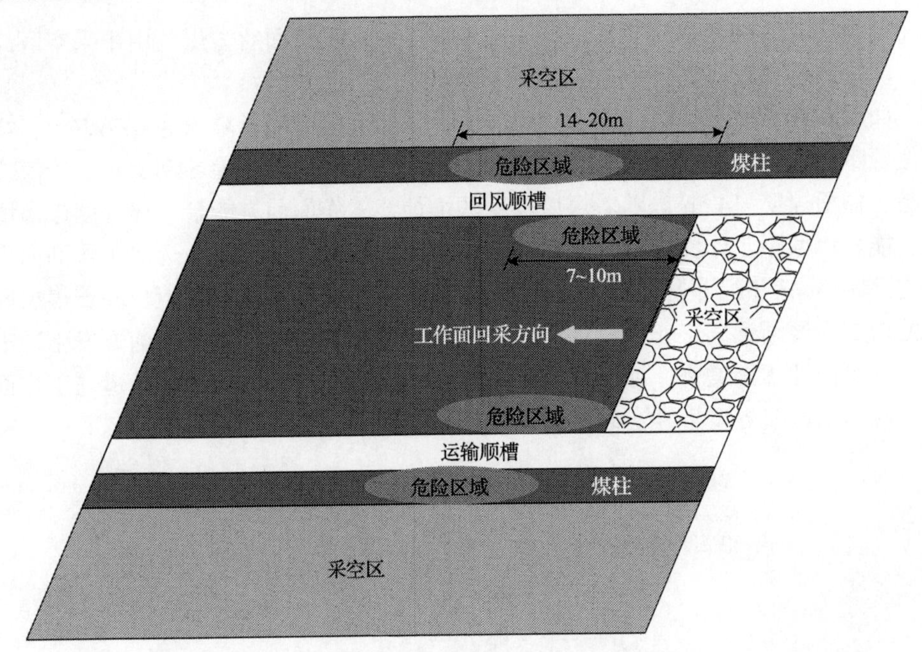

图 8-17　孤岛工作面冲击失稳危险区域的确定

在煤层厚度为 3m、5m、7m 三种情况下，研究孤岛工作面能量场的变化规律，讨论不同煤层厚度对孤岛工作面发生冲击破坏的影响。图 8-18 为煤层厚度为 3m 时孤岛工作面煤层能量场云图及三维视图。

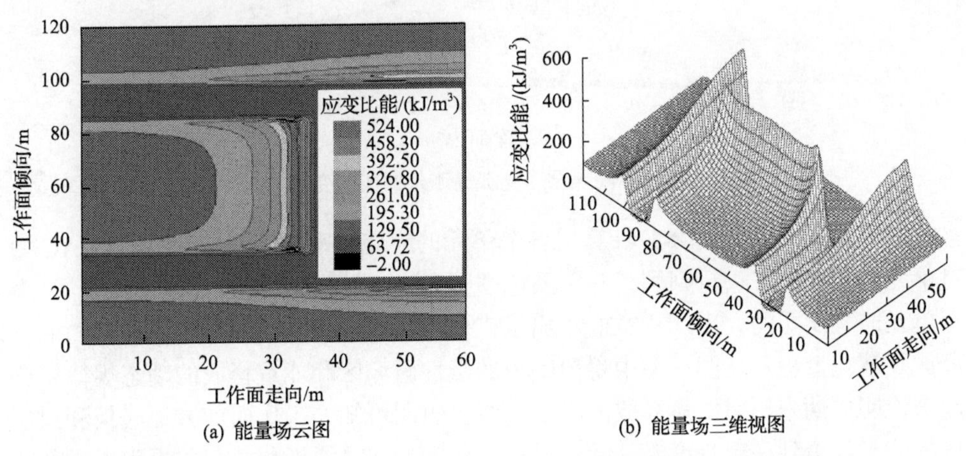

图 8-18　煤层厚度为 3m 时孤岛工作面煤层能量场云图及三维视图

孤岛工作面煤层能量场的特征可以概括如下：工作面前方超前支承压力范围内出现能量峰值，随着远离工作面，能量逐渐降低直至未受采动影响水平；靠近煤壁的巷帮由于卸压能量有很大幅度降低，随着深入煤层内部出现能量峰值；工作面和顺槽巷道的交界处能量峰值比工作面处大；工作面后方煤柱由于采空区卸压，能量积聚程度较高。

如图 8-19 所示，当煤层厚度为 3m 时，工作面前方能量峰值为 472kJ/m^3，峰值位置距工作面煤壁 6.5m；当煤层厚度为 7m 时，能量峰值为 549kJ/m^3，峰值位置距工作面煤壁 14.5m。随着煤层厚度的增加，工作面前方能量积聚程度逐渐增大，能量峰值距工作面煤壁的距离也逐渐增大，即峰值位置逐渐远离工作面向煤层内部转移。同时，顺槽巷道与工作面叠加应力汇交处的能量峰值也随着煤层厚度的增加而逐渐远离工作面。因此，随着煤层厚度的增加，工作面前方发生冲击破坏的可能性逐渐增大，而且危险区域逐渐向煤层内部转移，顺槽巷道与工作面叠加应力的汇交处发生冲击破坏的危险程度最高。

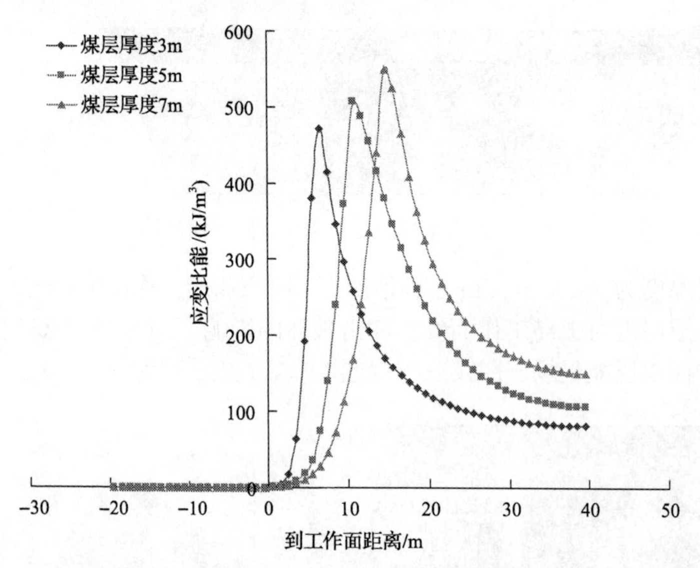

图 8-19　不同煤层厚度孤岛工作面能量变化曲线

如上所述，根据式(8-3)计算出各个单元的应变能密度后，可以使用 FLAC3D 对单元的塑性状态进行判别，并用黑色圆圈(代表煤层)与白色圆圈(代表岩层)表示单元应变比能的大小。图 8-20 给出了工作面经历三次周期来压时顶底板的能量释放及演化过程示意图，图中将顶底板的塑性破坏区和能量释放的动态规律结合起来说明周期来压时能量释放的激增机制。由图可知，工作面前方顶底板和煤层内的能量积聚到一定程度时，随着孤岛工作面的回采逐渐释放。如果用微震数或者声发射数来解释，可以认为是工作面的回采造成前方顶底板和煤层的卸压，引起顶底板和煤体发生塑性破坏，并且伴随着不断的能量释放。

随着孤岛工作面的回采，顶板的悬空距离逐渐增大，当工作面推进到距切眼 46m 时，顶板发生初次垮落。此时由于顶板的突然破碎，造成了巨大的冲击破坏，

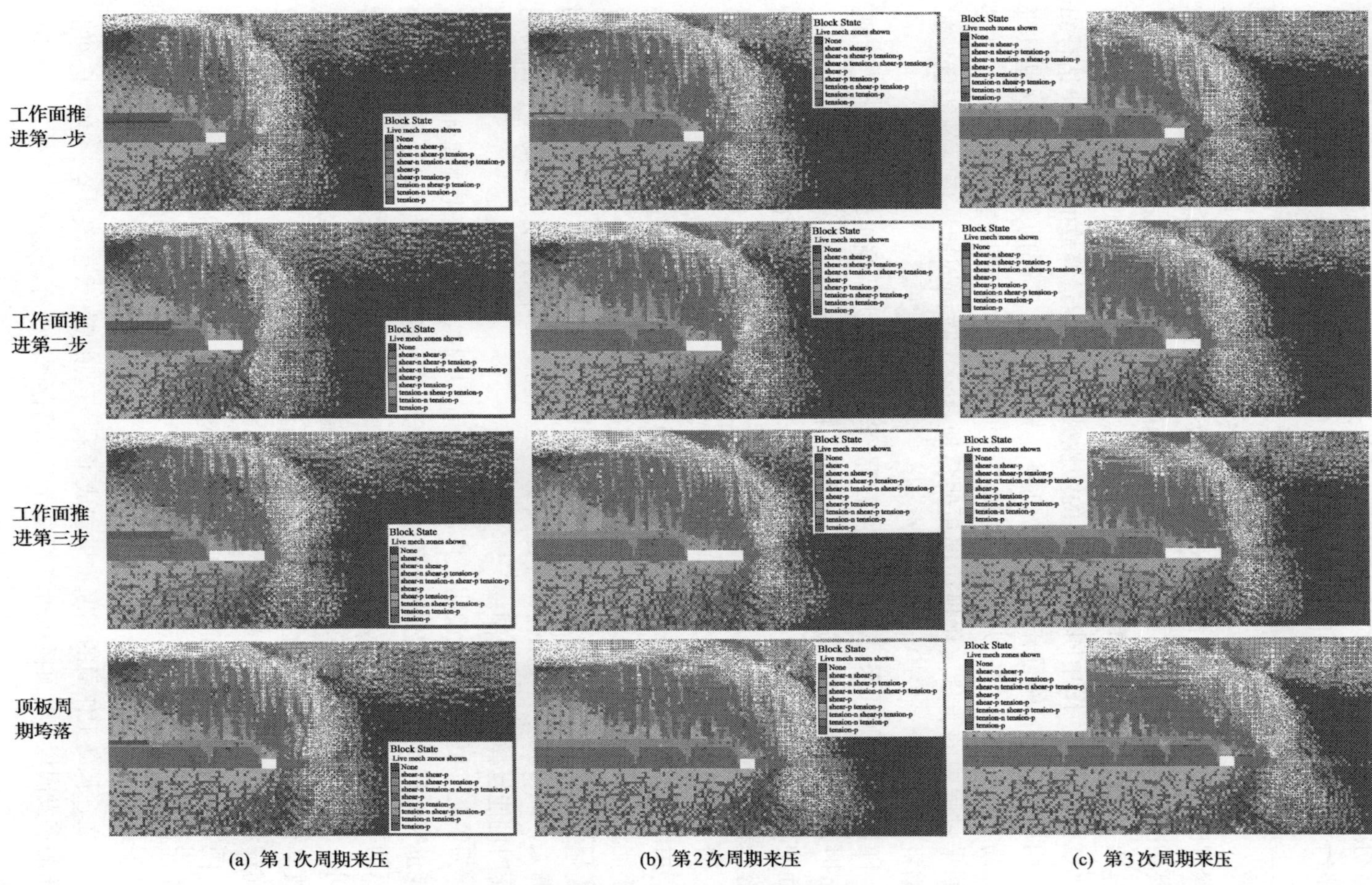

(a) 第 1 次周期来压　(b) 第 2 次周期来压　(c) 第 3 次周期来压

图 8-20　三次周期垮落过程中顶底板能量释放及演化过程

顶板初次垮落之后，随着工作面的进一步推进，顶板迎来了三次周期来压，垮落步距均为20m，在这三次周期垮落过程中，能量释放同样巨大。如图8-20所示，随着工作面的回采，基本顶悬空距离逐渐增大，其所积聚的弹性应变能也在逐渐增大。当顶板周期垮落时，能量会突然释放，此现象从图8-20的周期垮落和回采步骤对比中显而易见，即能量有很明显的激增。因此，工作面前方发生冲击破坏主要是由顶板的初次垮落和周期垮落所伴随的巨大能量释放造成的。

图8-21给出了工作面经历三次周期来压时孤岛工作面煤层的能量释放和演化过程示意图，图中同样将煤层的塑性破坏区和能量释放的动态规律结合起来说明周期来压时能量释放的激增机制。与图8-20不同的是，由于这里只研究孤岛工作面煤层，所以能量释放和演化规律用白色圆圈来表示。因此，煤层在回采过程中的能量演化规律能更明显地显示工作面周期来压时的能量释放激增机制。

随着工作面的回采，工作面前方能量释放逐渐增大。当工作面推进到距切眼46m时，顶板初次垮落，造成了巨大的能量释放。图8-21清晰地显示出，孤岛工作面的不断推进会在煤层内引起明显的能量释放。继顶板初次破断之后，工作面的继续推进又造成了顶板的三次周期垮落，每次周期垮落时，由于顶板的突然断裂，造成了巨大的能量释放，影响范围也较大。

由图8-21同样可知，当顶板周期垮落时，工作面前方煤层内总有一个区域是处于能量释放最为频繁的状态，而且影响范围较远。这是因为顶板的突然垮落造成了积聚已久的弹性能瞬间释放，所以其影响范围比周期来压之前能量释放影响范围大，此时极易引发工作面冲击失稳。这一规律很好地说明了孤岛工作面周期来压时的能量释放激增机制。

为了能够更加直观地说明工作面回采过程中基本顶能量演化规律和周期来压时能量突然释放规律，在数值计算过程中，统计单元的能量释放总和，绘制图8-22所示的基本顶三次周期垮落过程中能量释放率变化曲线，并在图中用虚线标记出周期来压前后能量释放率的分界线。图中数据显示，周期来压之前，基本顶能量释放率在50%以下，较为平稳。当基本顶周期断裂时，积聚于基本顶中的弹性能瞬间释放，能量释放率大幅增加，工作面和巷道容易发生冲击地压。

图8-23为常规工作面与孤岛工作面应变能分布对比。从图中可以看出，孤岛工作面积聚的能量比常规工作面积聚的能量大17.92%，这说明孤岛工作面更易诱发冲击地压。

总之，孤岛工作面的不断推进造成了采空区顶板的大面积悬空，这时是冲击地压的多发时段。当顶板初次垮落或者周期垮落时，极容易发生煤岩体冲击失稳。

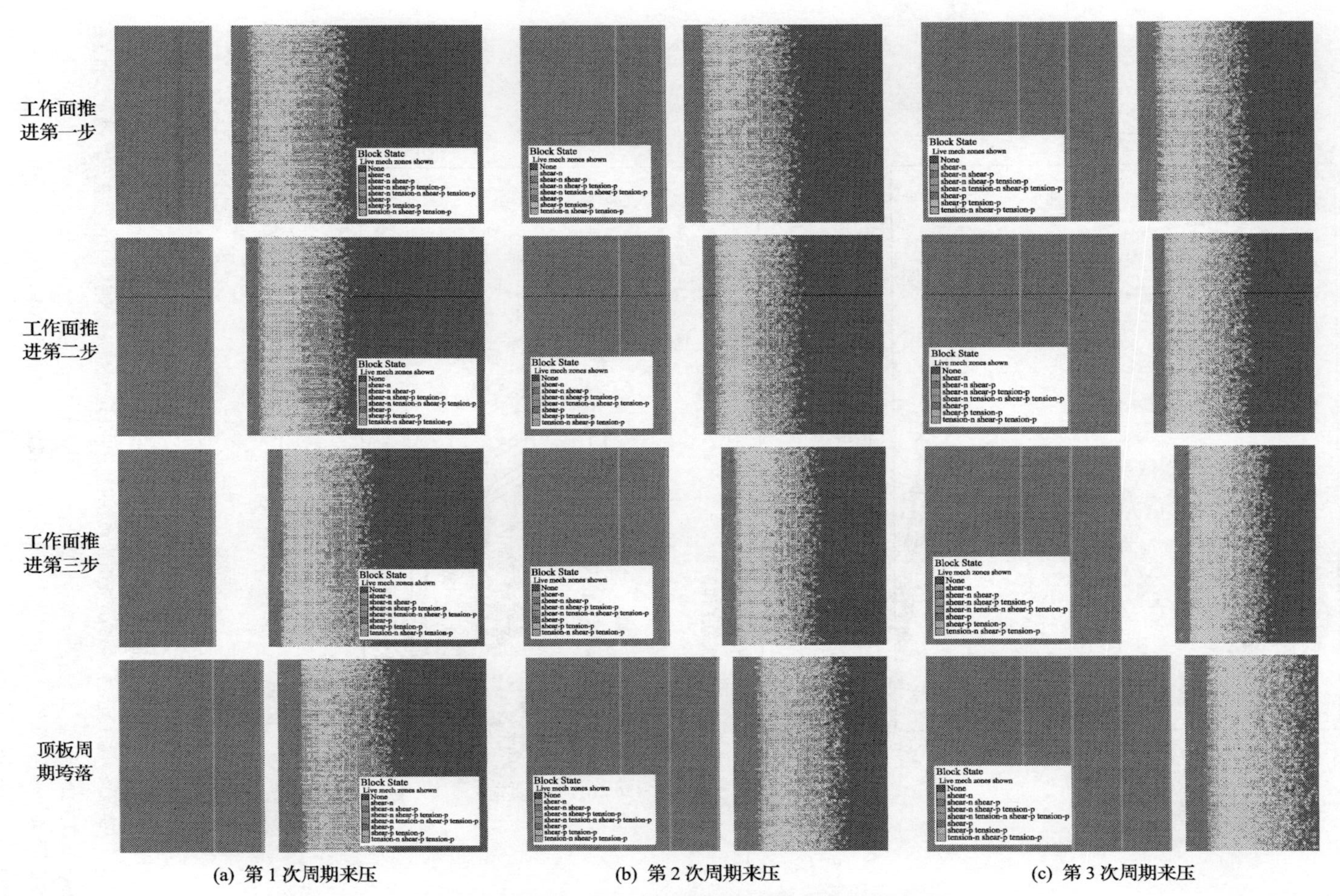

(a) 第 1 次周期来压　(b) 第 2 次周期来压　(c) 第 3 次周期来压

图 8-21　三次周期垮落过程中煤层能量释放及演化过程

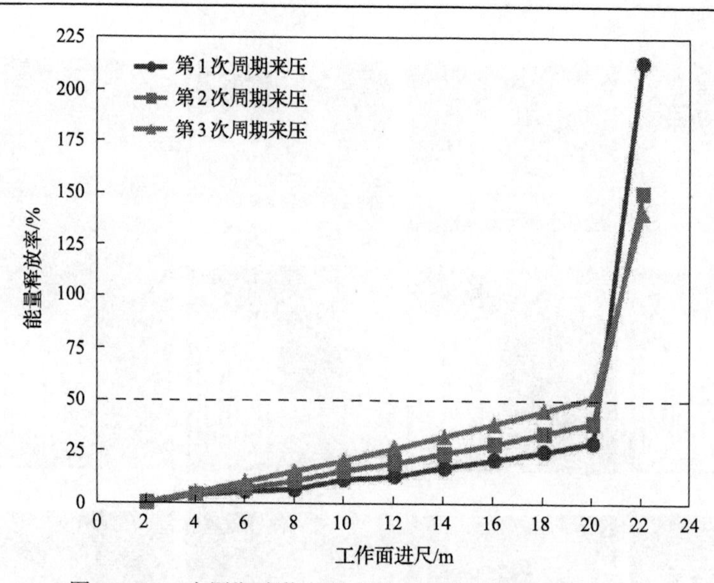

图 8-22 三次周期垮落过程中基本顶能量释放率变化曲线

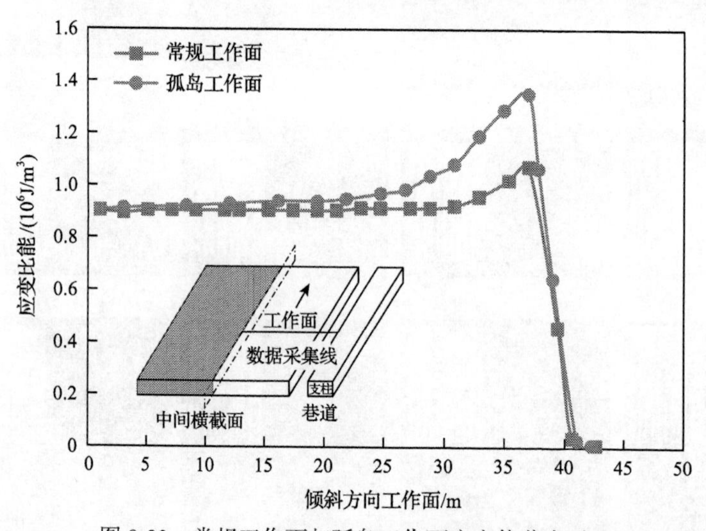

图 8-23 常规工作面与孤岛工作面应变能分布对比

参 考 文 献

[1] 赵国栋，康立军. 孤岛煤柱综放面矿压显现特征浅析[J]. 西安科技学院学报. 2000, 20(S1): 39-42, 50.

[2] 汪华君，姜福兴，温良霞，等. 孤岛顶煤综放采场冲击矿压形成机制及控制技术[J]. 岩土力学，2013，34(9): 2615-2621, 2628.

[3] 杨光宇，姜福兴，王存文. 大采深厚表土复杂空间结构孤岛工作面冲击地压防治技术研究[J]. 岩土工程学报，2014, 36(1): 189-194.

[4] 王存文，姜福兴，刘金海. 构造对冲击地压的控制作用及案例分析[J]. 煤炭学报，2012, 37(S2): 263-268.

[5] 姜福兴, 王同旭, 汪华君, 等. 四面采空"孤岛"综放采场矿压控制的研究与实践[J]. 岩土工程学报, 2005, 27(9): 1101-1104.

[6] 刘晓斐, 王恩元, 赵恩来, 等. 孤岛工作面冲击地压危险综合预测及效果验证[J]. 采矿与安全工程学报, 2010, 27(2): 215-218.

[7] 王宏伟, 姜耀东, 杨忠东, 等. 长壁孤岛工作面煤岩冲击危险性区域多参量预测[J]. 煤炭学报, 2012, 37(11): 1790-1795.

[8] Wang H W, Poulsen-Brett A, Shen B T, et al. The influence of roadway backfill on the coal pillar strength by numerical investigation[J]. International Journal of Rock Mechanics and Mining Sciences, 2010, 48(3): 443-450.

[9] 刘长友, 黄炳香, 孟祥军, 等. 超长孤岛综放工作面支承压力分布规律研究[J]. 岩石力学与工程学报, 2007, (增1): 2761-2766.

[10] 刘晓斐, 王恩元, 何学秋. 孤岛煤柱冲击地压电磁辐射前兆时间序列分析[J]. 煤炭学报, 2010, 35(s1): 15-18.

[11] 姜福兴. 冲击地压实时监测预警技术及发展趋势[C]//第一届中俄矿山深部开采岩石动力学高层论坛, 阜新, 2011.

[12] Wang H W, Jiang Y D, Zhao Y X, et al. Numerical investigation of the dynamic mechanical state of a coal pillar during longwall mining panel extraction[J]. Rock Mechanics and Rock Engineering, 2013, 46(5): 1211-1221.

[13] 姜福兴, 张兴民, 杨淑华, 等. 长壁采场覆岩空间结构探讨[J]. 岩石力学与工程学报, 2006, 25(5): 979-984.

[14] 王恩元, 何学秋, 窦林名, 等. 煤矿采掘过程中煤岩体电磁辐射特征及应用[J]. 地球物理学报, 2005, 48(1): 216-221.

[15] 何学秋, 聂百胜, 王恩元, 等. 矿井煤岩动力灾害电磁辐射预警技术[J]. 煤炭学报, 2007, 32(1): 56-59.

[16] 王恩元, 刘晓斐, 李忠辉, 等. 电磁辐射技术在煤岩动力灾害监测预警中的应用[J]. 辽宁工程技术大学学报(自然科学版), 2012, 31(5): 642-645.